国家肉羊产业技术体系（CARS-38）

夏洛来羊生产及杂交利用

张贺春 孙亚波 / 主编

U0209255

辽宁大学出版社
Liaoning University Press ｜ 沈阳

图书在版编目（CIP）数据

夏洛来羊生产及杂交利用/张贺春，孙亚波主编
. --沈阳：辽宁大学出版社，2024.5
ISBN 978-7-5698-1511-5

Ⅰ.①夏… Ⅱ.①张…②孙… Ⅲ.①羊－饲养管理
Ⅳ.①S826

中国国家版本馆 CIP 数据核字（2024）第 025620 号

夏洛来羊生产及杂交利用

XIALUOLAIYANG SHENGCHAN JI ZAJIAO LIYONG

出 版 者：辽宁大学出版社有限责任公司
　　　　　　（地址：沈阳市皇姑区崇山中路 66 号　邮政编码：110036）
印 刷 者：鞍山新民进电脑印刷有限公司
发 行 者：辽宁大学出版社有限责任公司
幅面尺寸：170mm×240mm
印　　张：22.75
字　　数：436 千字
出版时间：2024 年 5 月第 1 版
印刷时间：2024 年 5 月第 1 次印刷
责任编辑：于盈盈
封面设计：高梦琦
责任校对：吴芮杭

书　　号：ISBN 978-7-5698-1511-5
定　　价：68.00 元

联系电话：024-86864613
邮购热线：024-86830665
网　　址：http://press.lnu.edu.cn

编 委 会

感谢农业农村部、财政部重大课题"国家现代肉羊产业技术体系（CARS-38）"对本书出版的支持！

序

习近平总书记指出："要构建多元化食物供给体系，在保护好生态环境前提下，从耕地资源向整个国土资源拓展，从传统农作物和畜禽资源向更丰富的生物资源拓展。"在大食物观的指导下，我们对于食物的要求早已不限于守好"粮袋子"，还需要农林牧渔合奏丰收曲，提供保障好菜篮子、肉盘子、奶罐子、油瓶子。羊肉一直都是我国重要的肉类消费品。尤其是近年来，羊肉因其营养丰富、味道鲜美、胆固醇含量低等优点，受到广大消费者的青睐，羊肉消费需求节节攀升。2022 年，我国羊存栏量达 3.26 亿只，出栏 3.36 亿只，羊肉产量为 525.0 万吨，表观消费量达 560.6 万吨，国内羊肉缺口总量达 34.4 万吨。肉羊产业发展不仅事关我国畜牧业的高质量发展，更对满足人民群众多样化的营养饮食需求、实现全面乡村振兴、稳定边疆社会有着重要的意义。

畜牧育种是克服畜牧业发展阻碍因素的重要手段，也是目前肉羊行业发展面临的重大课题。夏洛来羊是著名的肉用绵羊品种，自 20 世纪引入我国后在北方地区大面积养殖，尤其在东北、华北和西北地区表现出广泛的适应性和优越的肉用性能。目前，全国夏洛来羊群体数量已经达 11300 只左右，其中，集中饲养 7011 只，散养 4295 只。为了让更多牧户、企业和新型牧业主体了解夏洛来羊，优化夏洛来羊的育种、养殖和疫病防治工作，国家肉羊产业技术体系朝阳综合试验站联合辽宁农业职业技术学院、辽宁省现代农业生产基地建设工程中心等单位开展了夏洛来羊的一系列研究工作，并由

"朝牧肉羊"育种项目组编写了这本《夏洛来羊生产与杂交利用》。本书得到了"国家肉羊产业技术体系（CARS38）"资助，总结了夏洛来羊自 1995 年引入我国后的养殖生产的实践经验，并向读者介绍了夏洛来羊养殖生产实用技术，涉及品种与引种、繁殖性能、营养与饲料配合技术饲养管理、圈舍与环境控制、选育与杂交利用技术、防疫与常见病诊疗、生产实用新技术等八个方面，涵盖了夏洛来羊养殖中可能面临的诸多问题和相应的解决路径。从写作方法上，本书兼顾了科学性和科普性，章节段落结构清晰，语言简洁通俗，内容丰富翔实，既有对过往科研成果和生产经验的重要综述，又能帮助广大养殖主体提高对夏洛来羊的认识和利用水平，是一本具有重要实践价值的夏洛来羊养殖百科全书。

九层之台，起于累土；千里之行，始于足下。本书的编者能够对夏洛来羊有如此完整、深入、系统、清晰的认识，并最终形成这篇大作，得益于其多年来的科研积累和实践经验。国家肉羊产业技术体系朝阳综合试验站自成立以来，一直致力于探索北方草原与农牧交错区的肉羊产业发展，将服务牧业生产作为自己的主战场，大胆破解产业发展技术难题，潜心探索肉羊养殖技术前沿领域，并将适用的科技成果向牧户、企业和新型牧业主体示范推广，以科技成果助力生产实践，以生产经验反哺科研创新。这本《夏洛来羊生产与杂交利用》，就是国家肉羊产业技术体系朝阳综合试验站长期深耕、上下求索的重要结果。我相信，本书为会成为夏洛来羊相关研究的一个重要里程碑，也期待未来有更多类似著作不断涌现，为肉羊产业的持续健康发展提供不竭的智慧力量。

内蒙古农牧科学院　　　　研究员
国家肉羊产业技术体系　　首席科学家
中国畜牧业协会羊业分会　会长

2023 年 9 月 6 日

前　言

　　2022 年，我国羊存栏量达 3.26 亿只，出栏量达 3.36 亿只，羊肉产量为 525.0 万吨，表观消费量达 560.6 万吨，国内羊肉缺口总量达 34.4 万吨。尽管 2023 年肉羊市场行情相对走低，但是稳定的国内需求仍然带动着肉羊产业稳定发展。当前，饲料成本和人工成本居高不下，如何在较高的饲养成本下发展肉牛肉羊产业、满足市场需求，是本行业面临的重大课题。夏洛来羊是著名的肉用绵羊品种，自 20 世纪引入我国后在北方地区大面积养殖，尤其在东北、华北和西北地区表现出广泛的适应性和优越的肉用性能。为此，国家肉羊产业技术体系朝阳综合试验站联合辽宁农业职业技术学院、辽宁省现代农业生产基地建设工程中心等单位开展了夏洛来羊的一系列研究工作，并由"朝牧肉羊"育种项目组编写本书。本书得到了"国家肉羊产业技术体系（CARS—38）"资助。

　　为了助力夏洛来羊产业持续健康发展，提高广大养殖户对夏洛来羊品种的认识和利用水平，我们编写了这本《夏洛来羊生产与杂交利用》。本书在编写过程中总结了夏洛来羊自 1995 年引入我国后的养殖生产实践经验，应用了编者多年来的科研成果，参考和借鉴了同行的有关论著、论文、标准等相关材料，在此向他们表示诚挚的谢意。由于编者水平有限，对于书中错误和不足之处恳请专家和广大读者批评指正。

2023 年 9 月 1 日

目　　录

第一章　夏洛来羊的品种与引种

夏洛来羊是世界著名的肉用羊品种，在羊品种大家庭中的地位举足轻重。本章将从夏洛来羊的品种形成、品种特点以及我国引种状况分别对夏洛来羊做阐述。

第一节　夏洛来羊品种的形成

一、夏洛来羊的产地

夏洛来羊原产于法国中东部摩尔万山脉至夏洛莱山谷和布莱斯平原地区。该地区位于东经 4°3′，北纬 46°5′，平均温度为 9.9℃，无霜期 254 天，年平均降雨量为 830 毫米，平均海拔 300 米，属于温带大陆性气候。

二、夏洛来羊的育种历史

夏洛来羊原产于法国中东部摩尔万山脉至夏洛莱山谷和布莱斯平原地区。18 世纪末，该地区饲养的本地羊被称为"摩尔万戴勒"，主要作为肉羊供应首都巴黎。后来因羊毛工业兴起，曾引进美利奴羊进行杂交。1820 年以后，法国羊毛工业不振，农户又转向生产肉羊，于是引入英国莱斯特羊与当地羊杂交，形成了一个比较一致的绵羊群体。20 世纪 20 年代，引入南丘羊，导致本地羊的数量锐减。然而，从 20 世纪 50 年代起，该地区市场上需求胴体大而脂肪少的品种，本地羊恰好具备此优势，从此本地羊便发展起来。1963 年 8 月 25 日，在卢瓦尔省的巴兰热举行的第一次本地羊品种竞赛中该品种的羊被命名为"夏洛来羊"。1974 年，法国农业部正式承认该品种。在我国畜禽遗传资源品种名录中，该品种的羊被定名为夏洛来羊。夏洛来羊是以莱斯特羊和南丘羊为父本、以当地的细毛羊为母本杂交育成，是世界上著名的肉用品种羊之一。

三、夏洛来羊的品种特点

夏洛来羊作为典型的肉羊品种，其特征鲜明，具备全部肉用羊的性能特点。夏洛来羊在我国引种之初的性能如下。

（一）夏洛来羊的体型外貌

夏洛来羊无角，头部无毛，脸部呈粉红色或灰色，有的带有黑色斑点；额宽，两眼之间距离大；耳朵细长、灵活、能动，且与头部颜色相同；躯干长，背腰平直，肌肉丰满，胸宽而深，肩宽而厚；臀部宽大，肌肉发达；四肢较短无长毛，颜色较浅，肢势端正；两后肢距离大，呈倒"U"型；被毛同质，短（2～4厘米）、细（29微米，58支）、密。

（二）夏洛来羊的品种特性

夏洛来羊可全放牧、半舍饲或全舍饲，适应各种不同的气候条件。在良好的饲养环境下，夏洛来羊表现出良好的适应性，是生产肥羔的优良草地型肉用羊。在原产地冬季寒冷、夏季炎热的气候下，其秋季配种，冬季产羔，只有在临产前1个月进入圈舍饲养。夏洛来羊特别耐粗饲，采食能力极强。且性成熟早，80%的母羊在7月龄即可发情配种，公羊9～12月龄便可采精配种。

（三）夏洛来羊的生产性能

1. 体重

成年公羊体重110～140千克，母羊体重80～100千克；1周岁公羊体重70～90千克，母羊体重50～80千克；公羔初生重为6.07±0.34千克，母羔初生重为5.63±0.44千克。

2. 生长速度

1～30日龄单胎羔羊日增重可达400克，双羔日增重280～325克；30日龄羔羊体重为14～17千克；30～60日龄羔羊日增重260.6～462.2克。6月龄公羔体重48～53千克，母羔体重38～43千克。

3. 肉质

夏洛来肥羔羊胴体质量好，骨细小、脂肪少、后腿浑圆、肌肉丰满。肉色鲜、味美、肉嫩、精肉多、肥瘦相间，呈大理石花纹，膻味轻，易消化，属于国际一级肉。4～6月龄肥羔羊优质肉出肉率55%以上（后腿肉27.08±0.75%，脊肉8.41±0.59%，肩肉20.55±0.54%），其余颈肉6.52±0.38%，胸肉11.12±0.75%，开方肌肉10.39±0.81%，闭方肌肉6.86±0.36%。

4. 生长发育

绝大多数夏洛来母羊（80％左右）在 7 月龄配种，12 月龄分娩。季节性发情，一年产一胎。经产母羊均在 2 月份分娩，初产母羊分娩一般较经产母羊晚一个月，即在 3 月份分娩。

5. 繁殖性能

夏洛来羊的平均受胎率为 95％，平均产羔率为 167％ 左右，最高可达 189％。其中，1 岁母羊的产羔率为 126％，2 岁母羊的产羔率为 171％，3～6 岁母羊的产羔率为 183％。在加强饲养管理和营养供应充足的前提下，繁殖率更高。

6. 产毛

成年公羊产毛 2.5～3.5 千克，母羊产毛 2～2.5 千克。

第二节　我国夏洛来羊的引种

一、我国引进夏洛来羊历史

20 世纪 80 年代末 90 年代初，内蒙古、河北、河南、山东、山西和辽宁先后从法国引入夏洛来羊。其中，辽宁省于 1992 年引进 140 只原种夏洛来羊，分别饲养于锦州市小东种畜场和彰武县肉用种羊场。1995 年，朝阳市从法国引进 82 只原种夏洛来羊，其中，种公羊 18 只，种母羊 64 只。这是我国最后一批由法国原产地引入的原种夏洛来羊。2021 年，锦州市由澳大利亚引入夏洛来羊 100 只，其中，种公羊 14 只，种母羊 86 只，至今尚未对外销售和杂交利用。

目前，全国夏洛来羊群体数量为 11300 只左右，其中集中饲养 7011 只，散养 4295 只。夏洛来羊基础母羊 6260 只左右，种公羊 580 只左右。目前，辽宁省夏洛来羊的存栏量为 4579 只，集中饲养 4450 只左右，散养 130 只左右；其中基础母羊 2180 只左右，种公羊 130 只左右。内蒙古自治区的存栏量为 2830 只，其中基础母羊 2000 只左右，种公羊 90 只左右；吉林省的存栏量为 2370 只左右，其中基础母羊 1220 只左右，种公羊 130 只左右。河南、甘肃、山西、陕西、宁夏、新疆、天津、山东、河北、安徽等省共计存栏量为 1500 多只。

二、夏洛来羊在我国的生产性能

编者对辽宁省朝阳市朝牧种畜场有限公司的夏洛来羊种羊进行体型外貌和生产性能测定。在该公司选取 8 个家系，测定了 84 只羊，包括成年公羊 24 只，成年母羊 60 只。通过测定发现，经过 30 多年的选育，夏洛来羊在保持品种原有体型外貌特点的基础上，生产性能有了较大提高。

（一）体型外貌

夏洛来羊个头大，体质结实，体型匀称。公母羊均无角，头部无毛，脸部呈粉红色或灰色，少数个体带有黑色斑点；额宽、两眼之间距离大，耳朵竖立、细长灵活且与头部颜色相同；颈短粗，无皱褶，颈肩结合良好；肩宽而厚，胸宽而深；躯干长，背腰平直，肌肉丰满。公羊腹部紧凑，母羊腹部大而不下垂。臀部宽大，肌肉发达，两后肢距离大，呈倒"U"型；四肢较短，颜色较浅且与头部相同，蹄黑色，蹄质坚硬，肢势端正。公羊睾丸大，左右对称，结实而有弹性；母羊乳房大，有 1 对乳头，有的有副乳头，乳头较长，两侧乳头大小一致。长瘦尾。全身皮肤呈粉红色，被毛同质，白色，短、细、密。

（二）体尺体重

对朝阳市朝牧种畜场有限公司种羊的体尺体重进行测定，测定结果如表 1—1 所示：

表 1—1　　　　　　　　夏洛来羊成年羊体尺体重测定表

羊别	只数	体重 （kg）	体高 （cm）	体长 （cm）	胸围 （cm）	管围 （cm）
公羊	24	138.0	75.0	103.6	118.7	10.3
母羊	60	118.9	67.8	96.3	110.3	9.0

（三）生产性能

对朝阳市朝牧种畜场有限公司种羊的生产性能进行测定，测定结果如表 1—2、1—3、1—4 所示：

表 1—2　　　　　　　　夏洛来羊生长发育测定表　　　　　　　　单位：kg

羊别	初生重	断奶重	6 月龄重	12 月龄重
公羊	6.2±0.4	33.2±1.9	61.2±3.1	88.9±4.7
母羊	5.6±0.5	31.2±1.8	50.1±2.1	75.5±3.4

表 1—3 夏洛来羊羊毛生产性能测定表

羊别	公羊	母羊
剪毛量（g）	2326.4±136.6	2278.8±117.1
净毛量（g）	1460.7±91.7	1429.2±62.9
净毛率（%）	62.8±1.3	60.3±1.5
油汗含量	含量适中	含量适中
油汗颜色	白色	白色
羊毛颜色	白色	白色
毛纤维直径	26.1±1.0	25.5±1.3
伸直长度	7.5±0.2	7.5±0.3
毛丛自然长度	5.2±0.4	5.4±0.6
弯曲数	2.6±0.5	2.4±0.5

表 1—4 夏洛来羊繁殖性能测定表

繁殖指标	公羊	母羊
初情期（月龄）	7～8	6～7
性成熟期（月龄）	9～12	7～8
初配年龄（月龄）	12～18	10～12
发情季节（月份）	常年发情	8～12
发情周期（天）	——	14～20
妊娠期（天）	——	147～152
初产产羔率（%）	——	133～145
经产产羔率（%）	——	176～203
采精量（mL）	0.6～1.4	——
精子活率（%）	70～95	——
精子密度（亿个/mL）	25～40	——

第二章　夏洛来羊的繁殖性能

　　繁殖是养羊生产的核心任务，也是实现肉羊养殖业产业化发展和高效率经营的关键。母羊的高效繁殖和公羊的高效利用，直接影响着养羊生产的经济效益。因此，在现代肉羊生产体系中，要通过提高繁殖效率，增加羔羊数量、提升羔羊质量、扩大养殖效益，为养羊生产提供技术支撑。

第一节　生殖器官与生理功能

一、公羊的生殖器官

　　公羊的生殖器官包括睾丸、阴囊、附睾、输精管、副性腺、尿生殖道、精囊腺、前列腺、尿道球腺及输精管壶腹、阴茎和包皮。公羊的生殖器官有产生精子、分泌雄性激素及交配的功能，具体如图 2—1 所示。

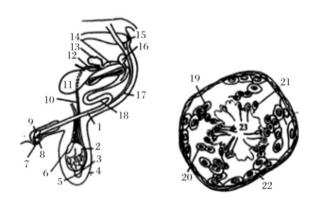

图 2—1　公羊的生殖器官

1. 阴茎　2. 睾丸　3. 附睾体　4. 阴囊　5. 附睾尾　6. 附睾头　7. 阴茎前端　8. 包皮　9. 龟头　10. 输精管　11. 膀胱　12. 输精管壶腹　13. 精囊腺　14. 前列腺　15. 直肠　16. 尿道球腺　17. 阴茎收缩肌　18. S 状弯曲　19. 初级精母细胞　20. 次级精母细胞　21. 精细胞　22. 精原细胞　23. 精子

（一）睾丸

睾丸是产生精子的场所，也是合成和分泌雄性激素的器官。它能刺激公羊生长发育，促进第二性征及副性腺的发育。睾丸分左右两个，呈椭圆形。成年绵羊两侧睾丸重 400～500 克。公羊每克睾丸组织平均每天可产生 2400～2700 万个精子。

睾丸在胎儿未出生时位于胎儿腹腔内。在出生前，睾丸和附睾一起通过腹股沟管下降到阴囊中，称为睾丸下降。如果出生后公羊的睾丸未下降到阴囊中，仍留在腹腔内，即称为隐睾。两侧隐睾的公羊没有繁殖能力。单侧隐睾的公羊虽有繁殖力，但隐睾往往有遗传性，所以出现这两种情况的公羊都不能留做种用。

（二）附睾

附睾贴附于睾丸的背后缘，分头、体、尾三部分。附睾是精子最后成熟的地方，也是精子的贮存库，更是排出精子的管道。此外，附睾管口上皮细胞分泌物可为精子存活和运动所需提供营养物质。由于附睾温度比体温低，呈弱酸性（pH 值 6.2～6.8）和高渗透压环境，因而对精子的活动有抑制作用，使精子处于休眠状态，减少能量消耗，从而使精子在附睾中保持有受精能力的时间可长达 60 天。除此之外，附睾还能吸收老化的精子。

（三）输精管

输精管是精子由附睾排出的通道。它为厚壁坚实的囊状管，分左右两条，从附睾尾部开始经腹股沟进入腹腔，再向后进入骨盆腔到尿生殖道起始部背侧，开口于尿生殖道黏膜形成的精阜上。

输精管是生殖道的一部分，射精时，在催产素和神经系统的支配下，输精管肌肉层发生收缩，使精子排入尿生殖道。输精管还可对死亡和老化精子进行分解吸收。

（四）副性腺

副性腺包括精囊腺、前列腺和尿道球腺。副性腺的分泌物构成精液的液体部分，具有稀释、营养精子及改善阴道环境等作用，有利于精子的生存和运动。

（五）阴茎

阴茎是公羊的交配器官，主要由海绵体构成，包括阴茎海绵体、尿道阴茎部和外部皮肤。成年公羊阴茎长为 30～35 厘米。

（六）阴囊

阴囊位于体外，主要作用是容纳和保护睾丸及调节阴囊内温度。天气炎热时，皮肤松弛，阴囊下垂，汗腺分泌增加，使温度易于散发；天气寒冷时，阴囊收缩，使睾丸贴近腹下，便于保温。

二、母羊生殖器官

母羊的生殖器官主要由卵巢、输卵管、子宫、阴道及外生殖道等部分组成，具体如图 2－2 所示。

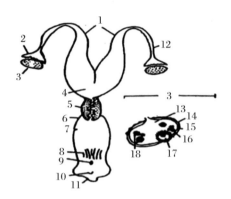

图 2－2　母羊的生殖器官

1. 子宫角　2. 喇叭口　3. 卵巢　4. 子宫体　5. 子宫颈　6. 阴道穹窿　7. 阴道　8. 前庭神经　9. 尿道开口　10. 阴蒂　11. 阴门　12. 输卵管　13. 皮质　14. 生殖上皮　15. 白膜　16. 初级卵泡　17. 葛拉夫氏卵泡　18. 次级卵泡和三级卵泡

（一）卵巢

卵巢是母羊最重要的生殖器官。它由卵巢系膜悬在腹腔后方，左右各 1 个，质地坚韧，呈扁圆形，长 0.5～1.0 厘米，宽 0.3～0.5 厘米。卵巢组织分内外两层，外部的皮质层产生卵泡、排出卵子和形成黄体；内部的髓质层分布有血管、淋巴管和神经。

卵巢的功能是生长并发育卵子、分泌雌激素和孕激素。卵巢皮质层分布着许多原始卵泡。原始卵泡是由中央一个卵母细胞和周围单层的卵泡细胞构成的，它经过次级卵泡、生长卵泡和成熟卵泡阶段，最终生成卵子。在此发育过程中，卵泡内膜会分泌雌激素，一定量的雌激素会导致母羊发情。排卵后，在原排卵处的卵泡膜形成皱襞，颗粒细胞增生形成黄体。黄体能分泌孕激素（孕酮），刺激乳腺发育及子宫腺分泌，并间接抑制卵泡的生长，维持妊娠。

（二）输卵管

输卵管是卵子进入子宫的通道，位于卵巢和子宫之间，为一弯曲小管，管壁较薄。输卵管的前口呈漏斗状，开口于腹腔，称输卵管伞；靠近子宫角的一端较细的部分称为峡部。输卵管的主要功能是输送卵子，从卵巢排出的卵子先到输卵管伞部，借助纤毛的活动将其运送到漏斗部和壶腹部，此处是卵子、精子获能和受精的场所。另外，输卵管上皮分泌物在参与精子获能的同时，也是精子、卵子及早期胚胎的营养液。

（三）子宫

子宫是由括约肌构造的厚壁组成的一条狭窄的管腔。成年母羊的子宫借子宫阔韧带悬吊于腰下区大部分位于腹腔内，小部分位于骨盆腔前部，在直肠下方和膀胱上方。子宫由 2 个子宫角、1 个子宫体和 1 个子宫颈组成。子宫口及子宫体的伸缩性极强。妊娠子宫由于面积和厚度增加，重量及容积均比未妊娠子宫增加 10 倍以上。

1. 子宫角

子宫角呈绵羊角状扭曲，单角长 10～12 厘米。两个子宫角基部之间有一纵膈，将两角分开，所以也称对分子宫。子宫角前端变细，与输卵管之间无明显分界，后部被结缔组织连接，表面覆盖浆膜。

2. 子宫体

子宫体呈短管状，长约 2 厘米，夹于直肠与膀胱之间。子宫角黏膜上有突出于表面的半圆形子宫阜，数量为 80～100 个。子宫阜上没有子宫腺，深部有丰富的血管，妊娠时子宫阜发育为母体胎盘。

3. 子宫颈

子宫颈是子宫的后部，壁厚，触之有坚实感，长约 4 厘米。子宫颈管为螺旋状，不发情时管腔封闭得很紧，发情时仅稍微放开，便于精子进入。其前端通向子宫体的部分，称子宫颈内口；后部突出于阴道内的部分，称子宫颈阴道部。

子宫的主要功能有三方面。一是子宫肌节律性收缩，吸收和运送精子到受精部位，有助于精子获能；分娩时强力阵缩排出胎儿。二是受精卵附植、妊娠和分娩场所。子宫内膜的分泌物可为精子获能提供条件，又可为早期孕体提供营养需要。三是调节卵巢黄体功能，导致发情。在未孕的情况下，在发情周期的一定时期，子宫角内膜所分泌的前列腺素对同侧卵巢的周期黄体有溶解作用，以致黄体机能减退，导致发情。

（四）阴道

阴道是一富有弹性的肌肉腔体，呈上下略扁的管状，长 8～14 厘米，既是交配器官，又是分娩的产道。交配时，贮存于子宫颈阴道部的精子不断向子宫颈内供应精子。阴道的生化和微生物环境能保护生殖道免受微生物的入侵。同时，阴道还是子宫颈、子宫黏膜和输卵管分泌物的排出管道。

三、生殖激素

激素是由动物机体产生，经体液循环或空气传播等作用于靶器官或靶细胞，能调节机体生理机能的一系列微量生物活性物质。它是细胞与细胞之间相互交流、传递信息的一种工具。其中，与动物性器官、性细胞、性行为等的发生和发育以及发情、排卵、妊娠、分娩和泌乳等生殖活动有直接关系的激素，统称为生殖激素。

（一）生殖激素的特点

1. 调节生殖相关反应的速度

生殖激素只调节反应的速度，不发动细胞内新的反应。激素只能加快或减缓代谢过程，而不发动细胞内的新反应，其作用类似化学反应中的催化剂。

2. 作用具有持续性和累积性

生殖激素在血液中消失很快，但常常有持续性和累积性作用。例如，将孕酮注射到家畜体内，在 $10\sim20$ 分钟内就有 90% 从血液中消失，但其作用要在若干小时甚至数天后才能显示出来。

3. 微量起效

微量的生殖激素就可以引起很大的生理变化。例如，1 皮克（10^{-12} g）的雌二醇，直接作用到阴道黏膜或子宫内膜上，就可以引发明显的变化。

4. 明显的选择性

生殖激素的作用具有一定的选择性。各种生殖激素均有其一定的靶组织或靶器官，如促性腺激素作用于性腺（睾丸和卵巢），雌激素作用于乳腺管道，而孕激素作用于乳腺腺泡等。

5. 协同和拮抗作用

生殖激素间具有协同和拮抗作用。某些生殖激素对某种生理现象有协同作用。例如，子宫的发育要求雌激素和孕酮的共同作用，母羊的排卵现象就是促卵泡素和促黄体素协同作用的结果。又如，雌激素能引起子宫兴奋，增强蠕动，而孕酮可以抵消这种兴奋作用。减少孕酮或增加雌激素都可能引起妊娠家畜流产，这说明两者之间存在拮抗作用。

（二）生殖激素的作用

生殖激素的主要功能和结构参见表 2-1。

表 2—1   主要生殖激素的作用

名称	英文缩写	来源	主要生理功能	化学特性
促性腺激素释放激素	GnRH	下丘脑	促进垂体前叶分泌促黄体生成激素（LH）及促卵泡成熟激素（FSH）	十肽
促卵泡生成素	FSH	垂体前叶	促使卵泡发育成熟，促进配子生成	糖蛋白
促黄体生成素	LH	垂体前叶	促使卵泡排卵，形成黄体，分泌孕酮 促进雄性睾丸间质细胞合成，分泌雄激素	糖蛋白
促乳素	PRL（LTH）	垂体前叶	刺激乳腺发育及泌乳、促进黄体分泌孕酮；促进睾酮的分泌	糖蛋白
催产素	OXT	下丘脑合成、垂体后叶释放	促进子宫肌、输卵管收缩；有利于精子、卵子运行，提高受精效果；促进排乳	九肽
人绒毛膜促性腺激素	HCG	灵长类胎盘绒毛膜	具有 FSH 与 LH 作用，以 LH 作用为主	糖蛋白
孕马血清促性腺激素	PMSG	马属动物胎盘	具有 FSH 与 LH 作用，以 FSH 作用为主	糖蛋白
雌激素（雌二醇为主）	E_2	卵巢、胎盘	促进母畜发情，维持第二性征 促进雌性生殖管道发育，增强子宫收缩力	类固醇
孕激素（孕酮为主）	PROG	卵巢、黄体、胎盘	与雌激素协同调节发情，抑制子宫收缩，维持妊娠，促进子宫腺体及乳腺泡发育，对促性腺激素起抑制作用	类固醇

续表

名称	英文缩写	来源	主要生理功能	化学特性
雄激素（睾酮为主）	T	睾丸间质细胞	维持雄性第二性征和性欲，促使副性器官发育和精子发生	类固醇
松弛素	RLX	卵巢、胎盘	分娩时促使子宫颈、耻骨联合、骨盆韧带松弛，妊娠后期保持子宫体松弛	多肽
前列腺素	PG	广泛分布，精液中最多	溶解黄体、促进子宫平滑肌收缩等；调节发情周期	不饱和脂肪酸
外激素			不同个体间的化学通信物质，有性诱导、促进发情等作用	

（三）生殖激素的调节

雌性动物的发情周期实质上是卵泡期和黄体期在一定内分泌激素作用的基础上产生的变化。这些变化受外界环境的变化、雄性刺激反应的影响，经过不同途径，通过神经系统影响下丘脑 LH－RH 的合成和释放，并刺激垂体前叶促性腺激素的产生和释放，作用于卵巢，产生性腺激素，从而调节雌性动物的发情。

根据神经内分泌对雌性动物生殖器官的作用，可将发情周期的调节过程概括如下：

1. 雌性动物生长至初情期

在外界环境因素的影响下，下丘脑的某些神经细胞分泌 GnRH。GnRH 经垂体门脉循环到垂体前叶，调节促性腺激素的分泌。垂体前叶分泌的 FSH 经血液循环运送到卵巢，刺激卵泡生长发育。同时，垂体前叶分泌的 LH 也进入血液与 FSH 协同作用，促进卵泡进一步生长并分泌雌激素，刺激生殖道发育。雌激素与 FSH 发生协同作用，从而使颗粒细胞的 FSH 和 LH 受体增加，于是卵巢受这两种促性腺激素的刺激更大，促进卵泡的生长，增加雌激素的分泌量，并在少量孕酮的作用下，刺激雌性动物性中枢，引起雌性动物发情，而且刺激生殖道发生各种生理变化。

2. 激素对发情周期的调节

（1）发情期

当雌激素分泌到一定数量时，作用于下丘脑下部或垂体前叶，抑制 FSH 分泌，同时刺激 LH 释放。LH 释放脉冲式频率增加，直至出现排卵前 LH 高峰，促使卵泡进一步成熟、破裂、排卵。

（2）发情后期

排卵后，卵泡颗粒层细胞在少量 LH 的作用下形成黄体并分泌孕酮。此外，当雌激素分泌量升高时，降低下丘脑促乳素抑制激素的释放，而引起垂体前叶促乳素（PRL）释放增加。PRL 与 LH 协同作用，促进和维持黄体分泌孕酮。

（3）休情期

当孕酮分泌达到一定量时，对下丘脑和垂体产生负反馈作用，抑制垂体前叶 FSH 的分泌，以至卵巢卵泡不再发育，抑制中枢神经系统的性中枢，使雌性动物不再发情。同时，孕酮也作用于生殖道及子宫，使之发生有利于胚胎附植的生理变化。

（4）发情前期

如果排出的卵子未受精，则黄体维持一段时间后，在子宫内膜产生的 $PGF_{2\alpha}$ 的作用下，黄体逐渐萎缩退化，于是孕酮分泌量急剧下降，下丘脑也逐渐脱离孕酮的抑制作用；垂体前叶又开始释放 FSH，使卵巢上新的卵泡又开始生长发育。与此同时，子宫内膜的腺体开始退化，生殖道转变为发情前状态。但由于垂体前叶的 FSH 释放浓度不高，新的卵泡尚未充分发育，致使雌激素分泌量较少，以致雌性动物表现的发情征状不明显。

随着黄体完全退化，垂体前叶释放的促性腺激素浓度逐渐增多，卵巢上新的卵泡生长迅速，下一个发情周期又开始。

3. 激素对妊娠的调节

如果排出的卵子已受精，囊胚刺激子宫内膜形成胎盘，使溶解黄体的前列腺素 $PGF_{2\alpha}$ 的产生受到抑制，此时黄体保留成为妊娠黄体。

第二节　夏洛来羊的生殖生物学特性

了解和掌握夏洛来羊的生殖生物学特性，可以使我们能够更好地应用繁殖生物工程技术，迅速扩大再生产，提高商品率，充分发挥优良品种的作用。

一、公羊的繁殖特性

（一）初情期

初情期是指公羊第一次能够释放出精子的时期。但确定公羊的初情期比较困难，因为公羊第一次精原细胞的分化比从精细管释放出来精子早1个月以上，而且精子从睾丸输送到输精管约需2周时间。对于公羊的初情期，可通过采精检查精液来进行确定。羊的初情期表现的迟或早与品种、营养等密切相关。8～10月龄是夏洛来公羊的初情期。高营养水平饲养的公羊，生长发育较快，达到初情期所需的时间较短，所以初情期较早，反之则较晚。但如果营养水平过高，公羊饲养过肥，虽然体重增长很快，但是初情期反而会延迟。

（二）性成熟

当公羔的睾丸内出现成熟的具有受精能力的精子时，即是公羊的性成熟期。此时，公羊的生殖器官已经发育完全，生殖机能达到比较成熟的阶段，具有繁殖后代的能力。一般来说，夏洛来公羊的性成熟期是5～7月龄，此时公羊的体重一般达到成年羊体重的40%～60%。性成熟的早晚受内源激素影响，但也与生态环境、个体的差异、饲养管理条件等因素有关。

公羊在性成熟后即开始出现性行为，性行为包括求偶、交配、结束交配三个过程。公羊性兴奋时常表现为扬头、口唇上翘、发出连串鸣叫声，性兴奋发展到高潮时进行交配。公羊交配动作迅速，时间仅数十秒。

（三）体成熟

体成熟是公羊基本上完成生长的时期，公羊一般在12～15月龄达体成熟。从性成熟到体成熟必须经过一定的时期。在这期间，如果公羊长期生长发育受阻，必然延缓其达到体成熟，从而给种用或非种用的公羊的养殖带来经济上的损失。

（四）初配适龄

公羊达到性成熟期时就开始具有繁殖能力，但由于其生殖机能只是达到比较成熟的阶段，身体发育还未完成，此时进行交配对其本身和后代的生长发育都不利，故不适宜马上进行配种。夏洛来公羊的初配年龄应在12月龄以后，最早不宜少于10月龄，此时公羊的体重应达到成年公羊体重的65%～70%以上，否则会影响公羊的性欲、增长速度和精液质量。并且在18月龄以前，公羊的使用频率应为18月龄以后的1/2左右。

（五）繁殖年限

夏洛来羊的繁殖年限一般为6～7年，最适宜的年龄是3～6岁，个别优秀种公羊的利用年限可以适当增加。研究和生产实践证明，5岁以前的种公羊配种效果最好。

（六）繁殖季节

与母羊相比，公羊的繁殖季节不明显，但其精子生成、精液的品质性能和受精能力等都有明显的季节性差异。一般来说，夏洛来公羊的繁殖功能，秋季最高，精子数量和精子活力最好。在现代养羊生产中，母羊的配种时间已由单一的秋配调整到了一年四季的配种。夏洛来公羊可常年采精配种，以8～11月份性欲和精液质量最好，3～5月份略差。为此，公羊必须实行合理的生殖能力保健，以保证公羊一年四季的繁殖性能。

（七）繁殖力

公羊精子形成的周期约为49天。公羊的生精能力，随年龄的增长而增强。为提高公羊的精液品质和生精能力，必须保持适度的营养供给，营养不良或过度都不利于公羊生殖功能的发挥。公羊的性欲与受精能力无关，射精的频率、精子活力、精子存活时间及畸形精子率，特别是精子顶体完整率，与该公羊的受精能力有显著的相关性。

1. 环境条件与公羊繁殖力的关系

温度对公羊繁殖力的影响较大。夏季气候炎热，高温对公羊的生精功能和繁殖力影响极大，3～5天的高温，公羊就会出现射精量减少、精子活力下降、畸形精子和死精明显增多的情况。公羊精子的适宜发生温度是15～29℃。

精子活力与温度的相关性极强。当温度在0～5℃时，精子往往停止运动，精子的代谢、活动力都受到抑制，温度升高后，精子又可能恢复运动；10℃时，精子能运动；37℃时，精子活动相当活泼，精子的活动能力、代谢能力都增强，但由于能量消耗大，只能维持几个小时。当温度高于体温时，精子运动异常强，但很快会死亡；55℃时，精子很快就会失去活力，精子蛋白质凝固而很快死亡。低温时，精子的代谢活动受到抑制；温度恢复时，精子仍能保持活力，继续进行代谢。这正是精液冷冻和低温保存的主要依据。

光照和辐射与公羊繁殖力关系密切。光照过强会对公羊的生精功能产生不良影响，一般短日照时，公羊的射精量、精子密度均比长日照时高。

2. 饲料营养与公羊繁殖力的关系

富含蛋白质的饲料可以提高睾丸的生精能力，而低蛋白质饲料会使公羊的生精功能降低。另外，碱性饲料适用于母羊，酸性饲料适用于公羊，如果使用相反会使羊的繁殖力下降。

二、母羊的繁殖特性

（一）初情期

母羊达到一定年龄，表现第一次发情并排出卵子称为初情期。夏洛来羊公母羔羊在 2 月龄时即有相互爬胯嬉闹的行为，其中公羔羊更为活跃，但不是初情期。母羊在 6～7 月龄达到初情期。此时母羊虽然具有发情现象，但不能产生卵子繁殖后代，这称为青春不育。在初情期以前，母羊的生殖道和卵巢增长比较缓慢，不表现性活动周期。30％左右的 8 月龄夏洛来母羊已具备繁殖能力。一般春季所产羔羊的初情期为 7～9 月龄，秋季所产羔羊的初情期为 10～12 月龄。在生产中，一般每年的 1 月份、2 月份及前一年的 12 月份生产的羔羊，在良好的营养条件下，当年秋季即可配种使用。

（二）发情

发情是指母羊发育到一定阶段所表现出的一种周期性的性活动现象。由发育的卵泡分泌雌激素，并在少量孕酮的协同作用下，刺激神经中枢，使母羊表现出兴奋不安，对外界的刺激反应敏感。

1. 正常发情

母羊正常发情会出现以下变化：

（1）行为变化

常鸣叫、举尾拱背、频频排尿、食欲减退。放牧的母羊离群独自行走，喜主动寻找和接近公羊，愿意接受与公羊交配，并摆动尾部，后肢叉开，后躯朝向公羊。当公羊追逐或爬胯时站立不动。泌乳母羊发情时，泌乳量下降，不照顾羔羊。

（2）生殖道变化

在发情周期中，在雌激素和孕激素的共同作用下，母羊的生殖道发生周期性的变化，所有这些变化都是为交配和受精做准备。发情母羊由于卵泡迅速增大并发育成熟，雌激素分泌增多，强烈刺激生殖道，使血流量增加。母羊外阴部充血、肿胀、松软，阴蒂充血勃起。阴道黏膜充血、潮红、湿润并有黏液分泌。发情初期，黏液分泌量少且稀薄透明，中期黏液增多，末期黏液黏稠如胶且量较少。子宫颈口较松弛开张并充血肿胀，腺体分泌物增多。

（3）卵巢变化

发情开始前，母羊的卵巢卵泡已开始生长，至发情前 2～3 天卵泡发育迅速，卵泡内膜增生，到发情时卵泡已发育成熟，卵泡液分泌不断增多，使卵泡容积更加增大，此时卵泡壁变薄并突出卵巢表面，在激素的作用下卵泡壁破裂，致使卵子被挤压而排出。

2. 异常发情

母羊的异常发情多见于初情期后至性成熟前、繁殖季节的开始阶段或用了激素类的药物等情况，也有因为生殖道疾病、营养不良或过剩等原因引起异常发情。通常有以下几种：

（1）安静发情

由于雌激素分泌不足，缺乏明显的发情表现、甚至排卵繁殖季节的前一个周期，卵泡发育成熟但不排卵。这种情况多见于营养不良的母羊。

（2）短促发情

由于发育的卵泡迅速成熟并破裂排卵，或者卵泡突然停止发育或发育受阻使发情期缩短，形成短促发情。这种情况多见于经激素处理而发情的母羊。

（3）断续发情

发情时断时续，时间延续至2天以上。其原因是排卵功能不健全，以至于卵泡交替发育，因而形成断续发情的现象。这种情况多见于缺乏维生素类的营养供应时。

（4）孕期发情

在正常的营养供应情况下，妊娠的母羊不会发情。但在营养不良的情况下，怀孕后突然增加营养或在饲草料中添加硒维生素E粉等则易造成孕期发情。主要原因是激素分泌失调，妊娠黄体分泌孕酮不足，而胎盘分泌雌激素过多所致。孕期发情持续的时间一般不超过12个小时。

（三）发情周期

母羊从初情期开始到繁殖能力停止，只要没有怀孕、哺乳，它的生殖器官和性活动总呈现周期性变化，这叫作发情周期，通常以一次发情期的开始起，到下一次发情期开始前一天为止为一个发情周期。夏洛来羊的正常发情周期为16～20天，平均为18天。初情羊、瘦弱羊和老龄羊的发情持续时间为20～26个小时，经产羊则为28～40个小时。依据母羊的生殖器官变化、精神状态及对公羊的性反应，可将发情周期划分为四个阶段：发情前期、发情期、发情后期、休情期。

1. 发情前期

为发情准备期。上一发情周期的黄体消失，卵泡开始发育，血液中的雌激素水平上升，上皮增生，黏膜充血，腺体活动增加，生殖道分泌稀薄的黏液。但此时的母羊没有性欲表现。

2. 发情期

母羊接受与公羊交配的时期。此时的母羊有性欲表现，外阴部充血肿胀，子宫角和子宫体充血，卵泡发育很快。发情前期连同发情期统称为卵泡期。

3. 发情后期

这是母羊排卵后发情症状消退的时期。此时卵泡破裂，排卵后形成黄体，黄体分泌孕酮，血液中孕酮水平上升。生殖器官开始复原，黏膜充血消退。子宫颈口闭缩，分泌物减少，母羊拒绝交配。

4. 休情期

休情期是发情后期的延续，连同发情后期统称为黄体期。母羊受精后，黄体继续存在，发育为妊娠黄体。而未妊娠母羊的黄体则逐渐退化，转入下一个发情周期的发情前期。

（四）性成熟

母羊的生殖器官已基本发育完全，出现正常的周期性发情并排出卵子，具有了繁衍后代的能力，这就是性成熟。母羊性成熟的年龄受个体、饲养管理条件、气候等因素的影响。在气候温暖的地区，以及饲养条件优越均能使性成熟提早。一般情况下，母羊在7～8月龄已达到性成熟。

（五）排卵与适时配种

夏洛来羊属自发性排卵，不受交配影响。经产羊在发情后的30个小时左右排卵，初产羊在发情后的20～24个小时排卵。正确掌握母羊的排卵时间，直接关系人工授精的成败。3～5岁龄是夏洛来羊排卵的高峰期。实践中，配种应在发情开始后12～30个小时内进行。通常情况下，早晨发现母羊发情，晚上就应进行交配或输精，并在第二天早晨进行第二次交配或输精。但若是胚胎移植的供体羊或初情羊则必须间隔8个小时输精1次，连输3次为好。

（六）母羊的适配年龄

母羊达到性成熟时，其身体并未充分发育，如果此时进行配种，则可能影响它本身和胚胎的生长发育。因此，在2～4月龄断奶时公母羔羊一定要分群管理，以避免偷配。据实践经验来看，一般母羊体重达到成年体重的70％，并经过1～2个发情周期后的育成母羊即可配种。夏洛来羊的初次配种年龄一般在10～12月龄左右，但也受饲养管理条件的制约。

（七）繁殖季节

夏洛来羊繁殖有明显的季节性，经产羊是7月末到11月上旬，初产羊在9月末至12月上旬。在繁殖季节到来时，母羊的卵巢功能活动逐渐增强，血液中的促性腺激素缓慢升高。但在一定的时间内这还不能引起正常发情和排卵，在非繁殖季节和繁殖季节之间会出现一个间歇期。在间歇期内，卵巢中存在有正常发育的中型至大型的卵泡，若在此时对母羊进行生殖调控处理，如注射促性腺激素，则可实现人工诱导排卵，同时母羊对"公羊效应"所产生的促排卵刺激也很敏感。

（八）受精与妊娠

1. 受精

受精是精子和卵子相结合，形成一个新的二倍体细胞——合子，也即胚胎的过程。受精部位在输卵管壶腹部。卵子排出后落入输卵管，借纤毛颤动，沿输卵管伞部通过漏斗部进入壶腹部。卵子在第一极体排出后开始受精。当精子进入卵子时，卵子进行第二次成熟分裂。受精时，精子依次穿透放射冠、透明带和卵黄膜，而后构成雄原核、雌原核。两个原核同时发育，几个小时内体积可达原体积的 20 倍，二者相向移动，彼此接触，体积缩小合并，染色体合为一组，完成受精过程。公羊精子在子宫和输卵管内保有受精能力的时间为 24～48 小时，卵子在输卵管保有受精能力的时间为 12～16 小时。若在这个时间内完成受精，胚胎发育可能正常；若二者任何一个逾期到达，都很难完成受精，即使受精，胚胎发育也会异常。

受精时，胚胎的性别已经决定。若与卵子结合的精子性染色体是 Y 染色体，则合子将来发育成雄性；若是 X 染色体，则发育成雌性。在随机条件下，出生时公母比例应当是 1∶1。

2. 妊娠

妊娠期是指受精后到分娩前新生命在母羊体内存活的阶段。夏洛来羊平均妊娠期为 147 天，一般双羔或单公羔羊产期提前，母羔羊产期略靠后，老龄、初产羊略长一些，而青壮龄羊略短些。母羊妊娠后，随着胚胎的出现和生长发育，母体的形态和生理发生许多变化，主要有以下几个方面：

（1）畜体的生长

母羊妊娠后，新陈代谢旺盛，消化能力提高。因此，妊娠母羊由于营养状况的改善，表现为体重增加、毛色光亮。除因交配过早或营养水平很低外，妊娠并不影响青年母羊继续生长，且在适当的营养条件下还能促进其生长。与同龄及身体状况同样的母羊比较，营养充足时，妊娠母羊的体重显著增加；营养不足，则体重降低，甚至造成胚胎早期死亡。尤其是在妊娠前期，营养水平的高低直接影响胎儿的发育。妊娠末期，母羊因不能消化足够的营养物质以供迅速发育的胎儿需要，致使其消耗妊娠前半期贮存的营养物质，所以在分娩前母羊常常消瘦。因此，在妊娠期要给母羊增加营养，以保证母羊本身生长和胎儿发育的营养需要。

（2）卵巢的变化

母羊受孕后，胚胎开始形成，卵巢上的黄体成为妊娠黄体继续存在，从而中断发情周期。

（3）子宫的变化

随着妊娠期的进展，在雌激素和孕酮的协同作用下，子宫逐渐增大，使胎儿得以伸展。子宫的变化有增生、生长和扩展三个时期。子宫内膜由于孕酮的作用而增生，主要变化为血管分布增加、腺体卷曲及白细胞浸润。子宫的生长是从胚胎附植后开始的，主要包括子宫肥大、结缔组织基质的广阔增长、纤维成分及胶原含量增加。子宫的生长和扩展，首先是由子宫角和子宫体开始的。在整个妊娠期，母羊右侧的子宫角要比左侧大得多。妊娠时，子宫颈内膜的脉管增加，并分泌一种封闭子宫颈管的黏液，称为子宫颈栓，使子宫颈口完全封闭。

（4）阴户及阴道的变化

妊娠初期，阴唇收缩，阴户紧闭。随着妊娠期进展，阴道的水肿程度增加，阴道黏膜变苍白，黏膜上覆盖着由子宫颈分泌出来的浓稠黏液；妊娠末期，阴唇、阴道变得水肿而柔软。

（5）子宫动脉的变化

由于子宫的生长和扩张，子宫壁内的血管逐渐变得较直。由于供应胎儿的营养需要，血量增加，血管变粗。同时，由于动脉血管内膜的皱褶增高变厚，而且因它和肌肉层的联系疏松，所以血液流过时造成的脉搏从原来清楚的跳动变成间隔不明显的颤动。这种间隔不明显的颤动叫作妊娠脉搏。

（九）多产性

母羊的多产性因品种、个体和营养状况的不同而有明显的差异。通过选育和采取营养调控、生殖调控等措施，可以提高母羊的多产性能。

研究表明，母羊的多产性具有明显的遗传性。采用营养调控，加强配种前的营养，实行配种前的短期优饲，母羊每增加4～5千克活重，双羔率可提高5%～10%或以上。

第三节　配种生产

一、配种时期

夏洛来羊配种时期的选择，主要是由在什么时期产羔最有利于羔羊的成活和母子健壮来决定。在年产羔一次的情况下，产羔时间可分两种，即冬羔和春羔。一般7—9月份配种，12月份至次年1—2月份产羔为产冬羔；在10—12月份配种，第二年3—5月份产羔为产春羔。

产冬羔的优点是：由于母羊在妊娠期营养条件比较好，所以羔羊初生重大，在羔羊断奶以后就可以吃上青草，因而生长发育快，第一年的越冬度春能力强；由于产羔季节气候比较寒冷，因而肠炎和羔羊痢疾病的发病率比春羔低，故羔羊成活率比较高；绵羊冬羔的剪毛量比春羔高。但是，在冬季产羔必须贮备足够的饲草饲料和准备保温良好的羊舍。同时，劳力的配备也要比产春羔的多。如果不具备上述条件，产冬羔则会给养羊业生产带来损失。

产春羔的优点是：产春羔时，天气已经开始转暖，因而对羊舍的要求不严格。同时，由于在哺乳前期母羊已能吃上青绿多汁的牧草，所以能分泌较多的乳汁哺乳羔羊。但产春羔的主要缺点是母羊在整个妊娠期都处在青绿饲料不足的冬季，因而胎儿的个体发育不整齐，初生重比较小、体质弱。虽经夏秋季节的放牧可以获得一些补偿，但是紧接着冬季到来，这样的羔羊比较难以越冬度春。另外，由于春羔断奶时已近或已到秋季，故对断奶后母羊的抓膘有影响，这对于母羊的发情配种及当年的越冬度春都有不利的影响。

在种羊场一般避免夏季产羔。这是因为：一方面，夏季气温高、湿度大，不利于羔羊的生长，容易发生羔羊痢疾等疾病，或者羔羊体表寄生蚊蝇幼虫，难以处理和治疗；另一方面，夏季产羔不利于母羊的下次配种时间的合理安排。

二、配种方法

在生产中，夏洛来羊的配种方法主要有两种，分别为本交配种和人工授精。

（一）本交配种

本交配种是让公母羊直接交配，使母羊妊娠的配种方法，包括自然交配、人工辅助配种和竞争交配法。

1. 自然交配

自然交配是养羊业中最原始的配种方法，即在繁殖季节将公、母羊混群饲养，任其自由交配。用这种方法配种节省人工，不需要任何设备，如果公、母羊比例适当（一般为1∶25～30），则受胎率也相当高。但是，自然交配的配种方法也有许多缺点。由于公、母羊混群放牧，公羊在一天中会一直追逐母羊交配，严重影响羊群采食，也对公羊的精力消耗太大，且无法了解后代的血缘关系，不能进行有效的选种选配。另外，由于不知道母羊配种的确切时间，因而无法推测母羊的预产期。同时，由于母羊产羔时期拉长，所产羔羊年龄大小不一，从而给管理造成困难。

2. 人工辅助配种

为了克服自然交配的缺点，但又不需进行较高技术水平的人工授精操作时，可采用人工辅助配种。在放牧生产模式下，将公、母分群放牧，到配种季节每天用试情公羊对母羊进行试情，然后把发情母羊挑选出来与选定的公羊混群，使其进行本交配种。在舍饲生产模式下，到繁殖季节将试情公羊定期放入母羊圈舍，试出发情母羊后将母羊集中到配种舍内，然后根据选配要求在不同配种舍内放入公羊使其本交配种。采用这种方法配种，可以准确登记公、母羊的耳号及配种日期，从而能够预测分娩日期，节省公羊精力，提高受配母羊数，同时也有利于羊的选配工作的进行。

3. 公羊竞争交配方法

在放牧生产模式下，甘肃农业大学赵有璋教授等利用家畜性行为学特点，首创"公羊间歇跟群和竞争交配法"。该方法是在繁殖季节，将几只体质健壮、精力充沛和精液品质良好、体格适中的种公羊同时投入繁殖母羊群中，公、母羊比例为 1：80～100，让公、母羊自由交配。但是，采用这种配种方法每天必须将公羊从母羊群中分隔出来休息半天，并且进行补饲，以保证其配种需要的营养。

结果表明，在采用人工授精技术比较困难的牧区，使公、母羊比例由 1：30～40 提高到 1：80～100，每只参配公羊可获断奶羔羊 70 只以上，从而加速农牧区羊只良种化的进程。

在舍饲生产中，除种羊场以外的生产场也可以采用该方法，在繁殖季节将遗传背景相同或相近的几只公羊同时投入繁殖母羊圈舍内半天，公、母羊比例为 1：80～100，另外半天将公羊分离出来补饲。连续进行 7 天，可以有效提高母羊配种妊娠率，降低母羊空怀率 3%～5%。

（二）人工授精

羊的人工授精是指通过人为的方法，将公羊的精液输入母羊的生殖器内，使卵子受精以繁殖后代。人工授精是近代畜牧科学技术的重大成就之一，是当前我国养羊业中常用的技术措施。

1. 技术原理

羊属于季节性繁殖动物。在繁殖季节，公、母羊均可表现出正常的性行为，而在非繁殖季节则缺乏性功能或性功能很弱。当实行一年两产或两年三产的繁殖方式时，公羊必须有旺盛的性欲和优良的精液品质，才能保证母羊能够正常受精。

公羊睾丸间质细胞的主要作用是分泌睾酮，而 LH 主要作用于间质细胞，使其能够正常地分泌雄性激素和维护生精机制。FSH 主要作用于公羊的睾丸曲精细管，曲精细管的主要功能是生精。LH 和 FSH 与低剂量的睾酮配合处理，对因激素调节不平衡导致的公羊生殖障碍有很好的治疗作用。依据公羊血浆激素变化特点，合理使用生殖激素是保障公羊生殖能力的有力措施。

2. 人工授精的优点

与本交配种相比，人工授精具有五方面的优点，在养殖生产中意义重大。

第一，扩大优良公羊的利用率。在自然交配时，公羊射一次精只能配一只母羊，但如果采用人工授精的方法，由于输精量少、精液可以稀释，公羊的一次射精量，一般可供几只或几十只母羊受精。因此，采用人工授精的方法，不但可以增加公羊配母羊的数量，而且可以充分发挥优良公羊的作用，迅速提高羊群质量。

第二，可以提高母羊的受胎率。采用人工授精的方法，由于将精液完全输送到母羊的子宫颈或子宫口，从而增加了精子与卵子结合的机率，同时也解决了母羊因阴道疾病或子宫颈位置不正所引起的不育。对于公、母羊体型差异较大的情况，人工授精也比较适用。另外，由于精液品质经过检查，避免了因精液品质不良所造成的空怀。因此，采用人工授精可以提高受胎率，降低母羊空怀率。

第三，采用人工授精方法配种，可以节省购买和饲养大量种公羊的费用。

第四，可以减少疾病的传染。在自然交配过程中，由于羊体和生殖器官的相互接触，可能把某些传染性疾病和生殖器官疾病传播开来。而采用人工授精方法，公、母羊不直接接触，且器械经过严格消毒，这样传染病传播的机会就大大减少了。

第五，随着现代科学技术的发展，公羊的精液可以长期保存和远距离运输。这有利于进一步发挥优秀公羊的作用，加强种质资源的保存、利用和交流。

3. 人工授精技术环节

人工授精技术包括种公羊的选择与管理、采精、精液品质检查与处理和输精等主要环节。

（1）种公羊的选择与管理

人工授精需要的种公羊，必须每年按要求进行个体等级鉴定，并从中选出主配优秀公羊。在选择种公羊时应考虑公羊的血缘、遗传性、生产性能、健康状况、外貌、生殖器官和精液品质等。所以，应选择中上等膘情、健壮、活泼、精力充沛、性欲旺盛的种公羊。配种前 1～1.5 个月必须加强饲养管理，做精液品质检查，配种前应进行健康检查并修蹄。

种公羊采精要以保证公羊健康和最大限度发挥公羊性能为原则。在准备阶段连续采精 20 次，隔日 1 次，以达到排除死精的目的。配种期间，成年种公羊每日可采精 2 次，必要时可采精 4～5 次，但需注意，不可连续高频率采精，连续采精 3～5 天须休息 1 天，以免影响公羊的采食、性欲及精液品质等。

（2）器材准备

凡是采精、稀释保存、输精、运输等直接与精液接触的器械，必须严格洗涤与消毒。可采用 75％酒精消毒，或蒸煮消毒，或火焰消毒。凡与精液接触的器械在用酒精消毒后，必须用生理盐水冲洗。擦拭用纸、毛巾、擦布、桌布、过滤纸及工作服等各种备用物品均应用高压灭菌器或高压消毒锅消毒。其中，擦拭用纸及毛巾应每天消毒 1 次。各种药品及配制的溶液必须有标签。

（3）采精

①采精的操作步骤

第一，采精前应选择健康发情的母羊或羯羊做台羊。台羊的外阴部要先用消毒液消毒，再用温水洗净擦干。同时，种公羊的生殖器官同样要消毒和洗净擦干。

第二，假阴道冲洗和消毒后，用漏斗从灌水孔注入 55℃左右温开水 150～180 毫升（内、外壳之间容积的 1/3～1/2），然后塞上带有气嘴的塞子，使之吸入适量的空气后关闭气嘴活塞。然后用经酒精与生理盐水消过毒的温度计检查，使采精时假阴道内胎温度保持在 40～42℃ 为宜。如果内胎温度合适，再吹入空气，调节内胎压力后即可用于采精。

第三，用棉球蘸取稀释液或生理盐水，或用玻璃棒蘸取凡士林，在阴茎进口处涂抹一薄层于假阴道内胎上，深度为假阴道的 1/3～1/2，插集精瓶的一端不涂凡士林。

第四，在灌温水后，将消毒冲洗后的双层玻璃瓶插入假阴道的一端。当环境温度低于 18℃时，可在双层玻璃瓶下灌入 40～45℃的温水，使瓶内温度保持在 30℃；若环境温度超过 18℃，可不灌水。

第五，采精时，采精者蹲于母羊的右后方，用右手将假阴道横拿着，假阴道进口部向下，与母羊骨盆的水平线呈 35°～40° 为宜。当公羊爬上母羊背时，注意勿使假阴道或手触碰龟头，迅速用左手托住阴茎包皮，将阴茎导入假阴道中。射精后，立即将假阴道竖起，使有集精瓶的一端向下，然后放出空气，将集精瓶取下，并盖上盖子。

第六，集精瓶及盛有精液的器皿必须避免阳光照射，并注意将温度保持在 18℃。

第七，集精瓶取下后，将假阴道夹层内的水放出。如需继续使用，按照上述方法将内胎洗净、消毒冲洗。若不继续使用，将内胎上残留的精液用小苏打水溶液或洗洁精反复冲洗干净，干燥后备用。

②操作注意事项

第一，种公羊应排列编号，并按顺序进行采精。

第二，采精时，假阴道温度不得低于 38℃，假阴道温度过低会引起阻抑反射，导致公羊不易射精。更不得高于 42℃，温度过高对精子生存不利，且对公羊刺激过甚，破坏性兴奋。

第三，采精时，假阴道压力应适当。压力过大，公羊阴茎不易插入；压力过小，易使公羊不射精，或射精不完全。

第四，采精时，假阴道润滑剂应适宜并涂布均匀。润滑剂过少会抑制公羊的射精反射；润滑剂过多，往往会流入集精瓶中，影响精液品质。

第五，连续采精时使用的假阴道、集精瓶应按洗涤、消毒方法，依次处理。

第六，各公羊的精液要随用随采，精液采出后争取在 20 分钟以内用完（保存运输的精液除外）。

第七，采精工作结束后应及时清洗采精器具，并用干净的毛巾擦干，放于专用盘里，盖清洁白布，以备下次使用。

（4）精液品质检查

精液品质和受胎率直接相关，因而所采精液必须经过检查与评定后方可用做输精。通过精液品质检查，确定稀释倍数和能否用于输精。这是既保证输精效果的一项重要措施，也是对种公羊种用价值和配种能力的检验。精液品质检查要求快速准确，取样要有代表性。检查室要洁净，室温保持在 18～25℃。

精液的一般检查项目为外观检查（色泽）、射精量、精子活率和密度等。

①外观检查

正常精液为浓厚的乳白色或乳酪色混悬液体，略有腥味。凡带有腐败臭味，颜色为红色、褐色、绿色的精液不能用于输精。

②精液量

用灭菌输精器抽取测量。公羊精液量通常为 0.5～2 毫升，一般为 1 毫升。

③精子活率

精子活率是评定精液质量的重要指标之一。精子活率测定是检查在 37.9℃ 左右温度条件下精液中直线前进运动的精子数占总精子数的百分比。检查时，以灭菌玻璃棒或输精器取精液一小滴，放在载玻片中央，盖上盖玻片，勿使发生气泡，然后在显微镜下放大 300～500 倍观察，检查精子密度和活力。全部精子都做直线前进运动测评为 1，90% 的精子做直线前进运动测评为 0.9，依此类推。鲜精活率在 0.7 以上、冻精活率在 0.3 以上可用于输精。

鲜精稀释后的精液以及保存的精液在输精前后都要进行活率检查。

④精子密度

取 1 滴新鲜精液在显微镜下观察，根据视野内精子多少将精子密度分为四等：

一是密，即视野中精子稠密、无空隙，看不清单个精子运动。

二是中，即精子间距离相当于 1 个精子的长度，可以看清单个精子的运动。

三是稀，即精子数不多，精子间距离很大。

四是无，即没有精子。

为了更精确地确定精子的活力、密度和合理的稀释精液，也可用血球计数器来测定精子的密度。

⑤精子形态

精液中变态精子过多会降低受胎率。凡是不正常精子均为畸形精子，如头部过大或过小、双头、双尾、断裂、尾部弯曲和带原生质滴等。

（5）精液稀释

稀释精液的目的在于增加精液量，提高良种公羊的配种效率，促进精子的活力，延长精子的存活时间，使精子在保存过程中免受各种物理、化学和生物等因素的影响。

人工授精所选用的稀释液力求配制简单，费用低廉，且具有延长精子寿命、增加精液量的效果。常见的稀释液有以下几种：

①生理盐水稀释液

用 0.9％生理盐水做稀释液。此种稀释液简单易行，且稀释后可马上输精，是一种比较有效的办法。但此种稀释液倍数不宜超过 2 倍。

②葡萄糖卵黄稀释液

在 100 毫升蒸馏水中加入精确称量的葡萄糖 3 克，柠檬酸钠 1.4 克，溶解后过滤，蒸汽灭菌 10～15 分钟，冷却至 38℃以下，加入新鲜卵黄 20 毫升，青霉素、链霉素各 10 万单位，充分混合。

③牛奶或羊奶稀释液

新鲜牛奶（或羊奶）以脱脂纱布过滤，蒸汽灭菌 15 分钟，冷却至 38℃以下，吸取中间奶液即可做稀释液用。

每毫升各种稀释液中应加入 5000 单位青霉素和链霉素。采精后，应尽快将新鲜精液进行稀释，稀释应在 25～38℃温度下进行，稀释后的精液经过检查方可输精。精液稀释后，精子活力要求在 0.8 以上，并应尽快输精。若输精时间长，应考虑稀释精液的保温，防止低温打击及冷休克。

（6）精液的保存与运输

为了扩大种公羊的利用效率、利用时间、利用范围，需要有效地保存精液、延长精子的存活时间。为此，必须降低精子的代谢，减少能量消耗。在实践中，可采用降低温度、隔绝空气和稀释等措施，抑制精子的运动和呼吸，降低其能量消耗。供保存与运输精液的品质，活力须为 0.8 以上，密度达到"中"以上。

①常温保存

精液稀释后，在 20℃ 以下的室温环境中能保存 1 天。

②低温保存

在常温保存的基础上，进一步缓慢降低温度至 0～5℃ 之间，精液在此温度下保存的有效时间为 2～3 天。

③冷冻保存

精液的冷冻保存，是人工授精技术的一项重大革新，它可长期保存精液。牛、马的冷冻精液取得了令人满意的效果。但羊的精子由于不耐冷冻，所以冷冻精液受胎率较低，一般受胎率为 40%～50%，少数试验结果能达到 70%。

保存与运送精液可用手提式广口保温瓶、疫苗运输箱等，所需精液瓶可用 2 毫升容量的玻璃管或青霉素小瓶等。精液保存与运输过程中，须使精液保持一定温度，并尽量避免震动。

经过保存与运输的精液在输精前必须检查精子活力，如活力达不到要求，不能用于输精。经过低温保存与运输的精液，在输精前应将温度升高到 35℃ 以上，以恢复精子活力。

（7）输精方法

输精是母羊人工授精的最后一个技术环节。适时而准确地把一定量的优质精液输到发情母羊的子宫颈口内，是保证母羊受胎、产羔的关键。

①准备输精器材：输精前，所有的输精器材都要严格消毒灭菌，以免母羊的生殖器官感染疾病。输精器以每只公羊准备 1 支为宜。连续输精时，每输完 1 只母羊后，输精器外壁用生理盐水棉球擦净，便可继续输精。输精人员：输精人员应穿工作服，手指甲剪短磨光，手洗净擦干，先用 75% 酒精消毒，再用生理盐水冲洗。输精室温度需保持 18～25℃ 室温。母羊的准备：把待输精母羊放在输精室，如没有输精室，可在一块平坦的地方进行。母羊需保定，正规操作应采用横杠式输精架，在地面埋上两根木桩，相距 1 米宽，绑上 1 根 5～7 厘米粗的圆木，距地面高 70 厘米，将输精母羊的两后肢提在横杠上悬空，前肢着地，1 次可将 3～5 只母羊同时提在横杠上，这样输精时比较方便。也可由 1 人保定母羊，使母羊自然站立在地面，输精人员蹲在输精坑内。还可

采用两人抬起母羊后肢保定，抬起高度以输精人员能较方便地找到子宫颈口为宜。

②输精方法

输精前，将母羊外阴部用来苏尔溶液擦洗消毒，再用水洗干净，或用生理盐水棉球擦洗，每个棉球只能用于 1 只母羊。输精人员将消过毒并用生理盐水浸润过的开膛器闭合按母羊阴门的形状慢慢插入，之后轻轻转动 90°，打开开膛器，先检查母羊阴道内有无疾病，如在暗处输精，则需用额灯或手电筒光源照射，细心地慢慢转动开膛器寻找子宫颈口。子宫颈口的位置不一定正对阴道，其在阴道内呈一小突起，发情时充血，较阴道壁膜的颜色深。找到后，将输精器慢慢插入子宫颈口内 0.5～1 厘米，将所需的精液量注入子宫颈口内。

输精量应保证有效精子数在 7500 万以上，即原精液量需要 0.05～0.1 毫升。有些处女羊，阴道狭窄，开膛器无法充分展开，找不到子宫颈口，此时可采用阴道输精，但精液量至少增加 1 倍。

③输精时机

适时输精，是羊只准时怀胎的关键。人工输精应在羊只发情的中期（即发情 12～16 个小时）或中后期进行。由于绵羊发情期短，当发现母羊发情时，母羊已发情了一段时间，因此，应及时输精。早上发现的发情羊，应当天早晨输精 1 次，傍晚再输精 1 次。

输精的关键是严格遵守操作规程，操作要细致，子宫颈口要对准，精液量要足够。输精后的母羊要登记，按输精先后组群。加强饲养管理，为增膘保胎创造条件。

三、提升配种率

繁殖是养羊生产的核心。提高母羊繁殖效率，降低空怀率、减少母羊空怀饲养时间是提高养殖效益的关键。为此，在繁殖母羊饲养时可以采取以下技术措施。

（一）提前断奶

母羊产后提前断奶可使其生殖系统得到生理恢复。在哺乳期内，母羊垂体前叶促乳素分泌量较高，这会引起其他生殖激素的分泌量不足，使生殖系统处于相对不活跃时期。而提前断奶，就会使母羊体内的促乳素自然降低，内分泌重新平衡，为再次繁殖做好生理准备。同时，提前断奶对于母羊子宫的复原，也具有重要的作用。另外，提前断奶有利于母羊尽快恢复体况，为下次配种繁殖做好准备。

（二）配种前短期优饲

成年母羊经过冬、春季的妊娠和哺乳期，体内营养消耗极大。因此，应当利用春、夏季节的饲草资源优势，尽早、尽快地给母羊补充营养、恢复体重，力求满膘配种。母羊膘情好，发情才能整齐，受胎率才会高。配种前，对母羊采取短期优饲，补充维生素 A、维生素 E 等，具有较好的作用。

（三）集中配种

传统养羊大多采用公母混群饲养，自然发情、自然配种。但是，这样做使母羊的分娩时间分散，羔羊出生日龄不集中，对羔羊的护理和培育都不利。而现代舍饲养羊，则采用同期发情技术，使母羊按照计划批量发情和配种，力争在短期内集中分娩、产羔。批次化生产制度，使母羊产羔时间集中，便于培育羔羊，羔羊生长发育整齐，有利于批量育肥、上市和参加繁殖生产。

第四节　妊娠与分娩

一、妊娠

卵子受精以后，妊娠早期，胚胎即可产生某种化学物质作为妊娠信号传给母体，母体随即做出相应的生理反应，阻止黄体退化，以维持孕酮的持续分泌和促进孕体的继续发育，使胚胎和母体之间建立起密切的联系，这一过程称妊娠识别。

未妊娠的母羊在发情 12 天以后，孕激素受体减少，雌激素受体增加，诱发子宫内膜合成催产素受体（OTR），再通过 OTR 和催产素诱导 PGF_2 产生。在发情的第 14～16 天，母羊子宫静脉中的 PGF 达到高峰，黄体开始退化。而妊娠的母羊在第 9～21 天会分泌羊干扰素（OIFN－τ），OIFN－τ 能抑制子宫合成和分泌 PGF_2，维持黄体功能。

（一）妊娠期

从开始妊娠到分娩，称为妊娠期。夏洛来羊母羊的正常妊娠期为 150 天。初产母羊、产双羔、雌性胎儿及胎儿较大情况下妊娠期有缩短倾向。

（二）妊娠母羊的生理变化

1. 生殖器官的变化

卵巢黄体转化为妊娠黄体继续存在，分泌孕酮，维持妊娠，发情周期中子宫增生。附植前，在孕酮的作用下，血管分布增加，白细胞浸润，子宫腺增长，卷曲。附植后和妊娠期，在雌激素和孕酮作用下，子宫肌纤维肥大、变长，有利于孕体发育及产后子宫复原。妊娠后期，生长减慢，胎儿的快速生长使子宫壁扩展，变薄。子宫颈内膜腺管数增加并分泌黏稠黏液封闭子宫颈管称子宫颈栓。子宫颈的括约肌收缩很紧，使子宫颈管处于完全封闭的状态（防止外物进入子宫，起到保护胎儿免受外界刺激的作用）。妊娠初期，阴门收缩紧闭，阴道干涩；妊娠末期，阴唇、阴道水肿柔软有利于胎儿产出。妊娠后阴道黏膜的颜色变苍白，黏膜上覆盖有从子宫颈分泌出来的浓稠黏液。

2. 生殖激素的变化

在妊娠期，大多数哺乳动物的 FSH 分泌变化不明显，而 LH 分泌是先逐渐升高然后逐渐降低。母羊妊娠后，虽然抑制了卵泡发育，使卵巢分泌的雌激素量减少，但是由于黄体和胎盘也会分泌雌激素，而且孕激素可变为雌激素，所以在妊娠期仍能检出雌激素。由于妊娠后所需的孕激素不仅可由黄体产生，也可由胎盘组织和肾上腺分泌，其分泌量足以抑制妊娠期的母羊再发情，同时，孕激素还具有引起妊娠期间生理变化的机能。临近分娩前孕激素才急剧下降或消失。

（三）妊娠诊断

判断妊娠与否或胚胎的发育状况称为妊娠诊断。母羊进行早期妊娠诊断是为了保胎、减少空怀，提高繁殖率。同时，有利于生产上分群管理，便于分析繁殖机能，便于掌握、分析和改进配种技术。

1. 外部观察法

一般健康而且发情正常的母羊，经输精或配种后 20 天左右不再发情，且行动稳健，用公羊试情时，拒绝公羊爬跨，即可初步判断该母羊已经怀孕。此后，母羊的消化能力逐渐增强，食欲增加，毛色光亮，体重增加。在怀孕初期，母羊的阴门收缩，阴门裂紧闭，黏膜颜色变为苍白，且黏膜上覆盖有从子宫分泌出的浓稠黏液，并有少量黏液流出阴门；随着母羊妊娠日期的增加，其外阴部下联合向上翘起。头胎母羊怀孕 60 天左右，乳房开始发育，其基部变得柔软，颜色逐渐变得红润。但这种方法不易早期确切诊断母羊是否怀孕，因此还应结合触诊法来确诊。

2. 腹部触诊法

此法适用于怀孕两个月以上的妊娠诊断。检查者应倒骑在母羊身上，用双腿夹住母羊的颈部或前躯，双手兜住母羊的腹部，轻轻而又连续地向上掂，左手在母羊下腹部右侧感觉到是否有硬物，经过反复几次，即可基本判断母羊是否怀孕。有经验的检查者甚至可以判定母羊怀有几只羔羊。应用此法检查母羊是否怀孕时，检查者的动作要轻，不可粗心大意，谨防引起母羊流产。

3. 阴道检查法

妊娠母羊阴道黏膜的色泽、黏液性状及子宫颈口形状均有一些和妊娠相一致的规律变化。

（1）阴道黏膜。母羊怀孕后，阴道黏膜为苍白色，但用开膣器打开阴道后，很短时间内即由白色又变成粉红色；而空怀母羊的阴道黏膜始终为粉红色。

（2）阴道黏液。孕羊的阴道黏液呈透明状，量少、浓稠，能在手指间牵成线。如果黏液量多、稀薄、颜色灰白，则视为未孕。

（3）子宫颈。孕羊子宫颈紧闭，色泽苍白，并有浆糊状的黏块堵塞在子宫颈口，人们称之为"子宫栓"。

4. 免疫学诊断

怀孕母羊的血液、组织中具有特异性抗原，可用制备的抗体血清与母羊细胞进行细胞凝集反应。如母羊已怀孕，则红细胞会出现凝集现象；若加入抗体血清后红细胞不发生凝集，则视为未孕。

5. 超声检查法

超声探测仪是一种先进的诊断仪器，有条件的地方利用它来做早期妊娠诊断便捷可靠。使用超声波仪器探测母羊的血液在脐带、胎儿血管、子宫中动脉和心脏中的流动情况，用来诊断母羊的怀孕情况。一般使用超声检查法能够检测出妊娠 26 天后母羊的怀孕状况，在母羊妊娠 6 周龄时，诊断母羊怀孕的准确率可达 98%～99%。如对母羊实施直肠内超声波探测妊娠情况，可有效地减少外部超声波探测时羊毛等对超声波探测结果的影响，可提高探测的准确率。其检查方法是：将待查母羊保定后，在腹下乳房前毛稀少的地方涂上凡士林或石蜡油，将超声探测仪的探头对着骨盆入口方向探查。在母羊配种 40 天以后，用这种方法诊断，准确率较高。

6. B超造影检查法

即使用小型 B 超机进行母羊的怀孕检查，其使用操作方便，但 B 超机价格较贵，且检查人员需要进行严格的操作技能培训，才能准确地诊断母羊的怀孕情况。

二、分娩

母羊将发育成熟的胎儿和胎盘从子宫中排出体外的生理过程称为分娩。做好母羊的分娩产羔工作，对于维护母羊健康、提高幼羔的成活率、促进羔羊的健康生长具有重要的作用。

（一）预产期的推算

应按照配种记录和早期妊娠诊断记录，核算母羊的预产日期，当产期临近时，应加强母羊的看护。若羊群过大，需按预产期重新组群，把预产期相近的母羊编为一群便于照看。产期已到的母羊，不要外出放牧，以防止羔羊冻死。

（二）母羊分娩预兆

母羊分娩前，机体的一些器官在组织和形态方面都会发生显著的变化，母羊的行为也与平时不同。这些变化是适应胎儿的产出和新生羔羊哺乳需要的机体特有反应。根据这些症状可以预测母羊确切的分娩时间，以便提前做好接羔的准备工作。

1. 乳房的变化

妊娠中期，母羊的乳房开始增大，在分娩前1～3天，乳房明显膨大，乳头直立，乳房静脉怒张，手摸有硬肿之感，用手挤时有少量清亮胶状液体或黄色初乳。但个别母羊在分娩之后才能挤下初乳，这种情况以初产羊和营养不良的羊居多。

2. 外阴部变化

临近分娩时，母羊的阴唇逐渐变得柔软、肿胀，皮肤上皱纹消失，阴门容易开张，有时流出浓稠黏液。

3. 骨盆韧带变化

骨盆部韧带松弛，肷窝部下陷，以临产前2～3个小时最为明显。

4. 行为变化

临近分娩前数小时，母羊表现出精神不安，频频转动或起卧，有时用足刨地；排尿次数增多，不时回顾腹部；经常独处墙角卧地，四肢伸直努责；放牧母羊常常掉队或卧地休息。

（三）分娩

母羊分娩过程以正产为多，分娩时间一般不超过30～50分钟。分娩的过程分为3个阶段，即子宫开口期、胎儿产出期和胎盘排出期。

分娩时，母羊在努责开始时卧下，由羊膜绒毛膜形成白色、半透明的囊状物至阴门突出，由此到娩出胎儿需30～40分钟。如果超时，有可能是非正产。胎儿实际娩出的时间仅为4～8分钟。胎儿娩出时，羊膜自行破裂，若未及时破裂，应实行人工撕破。

正常分娩的胎位是先露出两前蹄，蹄底向下，接着露出夹在两肢之间的头嘴部，头颅经过外阴后，全躯随之顺利产出。

异常胎位的母羊需要人工助产。胎儿产出后到胎盘完全排出的时间为1.5～2个小时，胎盘不下时间超过5～6个小时，则需要兽医处理。

（四）接产

1. 准备产羔设施

产羔设施的完好是接产保羔的关键。现代养羊的产房应干燥、保暖，接产室温度以 5～10℃为宜，达不到这个温度的产房，应添置取暖设备。在温暖的产房内产羔，可以降低羔羊的死亡率，并对下一步的羔羊早期培育也十分重要。

2. 母羊处理

母羊产羔时，一般不需要助产，最好让其自行产出。但接羔人员应观察分娩过程是否正常，并对产道进行必要的保护。首先，剪净临产母羊乳房周围和后肢内侧的羊毛，以免产后污染乳房。其次，用温水洗净乳房，并挤出几滴初乳。最后，将母羊尾根外阴部及肛门洗净。

正常情况下，经产母羊产羔过程较快，而初产母羊的产羔过程较慢。一般先看到两前蹄，接着是嘴和鼻，到头露出后，即可顺利产出，此时可不予助产。产双羔时，先后间隔 5～30 分钟，但偶有长达 10 个小时以上的。双胎母羊分娩时，应准备助产。

3. 羔羊处理

羔羊产出后，应立即清除口腔、鼻腔及耳内黏液，以免因呼吸吞咽羊水引起窒息或异物性肺炎。

羔羊身上的黏液，最好让母羊舔净，这样既有助于母羊认羔，也能促进羔羊血液循环。若母羊恋羔行为弱，可把羔羊身上的黏液涂到母羊的口鼻牙齿上，引诱母羊舔干。如果母羊仍不舔或天气较冷时，应迅速用干草、干毛巾等物品将羔羊全身擦干，以免羔羊受凉。

羔羊出生后，一般都是自行扯断脐带，等其扯断后再用 5％碘酊消毒。而人工助产娩出的羔羊，助产人员应把脐带中的血向羔羊脐部顺捋几下，在距羔羊腹部 3～4 厘米的适当部位断开，并用 5％碘酊消毒。

（五）难产及假死羔羊的处理

一般来说，母羊在妊娠期间只要饲养管理良好、有适当的运动，则很少发生难产。因此，正常情况下，母羊分娩时不必过分地干涉。但在舍饲条件下，母羊运动不足、体况较差、胎儿体形过大、母羊配种过早、骨盆狭窄或产道过小、母羊在怀孕期间缺乏营养，子宫收缩无力或胎位不正均会造成难产。羊膜破水 30 分钟后，如母羊努责无力，羔羊仍未产出时，应立即助产。

1. 助产准备

接产人员应剪短指甲，洗净手臂并进行消毒，同时准备好必要的助产用具，如脱脂棉、棉线、绳子、脸盆、毛巾、消毒药物（来苏水、碘酒）和其他药品等。

如胎儿过大，助产时切忌用力过猛，或不根据努责节奏硬拉，以免拉伤阴道。如经过助产仍然不能使母羊正常分娩的，必要时可实施外科手术处理，或由兽医人员实施剖腹助产术。

2. 难产及处理方法

助产人员在助产时，应蹲在母羊体躯后侧，待胎儿头部出现时，可一手托住母羊的阴户，一手抓住胎儿头部的两眼凹和两前肢，随着母羊努责，朝着母羊乳房方向顺势轻轻地拉引胎儿产出。

因胎儿过大或阴道狭窄，羊水已流失造成的难产，应用石蜡油涂抹阴道，使阴道润滑后，将羔羊两前肢拉出和送入数次，然后一手拉前肢，一手扶头，随母羊努责缓慢向下方拉出。

胎儿口、鼻及两前肢已露出阴门，仍不能顺利产出的，可先将胎膜撕破，擦净胎儿鼻口部的羊水、掏出口腔内的黏液，然后在阴门外隔着阴唇卡住胎儿头额后部，将头和两蹄全部挤出阴门；或先将一前肢拉出，再拉另一前肢，两前肢全部拉出后，用一只手握住两前肢并用另一只手卡住胎儿头额后部，随母羊努责用力将胎儿挤拉出阴门。

先出后蹄倒产的，应轻轻牵拉后蹄，随母羊努责将胎儿拉出。

当出现头颈侧弯或下弯、前肢屈曲、只出一蹄或肩部前置等情况，应将胎儿推回到子宫腔，将其头摆正，使头和两前肢进入产道后，慢慢将胎儿拉出。

当羔羊坐骨前置时，将胎儿推回到子宫腔，握住两后蹄，顺势将两后肢拉直，送入产道，再顺势拉出胎儿或在子宫内将胎儿姿势摆正，使头和两前肢进入产道，慢慢将胎儿拉出。

当因母羊子宫扭转、子宫颈扩张不全或骨盆狭窄等情况使胎儿不能产出的，要及时进行剖腹手术。

3. 假死羔羊的处理方法

羔羊产出后，身体发育正常、心脏仍有跳动，但不呼吸，这种情况称为假死。假死的原因主要有吸入羊水、子宫内缺氧、分娩时间过长、受凉等。

出现假死时，一般采用两种方法复苏。第一种方法是迅速将羔羊呼吸道内吸入的黏液或羊水完全清除掉，擦净鼻孔，再将羔羊放在前低后高的地方，立即进行人工呼吸。即将羔羊仰卧朝天，握住前肢，有节律地推压其胸部两侧，反复前后屈伸，并用手拍打羔羊胸部两侧，促使羔羊迅速恢复呼吸。第二种方法是用一只手提起羔羊的两后肢，使其头部下垂，同时用另一只手不断地拍击羔羊的胸、背部，让堵塞在羔羊咽喉的黏液流出，促使其恢复呼吸；还可用棉球蘸上碘酒或白酒滴入羔羊的鼻孔或用烟喷羔羊的鼻腔，使其复苏。

因受凉而造成假死的羔羊，应立即将其移入暖室内进行温水浴急救，水温可由 38℃ 逐渐升高到 45℃。在实施温水浴急救时，应注意将羔羊的头部露出水面，严防呛水，同时还应结合胸部按摩，一般经过 20～30 分钟温水浴，羔羊即可恢复呼吸。待羔羊恢复呼吸后，应立即擦干全身，并放入暖室内让母羊舔干羔羊并及时哺喂初乳。

三、初生羔羊的护理

羔羊刚出生时，体质较弱，适应能力和抵抗力均较差，容易发病。因此，搞好初生羔羊的护理是保证其成活的关键。

（一）尽早吃足初乳

羔羊出生后，一般 10 多分钟即能起立，寻找母羊乳头。第一次哺乳应在接产人员的护理下进行，使羔羊尽快、尽早吃足初乳。初乳中含有丰富的营养物质和抗体，有抗病和轻泻作用。

对于产多羔、体质瘦弱、患病母羊，其所产羔羊应尽早由产羔日龄相近的其他母羊代乳，以确保羔羊吃到初乳。

（二）观察胎粪排出

羔羊的胎粪呈黄褐色，黏稠，一般生后 4～6 个小时即可排出。若初生羔羊鸣叫、努责，可能是胎粪停滞。如 24 个小时后仍不见胎粪排出，羔羊会出现腹胀，此时应采取温肥皂水灌肠等措施。胎粪黏稠极易堵塞肛门，当羔羊排出胎粪后要及时清除，以免羔羊排粪受阻，另外，肛门周边黏结的胎粪也容易造成蚊蝇排卵寄生幼虫。

初生羔羊未能及早吃初乳，或者当其受凉时，极易出现胎便排不出，则易患便秘而死亡。另外，在产羔后，母羊舔舐羔羊肛门，有利于刺激羔羊肠道蠕动、排出胎粪。因此，羔羊出生后要保证胎粪正常排出，一是吃足初乳、二是促使母羊舔舐、三是注意保暖。

（三）母仔编号

为了管理上的方便和避免哺乳上的混乱，可采用母仔编号的办法，即在羔羊身上写上母羊的编号，以便识别。这项技术措施在种羊场里尤其重要。一般是在初生羔羊的脖颈上挂耳标牌并编号，且在种羊登记本上做记录，待羔羊达到 15 日龄之后再正式将耳标取下打到耳朵上。

（四）母羊产后护理

1. 饮盐水麸皮汤

母羊分娩后体质虚弱，且体内的水分、盐分和糖分损失较大，为缓解母羊分娩后的虚弱，并补充水分、盐分和糖分，以利于母羊泌乳，应及时喂饮盐水麸皮汤。可用麸皮 200～500 克、食盐 10～20 克、红糖 100～200 克，加适量的温水调匀，给母羊饮用。

同时，母羊分娩后应饲喂质量优良且容易消化的草料，如优质的青干草和青绿多汁饲料。但也要适量，以免使母羊发生消化道疾病，一般经过 5～7 天的过渡即可逐渐恢复正常饲养。

2. 泌乳管理

母羊分娩后立即开始泌乳，以哺育新生羔羊。羔羊吮乳前，应剪去母羊乳房周围的长毛，并用温水洗净乳房，擦干后，挤出一些乳汁，帮助羔羊吸初乳。同时，还应检查母羊乳房有无异常或硬块。如果母羊产前 1～3 天乳房肿胀过大，应适当地减少母羊的精饲料和青绿多汁饲料的喂量，防止因乳房肿胀过度发生乳腺炎或回乳；如果母羊产后体质瘦弱，乳房干瘪，应适当地补喂精饲料和青绿多汁饲料，并适时地对母羊的乳房进行热敷，以促进母羊下乳。

如果母羊的乳房局部发生红肿，乳量减少，且拒绝给羔羊哺乳，用手触摸母羊的乳房不仅发热，而且感觉内有肿块，且母羊有疼痛感，拒绝触摸，挤出的乳汁稀薄，内含絮状物凝块，有时还含有脓汁，甚至含有血液（严重病例），除以上局部症状外，还伴有母羊体温升高，食欲减少等全身症状，则可判断母羊患了乳腺炎。母羊乳腺炎的治疗方法是：先将乳房内的乳汁挤净，然后经乳头孔给每个患叶内注入青霉素（40 万单位）和链霉素（0.5 克）混合液；如乳房内挤出的乳汁中含有较多的脓汁，可用低浓度消毒液（0.1％雷佛奴尔或0.02％呋喃西林溶液等）注入患叶，轻轻揉压，直至挤净，再注入青、链霉素混合液，每日两次，直到炎症消失，乳汁正常为止。

羔羊哺乳或挤奶的刺激也可以促进促乳素、肾上腺皮质激素的释放，促进泌乳。母羊泌乳异常时，可采用中药或 TRH（促甲状腺素释放激素）、GH（生长激素）等生殖激素处理，提高其产奶量。泌乳量自然下降、断奶或停止挤奶时，母羊的乳房会很快复原。

夏洛来母羊双羔的泌乳量最高可达 4.5～5 千克，单羔泌乳量为 2.5～3.5千克。

3. 清除胎衣

母羊分娩后 1 时左右，胎盘会自然排出，应及时清走胎衣，防止被母羊吞食养成恶习。若产后 2～3 时胎衣仍未排出，应及时采取措施，可注射产后康等药物促进胎衣排出。为防止母羊产后发生胎衣不下的情况，生产中可在母羊分娩时接留部分羊水给分娩后的母羊饮用，以利于胎衣的排出。天气晴朗时，应让母羊和羔羊在室外适当地晒太阳并自由活动。

4. 防止生殖道感染

母羊产后，应及时清除羊舍内的污物，换以干净柔软的垫草，保持羊舍内清洁、干燥，并让母羊得到充分休息。注意母羊恶露排出情况，对母羊外阴部要注意清洗消毒。母羊产后几天排出恶露是正常现象，一般产后第一天排出的恶露呈血样，此后由于母体子宫自身的净化能力，3～5天后即逐渐转变为透明样的黏液，10～15天后恶露即会排除干净，并恢复正常。如果母羊排出的恶露呈灰褐色、气味恶臭，且超过20天以后仍有恶露排出，则有必要进行阴道检查，追查病因，并用消炎药液对母羊的子宫进行冲洗，如伴有体温升高、食欲减少和不食等症状，则应配合全身治疗，从而有效地消除恶露，促使母羊恢复正常。

5. 加强管理

应在产后1时左右给母羊饮水，一般为1～1.5L，水温25～30℃，忌饮冷水。

母羊产后1～7天应加强管理，3天内喂给优质、易消化的干草类饲料，减少精料和青绿饲料喂量，之后逐渐转变为正常饲料并给予青绿多汁饲料的喂养。产后母羊还应注意保暖、防潮、避风，预防感冒，保持安静休息。

第三章　夏洛来羊的营养与饲料配合

饲草饲料是养羊的物质基础。但是，在传统的养羊生产中，饲草不足、季节性供应不平衡、饲草的营养价值低等诸多原因造成了羊夏壮、秋肥、冬瘦、春死的局面。所以，羊的饲草料供应不能再以农作物下脚料为主，特别是对于生产水平较高的夏洛来羊品种而言，需要有营养丰富全面、种类多样的饲草料供应，才能保证其优良的生产性能的充分发挥。另外，在现代养羊生产中，舍饲养殖已经成为农区主要的生产方式，饲草料的品质、种类和平衡供给已经成为必备条件。

根据美国学者 Harris（1963）的分类方法，依据饲料的营养特性，将其分为八大类，分别是粗饲料、青绿饲料、青贮饲料、能量饲料、蛋白质饲料、矿物质饲料、维生素饲料和添加剂。按营养价值又可分为以下三类：全价配合饲料、浓缩饲料和添加剂预混料。

第一节　常用粗饲料及其营养

羊属于反刍动物，由于有瘤胃微生物的作用，粗纤维消化率在 50% 以上。粗饲料是羊日粮的主体，具有提供营养和促进反刍、唾液分泌及刺激瘤胃蠕动的多种功能。在饲料分类学中，粗饲料包括青绿饲料、青贮饲料、干草和秸秆类。青绿饲料主要包括天然牧草和苜蓿、羊草等栽培牧草，大白菜、胡萝卜、萝卜等蔬菜副产品，槐树叶、柞树叶、柠条锦鸡儿等鲜绿枝叶和灌木。青贮饲料主要有全株青贮玉米、青贮苜蓿、青贮燕麦等。干草主要包含晒制的人工牧草、天然牧草。

青绿饲料和青贮饲料鲜嫩多汁、适口性好，对泌乳牛羊有催乳作用。东北地区由于冬春季青绿饲料缺乏，羊饲料主要以干草和秸秆为主，并可根据具体情况补喂胡萝卜、萝卜、马铃薯等块根块茎饲料。繁殖季节，公、母畜需要大量维生素，则应供给足够量的多汁饲料。但是，在严寒季节应控制多汁饲料的饲喂量，以防着凉，发生腹泻。

一、青绿饲料

青绿饲料是指天然含水量高的绿色植物性饲料，包括野生牧草、人工栽培牧草、农作物的茎叶以及能被羊利用的灌木的嫩叶、树叶和蔬菜等。青绿饲料的特点是水分含量较高，干物质含量低，如陆生植物含水量一般大于60%；适口性好，粗蛋白质含量丰富，消化率高，如以干物质计算，禾本科牧草（抽穗—扬花期）粗蛋白质含量达13%～15%，豆科牧草（孕蕾—盛花期）粗蛋白质含量高达20%左右，并富含各种氨基酸，可以满足肉羊各种生理状态下对蛋白质的需要；维生素含量丰富，特别是胡萝卜素，每千克含量可达50～80毫克。此外，青绿饲料钙、磷比例适中，易被吸收利用。北方地区，青绿饲料在夏、秋季节占整个饲草料的大部分，但在冬、春枯草期时，只在大棚中有极少量的青绿饲料。

（一）天然牧草（野草）

1. 营养特性

天然牧草（图3-1）的营养价值主要取决于其种类和生长阶段。例如，内蒙古东部呼伦贝尔草原生长的草原五花草营养价值较高。以干物质为基础，天然牧草中无氮浸出物的含量均可达40%～50%。豆科粗蛋白质的含量为15%～20%，莎草科为13%～20%，菊科和禾本科约为10%～15%，少数也可达20%。禾本科牧草的粗纤维含量较高，约为30%，其他科牧草为20%～25%。天然牧草的钙含量一般高于磷。豆科天然牧草的营养价值较高；禾本科适口性好，尤其在生长早期幼嫩可口，采食量高，另外，禾本科再生力强，一般比较耐牧；菊科牧草有特异香味，羊比较喜欢采食。

图3-1　天然牧草

天然牧草的营养成分（鲜重基础）详见表3-1。

表3-1　　　　　　　　天然牧草的营养成分（鲜重基础）

指标	含量
干物质%	18.9～25.3
粗蛋白（%）	1.7～3.2
羊消化能（MJ/kg）	—
羊代谢能（MJ/kg）	—

指标	含量
粗脂肪（%）	0.7～1.0
粗纤维（%）	5.7～7.1
中性洗涤纤维（%）	—
酸性洗涤纤维（%）	—
钙（%）	0.24
磷（%）	0.03～0.12

2. 利用方式

天然牧草可以直接放牧，也可刈割后青饲，还可以在生长期刈割晒制成青干草。利用天然牧草需要注意以下两点：第一，识别有毒有害植物，防止中毒。如箭舌豌豆中含有氰苷，在酶的作用下会生成氢氰酸，能麻痹动物的呼吸、循环中枢神经系统。第二，防止过量采食豆科牧草。如鲜苜蓿中含有皂苷，一次性采食过多易引起瘤胃臌胀病；草木樨中含有的香豆素在特定条件下可转化为双香豆素，能抑制肝脏凝血原合成，延长凝血时间，致使家畜出血过多而死。

（二）苜蓿

1. 营养特性

苜蓿（图 3－2）是最优质的豆科牧草，蛋白质含量高，初花期时粗蛋白质含量可达 21.1%，粗脂肪含量 4.34%，无氮浸出物含量 35.83%，钙含量 3.0%，产奶净能 5.4～6.3 兆焦/千克，必需氨基酸组成合理，其中赖氨酸高达 1.34%。苜蓿干物质的消化率约为 78%，饲用效率好，在初花期刈割最为适宜。

图 3－2　紫花苜蓿

苜蓿的营养成分（鲜重基础）详见表 3－2。

表 3－2　　　　　　　　苜蓿的营养成分（鲜重基础）

指标	含量
干物质%	24.0～26.2
粗蛋白（%）	3.8～4.56
羊消化能（MJ/kg）	—

续表

指标	含量
羊代谢能（MJ/kg）	—
粗脂肪（%）	0.3～0.72
粗纤维（%）	6.48～9.4
中性洗涤纤维（%）	11.04
酸性洗涤纤维（%）	8.16
钙（%）	0.32～0.34
磷（%）	0.01～0.06

注：数据来源于《中国饲料成分及营养价值表（第30版）》。

2. 利用方式

苜蓿不论青饲、放牧，还是调制成苜蓿干草或青贮饲料，都是羊的优质饲料。但是，紫花苜蓿中含有皂素和可溶性蛋白质，在瘤胃中可产生泡沫，采食过多易得瘤胃臌胀病，严重时甚至死亡。苜蓿与禾本科牧草混合饲喂或饲喂苜蓿前喂些禾本科干草，均可防止瘤胃臌气的发生。羊饲喂苜蓿量为体重的0.2%～0.3%（按干物质计算），一般羊饲喂2～4千克。在成年羊日粮干物质中应用20%的苜蓿干草时，日粮的能量、粗蛋白、粗脂肪、粗纤维以及中性洗涤纤维和酸性洗涤纤维的表观消化率均最高。

（三）高丹草

1. 营养特性

高丹草（图3－3）是由饲用高粱与苏丹草杂交形成的一年生禾本科牧草，可多次刈割多次再生。高丹草拔节期，鲜草营养成分（鲜草基础）为：水分83.7%，粗蛋白3%，粗脂肪0.8%，无氮浸出物7.6%，粗纤维3.2%，粗灰分1.7%。高丹草营养水平高于青玉米、青莜麦、青谷子和其他青饲料，也远远高于玉米秸秆。

适时收获的高丹草消化性能较好，干物质体外消化率达75%。

高丹草的营养成分（鲜重基础）详见表3－3。

图3－3 高丹草

表 3—3　　　　　　　　　高丹草的营养成分（鲜重基础）

指标	含量
干物质％	17.69～27.9
粗蛋白（％）	2.03～3.95
羊消化能（MJ/kg）	—
羊代谢能（MJ/kg）	—
粗脂肪（％）	0.88～2.05
粗纤维（％）	7.49～18.05
中性洗涤纤维（％）	17.39
酸性洗涤纤维（％）	10.36
钙（％）	—
磷（％）	—

注：数据来源于欧顺等（2020），《砚山县常见饲用植物营养与青贮品质研究》（草学）；范美超等（2020），《高粱等9个品种饲草生产力及其青贮品质的对比分析》（中国草地学报）。

2. 利用方式

高丹草饲喂安全，可生产优质青草、干草，也可直接用于放牧；高丹草含糖量高，比高粱和苏丹草更适宜青贮。经过青贮处理后，高丹草中可消化的纤维素和半纤维素含量增加，难消化的木质素含量降低40％～60％，蛋白质含量9％～12％，总可消化养分为55％～60％。

（四）青饲玉米

1. 营养特性

青饲玉米（图3—4）不但产量高，而且含有丰富的营养。但其产量和品质与收获期有很大的关系，适时收获的玉米能达到最高的营养价值。青饲玉米柔嫩多汁，口味良好，营养丰富，无氮浸出物含量高，易消化。全株鲜玉米的粗蛋白和粗纤维消化率分别可达65％和67％，脂肪和无氮浸出物消化率分别可达72％和73％。同时，青饲玉米中的胡萝卜素、维生素 B_1 和维生素 B_2 的含量也很高，是非常理想的牛羊青绿饲料。

青饲玉米的营养成分（鲜重基础）详见表3—4。

图 3—4　青饲玉米

表 3—4　　　　　　　　青饲玉米的营养成分（鲜重基础）

指标	含量
干物质%	12.9～24.1
粗蛋白（%）	1.1～1.5
羊消化能（MJ/kg）	—
羊代谢能（MJ/kg）	—
粗脂肪（%）	0.30～0.5
粗纤维（%）	4.2～6.6
中性洗涤纤维（%）	—
酸性洗涤纤维（%）	—
钙（%）	0.08～0.09
磷（%）	0.05～0.08

2. 利用方式

青饲玉米一般整株收割直接饲喂，收获期一般在乳熟初期至蜡熟期；或者在蜡熟期先采摘果穗再收割剩余植株。青饲玉米的加工方式以铡短和揉丝为主，加工后直接饲喂。

二、青贮饲料

（一）青贮玉米

1. 营养特性

全株青贮玉米（图 3—5）营养丰富，在鲜样基础下每千克含粗蛋白质 20 克、粗脂肪 8 克、粗纤维 59 克、无氮浸出物 141 克、粗灰分 15 克。全株青贮玉米中多种维生素含量丰富，但缺乏必需的赖氨酸、色氨酸、铜、铁，维生素 B_1 的含量也不足，故应配合其他饲料或添加剂使用。专用青贮玉米的植株生长速度快，茎叶茂盛，生物产量高，可达 60 吨/公顷。全株青贮玉米是反刍动物养殖场最受青睐的青贮饲料，应用十分广泛。

图 3—5　青贮玉米

全株青贮玉米的营养成分（鲜重基础）详见表 3—5。

表 3-5　　　　　　　　全株青贮玉米的营养成分（鲜重基础）

指标	含量
干物质％	22.7～25
粗蛋白（％）	1.1～1.5
羊消化能（MJ/kg）	2.21
羊代谢能（MJ/kg）	1.81
粗脂肪（％）	0.30～0.60
粗纤维（％）	6.9～8.7
中性洗涤纤维（％）	—
酸性洗涤纤维（％）	—
钙（％）	0.08～0.10
磷（％）	0.02～0.06

注：数据来源于《肉羊饲养标准（NY/T816-2004）》。

2. 饲喂价值

在生产中，全株玉米青贮一般要与其他禾本科或豆科干草搭配饲喂。青贮玉米在肉羊日粮粗饲料中占 30％～50％，青贮饲料干物质占粗饲料干物质的 1/2～2/3。

成年羊每 100 千克体重每天饲喂 4～5 千克，羔羊饲喂 0.4～0.6 千克。泌乳奶羊每 100 千克体重每天饲喂 1.5～3.0 千克，青年母羊饲喂 1.0～1.5 千克，公羊饲喂 1.0～1.5 千克。

3. 利用方式

使用青贮饲料时要注意以下几点：一是喂饲青贮料要注意保持饲槽清洁，及时清除剩料，防止霉变。二是冬季饲喂青贮料时要随取随喂，防止青贮料挂霜或结冰，且最好将其加温。三是冬季寒冷且青贮饲料含水量大，不能单独大量饲喂，应混拌一定数量的干草或铡碎的干玉米秸及精料。四是饲喂过程中，如发现羊有腹泻现象，应减量或停喂，待其恢复正常后再继续喂用。在生产中，夏洛来羊的日粮中青贮饲料占 45％～65％，可以按每只羊每天 3 克左右或者青贮饲料用量的 1％～2％添加小苏打，防止造成代谢性酸中毒。五是严禁饲喂霉变青贮饲料。对于青贮窖里取料面过大、青贮饲料暴露时间较长的饲料，尤其要重视避免二次发酵。

（二）青贮燕麦

1. 营养特性

青贮燕麦适口性好、营养丰富、青绿多汁、耐储藏，燕麦草易收获、易调制。据报道，将燕麦草青贮后，中性洗涤纤维、酸性洗涤纤维的含量比原料分别降低 0.17%，1.18%。

青贮燕麦的营养成分（鲜重基础）详见表 3—6。

表 3—6　　　　　　青贮燕麦的营养成分（鲜重基础）

指标	含量
干物质%	35
粗蛋白（%）	4.2
羊消化能（MJ/kg）	—
羊代谢能（MJ/kg）	—
粗脂肪（%）	1.12
粗纤维（%）	10.85
中性洗涤纤维（%）	20.65
酸性洗涤纤维（%）	13.65
钙（%）	0.12
磷（%）	0.11

注：数据来源于《中国饲料成分及营养加指标（第30版）》。

2. 饲喂价值

在羊日粮中加入一定量的青贮燕麦草，可以有效提高羊的日增重、屠宰率和胴体重，降低背膘厚度，并对羊肉的品质有一定的改善作用。

（三）青贮苜蓿

1. 营养特性

青贮苜蓿（图 3—6）气味酸香，嫩绿叶片损失较少，营养价值较高。苜蓿青贮的 pH 值为 4.35～5.2，水分 42%～65%、粗蛋白 14%～21.67%、粗脂肪 1.5%～4.9%、粗纤维 27.2%～33.7%。

青贮苜蓿的营养成分（鲜重基础）详见表 3—7。

图 3—6　青贮苜蓿

表 3-7 　　　　　　　　青贮苜蓿的营养成分（鲜重基础）

指标	含量
干物质%	30～33.7
粗蛋白（%）	5.3～5.4
羊消化能（MJ/kg）	—
羊代谢能（MJ/kg）	—
粗脂肪（%）	0.9～1.4
粗纤维（%）	8.4～12.8
中性洗涤纤维（%）	14.7
酸性洗涤纤维（%）	11.1
钙（%）	0.10～0.42
磷（%）	0.09～0.10

2. 饲喂价值

青贮苜蓿不宜单独饲喂，需与其他牧草搭配饲喂，肉羊每天饲喂 1.5～2 千克。

3. 加工调制

调制青贮苜蓿可以解决多雨地区干草调制过程中晾晒、贮存困难的问题，同时还可避免晾晒过程中茎叶脱落造成大量蛋白质损失。由于蛋白质含量高、糖分含量低，因而在加工制作青贮苜蓿时需添加糖蜜或青贮添加剂。目前，青贮苜蓿的主要加工方法有半干法、添加剂法以及混合青贮法。

三、块根、块茎类饲料

块根类饲料主要有胡萝卜、甜菜等，其特点是水分含量高、干物质含量少、粗纤维含量低、维生素含量高。这类饲料是枯草季节夏洛来羊的维生素补充饲料。块根类饲料在冬季放入窖中贮存。使用时切碎拌入料中，一般每只成年羊每天 0.5 千克左右。块根类饲料在饲喂前切得尽量碎一些，防止羊抢食造成食道梗塞，最好用小型粉碎机打碎后再拌入料中。

（一）胡萝卜

1. 营养特性

如以干物质计，胡萝卜（图3－7）可列入能量饲料，但因其含水量高，容积大，多用作冬季补饲维生素的饲料使用。胡萝卜中含有的β－胡萝卜素是维生素A的前体，可用于补充维生素A。另外，胡萝卜还含有一定量的蔗糖、果糖，适口性特别好，对于哺乳母羊具有促进泌乳的作用。

图3－7　胡萝卜

胡萝卜的营养成分（鲜重基础）详见表3－8。

表3－8　　　　　　　　　胡萝卜的营养成分（鲜重基础）

指标	含量
干物质%	9.3～12
粗蛋白（%）	0.8～1.2
羊消化能（MJ/kg）	—
羊代谢能（MJ/kg）	—
粗脂肪（%）	0.2～0.3
粗纤维（%）	0.8～1.2
中性洗涤纤维（%）	2.4
酸性洗涤纤维（%）	1.32
钙（%）	0.05～0.15
磷（%）	0.03～0.09

2. 饲喂价值

胡萝卜既能补充营养，又能改善饲料的适口性，增强羊的食欲，促进其胃肠道蠕动，减少瘤胃积食、肠道阻塞等疾病的发生率。对于公畜、繁殖母畜及幼畜应用效果更好。

3. 加工调制

在冬季青饲料缺乏时，家畜饲用干草和秸秆的比重较大，可将胡萝卜切成细条或碎块搅拌在粗料中使用。

（二）马铃薯

1. 营养特性

马铃薯（图3－8）又称土豆、洋芋、地蛋、山药蛋等。马铃薯的水分含量较高，约为65%～72%，干物质中有6%～12%的粗蛋白，与玉米相近，干物质的70%是淀粉，粗纤维和矿物质含量低。

马铃薯的营养成分（鲜重基础）详见表3－9。

图3－8　马铃薯

表3－9　　　　　　　　　马铃薯的营养成分（鲜重基础）

指标	含量
干物质%	22
粗蛋白（%）	1.6
羊消化能（MJ/kg）	—
羊代谢能（MJ/kg）	—
粗脂肪（%）	0.1
粗纤维（%）	0.7
中性洗涤纤维（%）	—
酸性洗涤纤维（%）	—
钙（%）	0.02
磷（%）	0.03

2. 使用方法

马铃薯可以生喂，也可以熟喂，生喂时宜切碎后投喂。马铃薯块茎中含有龙葵素，特别是芽和晒绿的皮中含量更高，采食过多会使家畜患胃肠炎。将马铃薯切碎后与蛋白质饲料、谷实饲料等混合饲喂效果较好。

（三）红薯

1. 营养特性

红薯（图3－9）又称甘薯、红苕、地瓜、番薯、薯茨等。红薯多汁，有甜味，适口性好，新鲜红薯含干物质约30%，能量高。红薯的粗蛋白含量低，干物质中粗蛋白仅为3.3%，熟喂蛋白质消化率比生喂约高1倍。粗纤维和矿物元素含量均很低。黄色红薯的胡萝卜素含量较高，每千克鲜样含13毫克。

红薯的营养成分（鲜重基础）详见表

图3－9　红薯

3—10。

表 3—10　　　　　　　　　　红薯的营养成分（鲜重基础）

指标	含量
干物质％	24.6～25
粗蛋白（％）	1.0～1.1
羊消化能（MJ/kg）	—
羊代谢能（MJ/kg）	—
粗脂肪（％）	0.2～0.3
粗纤维（％）	0.8～0.9
中性洗涤纤维（％）	—
酸性洗涤纤维（％）	—
钙（％）	0.13
磷（％）	0.05

2. 饲喂价值

对泌乳羊来说，红薯有促进消化、贮积脂肪和增加产奶量的效果。但是，由于其淀粉含量过高，羊生吃太多红薯，淀粉会粘在瓣胃的各个空隙里，影响瘤胃的收缩蠕动，抑制皱胃中胃液的分泌，从而造成食欲不振、消化率降低。

3. 使用方法

红薯应切碎后搭配其他精饲料和粗饲料使用，为提高蛋白质的利用率，可煮熟后饲喂。发生黑斑病的红薯不能饲喂，黑斑病红薯中存在红薯醇和红薯酮，毒性非常强，会使动物中毒，甚至因难以治愈而死亡。

（四）甜菜

1. 营养特性

甜菜（图 3—10）又称甜萝卜、糖菜，其块根和叶片是常用的多汁饲料。甜菜块根中糖分、矿物质和维生素的含量都很高，纤维含量低，易消化。饲用甜菜由于水分高，糖分低，干物质消化能为 12.93 兆焦，与高粱、大麦的有效能值相近（新增）。

甜菜的营养成分（鲜重基础）详见表 3—11。

图 3—10　甜菜

表 3—11 　　　　　　　　甜菜的营养成分（鲜重基础）

指标	含量
干物质%	15
粗蛋白（%）	2
羊消化能（MJ/kg）	—
羊代谢能（MJ/kg）	—
粗脂肪（%）	0.4
粗纤维（%）	1.7
中性洗涤纤维（%）	—
酸性洗涤纤维（%）	—
钙（%）	0.06
磷（%）	0.04

2. 饲喂价值

甜菜主要以鲜喂为主，也可以甜菜渣、甜菜粕形式饲喂。另外甜菜的块茎和叶还可以制作青贮。在肉羊日粮中，饲喂比例可占日粮 25% 左右。

3. 使用方法

甜菜块根是反刍家畜冬季优质的多汁饲料。一般将甜菜块根洗净后切碎或粉碎，再与糠麸类或者精饲料混合饲喂，也可以煮熟后搭配精饲料饲喂。

新鲜甜菜饲喂时需要注意以下几点：第一，刚收获的甜菜不宜马上喂，否则会引起下痢。第二，饲用甜菜中含有较多的硝酸钾，甜菜在生热发酵或腐烂时，硝酸钾会发生还原作用，变成亚硝酸盐，使家畜组织缺氧，呼吸中枢发生麻痹，窒息而死。第三，甜菜中含许多游离酸，大量饲喂时会引起家畜腹泻。第四，喂饲甜菜时应切成小块、小片或者切成丝，防止堵塞食道，造成伤害。

四、灌木、树叶类饲料

（一）锦鸡儿

1. 营养特性

锦鸡儿（图 3—11）又称柠条、毛条、大白柠条，属豆科灌木。锦鸡儿的蛋白质含量丰富，开花至结实，每千克鲜叶和嫩枝中含粗蛋白 22～48 克，粗脂肪 4.29 克，氨基酸含量也较为丰富。但不同器官、不同生长期和不同的生长年限的锦鸡儿营养价值差异很大，其营养

图 3—11　小叶锦鸡儿

物质主要集中在叶片、花和果实上。锦鸡儿中含有抗营养因子，如鞣酸、单宁等，会影响其适口性，降低采食量。夏秋季节，锦鸡儿木质化加剧，粗纤维和木质素含量增加，动物对其消化能力降低。锦鸡儿带有刺条，这在一定程度上降低其饲用价值。

锦鸡儿的营养成分（风干基础）详见表3－12。

表3－12　　　　　　　　　锦鸡儿的营养成分（风干基础）

指标	营养期	开花期
干物质%	93.4	93.49
粗蛋白（%）	14.12	15.13
羊消化能（MJ/kg）	—	—
羊代谢能（MJ/kg）	—	—
粗脂肪（%）	2.25	2.63
粗纤维（%）	36.92	39.67
中性洗涤纤维（%）	—	—
酸性洗涤纤维（%）	—	—
粗灰分（%）	6.67	5.39
钙（%）	2.34	2.31
磷（%）	0.34	0.32

数据来源：《饲草生产学》董宽虎主编，2003。

2. 饲喂方式

春夏季可以直接放牧利用；秋季，锦鸡儿的枝条木质化程度高，成熟枝条上有托叶刺，不适宜直接饲喂。因此，在每年5～8月份刈割幼嫩枝条，经过揉搓后当作粗饲料添加到羊的日粮中；8月份之后可通过平茬方式收割枝条，用揉搓机揉碎，再经粉碎，然后加工成颗粒饲料饲喂。

（二）荆条

1. 营养特性

荆条（图3－12）是马鞭草科、牡荆属落叶灌木，又称荆棵、荆梢子、黑谷子、七枝箭等，其枝叶繁茂，适口性好。荆条营养丰富，粗蛋白质含量约为9.82%，粗纤维含量约为16.76%，中性洗涤纤维含量约为66.40%，酸性洗涤纤维含量约为53.52%，粗灰分含量约为3.56%，磷含量约为0.34%。

图3－12　荆条

2. 利用方式

荆条可青饲，也可制成干草饲喂。调制干草一般在荆条开花期收割，经揉搓后晒制，或者制成草粉。荆条还可供放牧，一般一年可放牧二次，第一次在株高 60～80 厘米，枝叶幼嫩期；第二次在果实成熟前后。

（三）槐树叶

1. 营养特性

槐树叶（图 3-13）适口性好，营养含量高于一般牧草，粗纤维含量低于一般牧草。槐树叶片中约含粗蛋白 20.82%、粗脂肪 2.7%、粗纤维 19.48%、无氮浸出物 31.69%、钙 3.79%、磷 0.03%、赖氨酸 0.96% 以及多种维生素，尤其是胡萝卜素和维生素 B_2 含量丰富。2 千克槐叶粉中的蛋白质含量相当于 1 千克豆饼。在生长季节，槐树叶中的各种营养成分含量均较高。北方地区一般应在 7 月底至 8 月初采集，最迟不要超过 9 月上旬。

图 3-13 槐树叶

槐树叶的营养成分（风干基础）详见表 3-13。

表 3-13　　　　　　　　　槐树叶的营养成分（风干基础）

指标	含量
干物质%	—
粗蛋白（%）	16～30.6
羊消化能（MJ/kg）	—
羊代谢能（MJ/kg）	—
粗脂肪（%）	2.7～5.4
粗纤维（%）	8.52～19.48
中性洗涤纤维（%）	—
酸性洗涤纤维（%）	—
钙（%）	1.57～3.79
磷（%）	0.03～3.31

注：数据来源于《树叶饲料的研究进展》（农业机械），王巍杰等（2011）；《13 种植物饲料的营养价值介绍》（中国畜牧业），幸奠权（2013）；《槐树叶是畜禽优质的饲料》（湖南饲料），熊志凡等（2002）。

2. 利用方式

槐树叶可以鲜喂，也可以晒干后饲喂，秋季的落叶也可以做羊的优质饲料。槐树叶还可以制成颗粒饲料或青贮饲料饲喂羊。研究表明，对山羊而言，槐树叶粉加工成的全价颗粒料添加量为30%时适口性最佳。

（四）柞树叶

1. 营养特性

柞树属于壳斗科栎属植物，种类多、分布广。柞树叶（图3—14）营养丰富，粗蛋白含量约为 1.84% ~ 5.73%、粗脂肪含量约为 0.23% ~ 0.42%、粗灰含量约为 1.71% ~ 3.67%、粗纤维含量约为 9.50% ~ 18.67%。另外，柞树叶中还含有多种矿物质元素和维生素，其中维生素 E 的含量尤为突出。

图3—14　柞树叶

柞树叶的营养成分详见表3—14。

表3—14　　　　　　　　柞树叶的营养成分

指标	含量
干物质%	65.87~51.06
粗蛋白（%）	12.87~15.30
羊消化能（MJ/kg）	—
羊代谢能（MJ/kg）	—
粗脂肪（%）	4.87
粗纤维（%）	16.98
中性洗涤纤维（%）	37.98~50.25
酸性洗涤纤维（%）	24.52~35.89
钙（%）	0.89
磷（%）	0.2

注：数据来源于《长白山地区5种可利用饲草营养成分及单宁含量动态分析》（饲料工业），马敏等（2015）；《柞树叶、构树叶和柳树叶的营养成分分析及比较研究》（辽宁农业职业技术学院学报），刘会娟（2013）。

2. 利用方式

由于柞树叶中单宁含量较高，羊大量采食后会发生厌食、便秘、水肿、胃出血等中毒现象。为减少中毒现象的产生，首先要控制饲喂量，羊对柞树叶的采食量应不超过日粮的40%；其次可以采用石灰水浸泡法进行脱毒处理，处理后可脱除柞树叶中90%以上的单宁。

五、干草类饲料

青干草是粗饲料中营养价值比较高的一种饲草，包括豆科干草、禾本科干草、野干草，其中以豆科干草品质最好。豆科干草如苜蓿、胡枝子、沙打旺等，蛋白质含量高，钙、胡萝卜素的含量丰富，是夏洛来羔羊、妊娠母羊、泌乳羊和种公羊的好饲料。禾本科干草则富含糖类，蛋白质含量低。野生杂草晒制的干草，营养价值稍差。这类粗饲料具有粗纤维含量高，体积大，总能量高，粗蛋白质、维生素含量及消化率均低的特点。秸秆和秕壳是农区粗饲料的主要组成部分，是农区肉羊冬季补饲的主要饲草。各种作物收获种子后剩余的秸秆、茎蔓均可作为秸秆饲料使用，这些饲料中的粗纤维含量为26%～42%，蛋白质含量低，维生素缺乏，适口性差，消化率低。但经微贮后，能提高其营养价值。北方农区主要的禾本科秸秆有：小麦秸、玉米秸、高粱秸、谷秸、稻草等。豆科秸秆有：黄豆秸、黑豆秸、豌豆秸、绿豆秸等。秕壳和谷糠等，与秸秆相比蛋白质多，纤维少，总营养价值高。粗饲料在舍饲羊的全价饲草料中占比为30%。粗饲料必须经过加工、贮制方可充分利用。

（一）燕麦干草

1. 营养特性

燕麦干草（图3-15）作为羊的优质粗饲料，其口味甘甜、质地柔软、适口性好。燕麦草中粗蛋白含量约为8.06%～11.32%，粗脂肪含量约为2.72%～4.34%，无氮浸出物含量约为41.55%～55.93%，其还富含多种矿物质与维生素。燕麦草能量高，一般羊草的能量为4.58兆焦/千克，而燕麦草的能量值一般为8.5兆焦/千克以上。燕麦草的木质素含量低，因而质地非常柔软，具有较高的纤维消化率。另外，其可溶性碳水化合物的含量很高，约为11%～25%，高含量的水溶性碳水化合物使得燕麦干草具有更高的饲喂价值。

图3-15　燕麦干草

燕麦干草的营养成分详见表3-15。

表 3－15　　　　　　　　燕麦干草的营养成分

指标	含量
干物质%	90
粗蛋白（%）	9
羊消化能（MJ/kg）	—
羊代谢能（MJ/kg）	—
粗脂肪（%）	2.07
粗纤维（%）	27.9
中性洗涤纤维（%）	56.7
酸性洗涤纤维（%）	35.1
钙（%）	0.36
磷（%）	0.24

注：数据来源于《中国饲料成分及营养价值表（第30版）》。

2. 利用方式

燕麦干草最常用的加工方式是粉碎、切短和制粒。经过加工后可以提高动物的采食量。

（二）羊草

1. 营养特性

羊草（图3－16）产量高、营养丰富、适口性好，其制成的干草色泽青绿，气味芳香，是反刍动物最常用的优质青干草之一。羊草叶多茎细，粗纤维含量低，营养价值高。通常认为，25千克的羊草干草与1千克燕麦的营养价值相同。刈割时期对羊草的营养价值影响很大，最佳收割期在抽穗期。新鲜羊草干物质含量约18%，干物质中蛋白质含量约为8%～10%，粗纤维含量为32%，中性洗涤纤维含量为62%，酸性洗涤纤维含量为37%，羊的代谢能为7.86兆焦/千克。另外，羊草还含有丰富的钙、磷等微量元素，胡萝卜素等维生素，干物质中含有胡萝卜素49.5～85.87毫克/千克。

图 3－16　羊草

羊草的营养成分详见表3－16。

表 3-16　　　　　　　　　　　羊草的营养成分

指标	含量
干物质%	91～92
粗蛋白（%）	6.37～7.4
羊消化能（MJ/kg）	8.87～9.56
羊代谢能（MJ/kg）	7.20～7.84
粗脂肪（%）	1.82～3.6
粗纤维（%）	29.4～30.1
中性洗涤纤维（%）	60.97
酸性洗涤纤维（%）	42.77
钙（%）	0.22～0.37
磷（%）	0.14～0.18

注：数据来源于《肉羊饲养标准（NY/T816－2004）》和《中国饲料成分及营养价值表（第30版）》。

2. 利用方式

羊草的加工方式是切短或揉搓，也可制成草粉、草颗粒、草块、草砖、草饼。

六、秸秆类饲料

秸秆和秕壳是农区粗饲料的主要来源，是农区肉羊冬季补饲的主要饲草。各种作物收获种子后剩余的秸秆、茎蔓等均可作为秸秆类饲料使用，这类饲料中的粗纤维含量为26%～42%，蛋白质含量低，维生素缺乏，适口性差，消化率低。但经微贮后，能提高其营养价值。北方农区主要的禾本科秸秆有：小麦秸、玉米秸、高粱秸、谷秸、稻草等。豆科秸秆有：黄豆秸、绿豆秸、黑豆秸、豌豆秸等。

（一）玉米秸秆

1. 营养价值

玉米秸秆（图3-17）外皮光滑、质地坚硬，是东北地区最常用的粗饲料之一。玉米秸秆是禾本科秸秆中营养价值最高的，特别是植株上部比下部、茎叶比秸秆营养价值高，刚刚收获时比长久贮存的玉米秸营养价值高。一般来讲，玉米秸秆中含粗蛋白质3%～5.9%，粗纤维25%左右。玉米秸秆青绿时，胡萝卜

图3-17　玉米秸秆

素含量较高，约3～7毫克/千克。对反刍动物而言，玉米秸秆的粗纤维消化率可以达65%，无氮浸出物的消化率可以达60%。经测定，玉米秸秆各部位的干物质消化率，茎为53.8%，叶为56.7%，芯为55.8%，苞叶为66.5%，全株为56.6%。

玉米秸秆的营养成分详见表3－17。

表3－17　　　　　　　　　　玉米秸秆的营养成分

指标	含量
干物质%	90
粗蛋白（%）	5.9
羊消化能（MJ/kg）	5.83
羊代谢能（MJ/kg）	4.74
粗脂肪（%）	0.9
粗纤维（%）	24.9
中性洗涤纤维（%）	59.5
酸性洗涤纤维（%）	36.3
钙（%）	—
磷（%）	—

注：数据来源于《肉羊饲养标准（NY/T816－2004）》。

2. 加工利用

（1）粉碎法

秸秆可切短至2～3厘米长或用粉碎机粉碎，但不宜粉碎得过细或成粉末状，以免引起反刍停滞，降低消化率。

（2）微贮法

用微生物通过发酵分解秸秆中的纤维素类，改善秸秆的营养物质，提高粗蛋白含量。

（3）氨化法

利用液态氮、尿铵、碳铵和氨水，在密封条件下对秸秆进行氨化处理。

（4）制作颗粒

粉碎后，根据羊的营养需要，配合适当的精料、糖蜜（糊精和甜菜渣）、维生素和矿物质添加剂混合均匀，用环模或者平模机压制成颗粒饲料。颗粒饲料营养价值全面、体积小、使用方便、易于保存和运输。

（二）水稻秸秆

1. 营养特性

水稻秸秆（图3—18）的营养价值相对较低，粗蛋白质含量约为4%～6%，粗纤维含量含量较高，可达29%～33%，木质素含量约为6%～8%，无氮浸出物含量约为38%～49%。稻草中灰分含量较高，但大部分都是硅酸盐（12%～16%），钙、磷等矿物质所占比例较小。

图3—18　水稻秸秆

水稻秸秆的营养成分详见表3—18。

表3—18　　　　　　　　　水稻秸秆的营养成分

指标	含量
干物质%	89.4～91
粗蛋白（%）	2.5～6.2
羊消化能（MJ/kg）	4.64～4.84
羊代谢能（MJ/kg）	3.80～3.97
粗脂肪（%）	1～1.7
粗纤维（%）	24.1～27
中性洗涤纤维（%）	67.5～77.5
酸性洗涤纤维（%）	45.8～48.8
钙（%）	—
磷（%）	—

注：数据来源于《肉羊饲养标准（NY/T816—2004）》和《中国饲料成分及营养价值表（第30版）》。

2. 加工利用

稻草通过铡短或粉碎后可直接饲喂。一般饲喂肉羊加工的长度为1.5～2厘米，饲喂老弱病幼畜应铡更短些。稻草也可以青贮后使用，青贮后的水稻秸秆饲料理论上可代替全株玉米青贮的55%～75%。稻草也可以经过微贮、碱化、氨化等处理后利用。经过氨化和碱化处理后，稻草的含氮量增加1倍，消化率也得到显著的提升。

（三）谷草

1. 营养特性

谷草（图 3－19）是禾本科秸秆中营养价值较高的一种，其质地柔软厚实、适口性好。粗蛋白质含量为 3%～5%，无氮浸出物含量约为 42%，可消化粗蛋白和可消化总养分含量比麦秸和稻草高。肉羊对谷草有机物的消化率大约在 61～65%，但是谷草中粗灰分含量较低。

图 3－19 谷草

谷草的营养成分详见表 3－19。

表 3－19 谷草的营养成分

指标	含量
干物质%	90.7
粗蛋白（%）	4.5
羊消化能（MJ/kg）	6.33
羊代谢能（MJ/kg）	5.19
粗脂肪（%）	1～1.7
粗纤维（%）	32.6
中性洗涤纤维（%）	67.8
酸性洗涤纤维（%）	46.1
钙（%）	0.34
磷（%）	0.03

注：数据来源于《肉羊饲养标准（NY/T816－2004）》。

2. 饲喂价值

谷草单独饲喂时可导致羊采食量和营养物质消化利用率降低，但与其他饲料（如野干草）一起饲喂时，则可提高动物的采食量和消化率，饲喂效果更好。有研究表明，谷草与黄贮玉米秸一起饲喂时，可以降低料重比、提高营养物质表观消化率、改善屠宰性能；同时发现谷草与黄贮玉米秸的比例为 20：80 时效果最优。利用谷草代替育肥羊日粮粗饲料中 30%～40% 的玉米秸秆，能有效提高育肥羊的生长性能，出栏体重增加 4.87%～7.27%。

3. 加工利用

饲喂时可将谷草压扁并切成 2～3 厘米的长度。谷草还可以氨化或碱化处理，将粉碎后的谷草进行氨碱复合处理后替代部分青贮玉米秸秆饲喂效果较好。

（四）花生秸秆

1. 营养特性

花生秸秆（图3—20）中营养物质含量丰富。据测定，匍匐生长的花生藤蔓茎叶中粗蛋白质含量为12.9%、粗脂肪含量为2%、碳水化合物含量为46.8%，而叶片中的粗蛋白质含量则高达20%。1千克干花生藤蔓中含可消化蛋白质70克，钙17克、磷7克。花生藤蔓中的粗蛋白质含量相当于豌豆秸的1.6倍、稻草的6倍和麦秸的23倍，畜禽采食1千克花生藤蔓所产生的能量相当于0.6千克大麦所产生的能量。

图3—20　花生秸秆

花生秸秆的营养成分详见表3—20。

表3—20　　　　　　　　　花生秸秆的营养成分

指标	含量
干物质%	91.3
粗蛋白（%）	11
羊消化能（MJ/kg）	9.48
羊代谢能（MJ/kg）	7.77
粗脂肪（%）	1.5
粗纤维（%）	29.6
中性洗涤纤维（%）	—
酸性洗涤纤维（%）	—
钙（%）	2.46
磷（%）	0.04

注：数据来源于《肉羊饲养标准（NY/T816—2004）》

2. 饲喂价值

花生秸秆作为优质饲草常用于羊生产中。花生秸秆中常常混有一些颗粒较小、不饱满或者碎开的花生，因此其蛋白质和维生素含量丰富，营养价值较高。新鲜的花生秧可作为良好的青饲料，饲喂效果可与优质豆科牧草相媲美。

晒干后制成草粉，可用于配合各种畜禽的日粮。另外，在全株玉米青贮加工调制时，添加 5％～10％的花生秧，可显著提高青贮饲料的适口性和营养价值。

3. 加工利用

花生秸秆的主要加工方式是切短或揉搓，一般切成 3～4 厘米的小段。在机械化收获花生时，机械将花生脱粒后，将秸秆和花生壳一起粉碎、过筛去土，装袋保存。

（五）绿豆秸秆

1. 营养特性

绿豆作物成熟收获秸秆（图 3－21）时，由于叶子大部分已经凋落，维生素已分解，蛋白质减少，茎秆多木质化，质地坚硬。但与禾本科秸秆相比，其蛋白质较高，粗脂肪含量高，粗纤维含量少，钙磷等矿物质含量高。

图 3－21　绿豆秸秆

绿豆秸秆的营养成分详见表 3－21。

表 3－21　　　　　　　　　　　绿豆秸秆的营养成分

指标	含量
干物质％	89
粗蛋白（％）	20.5
羊消化能（MJ/kg）	—
羊代谢能（MJ/kg）	—
粗脂肪（％）	1.7
粗纤维（％）	24
中性洗涤纤维（％）	—
酸性洗涤纤维（％）	—
钙（％）	1.44
磷（％）	0.27

注：数据来源于《FeedStuff（2017）副产品饲料成分表》

2. 饲喂价值

用绿豆秧做羊粗饲料时，应注意将秸秆上带有的地膜和泥沙清除干净，否则被羊食入后易引起瘤胃异物性积食等消化道疾病。

3. 加工利用

绿豆秸秆由于质地粗硬、适口性差，在饲喂之前应进行适当揉搓、铡短、压碎等加工处理，否则利用率很低。

第二节　粗饲料加工利用技术

一、常用粗饲草加工设备

在有较大面积牧草种植基地的自营牧场，常需要配备各类牧草收割、晾晒、打捆、运输的专门机械。一般外购粗饲料的舍饲养殖户，仅需配备粗饲料加工机械即可，如铡草机、揉丝机等。

（一）牧草收获机械

牧草收获机械包括割草压扁机、搂草机、打捆机、草捆捡拾机、堆垛机等。

（二）牧草加工机械

牧草加工机械主要为铡草机，包括滚筒式铡草机、圆盘式（又称轮刀）铡草机等。

（三）TMR 饲料混合机

常用的饲料混合机可分为立式和卧式两种。按工作连续性则可分为间歇式和连续式。我国生产的饲料搅拌机大多是卧式双搅龙间歇式，主要由滚筒和安装在同一轴上的内、外搅龙组成。若外搅龙的螺旋是右旋方向，则内搅龙的螺旋就是左旋方向，二者正好反向。这种搅拌机混合均匀，配套动力为 4.5～7.5 千瓦，生产量大，每次可生产饲料 500 千克，每次混合时间为 10 分钟。

二、青贮饲料加工利用技术

（一）饲草青贮的意义与原理

青贮是调制贮藏青饲料和秸秆饲草的有效技术手段，也是发展养羊业的基础。

用青贮饲料饲喂羊，如同一年四季都能使羊采食到青绿多汁饲草一样，可使羊群长年保持高水平的营养状况和最高的生产力。无论是农区还是牧区，采用青贮就能摆脱完全"靠天养羊"的困境，就能实现农牧区养羊生产的高效益，就能保证羊群全年都有均衡的营养物质供应。采用青贮技术，大力发展养羊生产的意义：一是可以节约大量粮食；二是可以推动种植业的发展；三是可以减少环境污染；四是有利于改善人民的膳食结构；五是有利于广大农牧民脱贫致富。所以，饲草青贮不仅仅是提高了作物秸秆的利用率，也是各种牧草合理搭配、合理利用、综合提高饲料利用率和发挥养羊最大生产潜力的有效措施。

（二）饲草青贮的特点

第　，有效地保存青绿植物的营养成分。青绿植物达到成熟或晒干，其营养价值降低 30%～50%。而青贮处理，只降低 3%～5%。

第二，保持原料青贮时的鲜嫩汁液。

第三，扩大饲料来源。一些优质牧草，羊并不喜食或不能利用，但经青贮发酵，就可变成羊喜食的优质饲草，如玉米秸、向日葵等。

第四，青贮是保存和贮藏饲草最为经济和安全的方法。青贮占地面积小，并可长期保存，既不会因风吹日晒而变质，也不会发生火灾等意外事故。

第五，除厌氧菌外，其他菌属均不能在青贮饲料中存活，各种植物寄生虫及杂草种子在青贮过程中也可被杀死。

第六，青贮处理可以将菜籽饼、棉籽饼、棉秆等有毒植物及产品的毒性物质脱毒，使羊能安全食用。

（三）青贮的原理

青贮就是在厌氧环境下，使乳酸菌大量繁殖，从而将饲料中的淀粉和可溶性糖变成乳酸，当乳酸积累到一定浓度后，就会抑制腐败菌等杂菌的生长，从而将青贮饲料的营养物质长期保存下来。

1. 青贮的条件

（1）含糖量

含糖量不低于鲜重的 1%～1.5%，对含糖量较少的原料进行青贮，应加一定量的糖源。

（2）含水量

以 65%～75% 为宜，含水量过大或过小，都将影响乳酸菌的繁殖。

（3）温度要适宜

一般以 19～37℃ 为宜，天气寒冷时，青贮发酵效果较差。

（4）高度厌氧

将原料压实、密封，排除空气以形成高度缺氧环境。

2. 青贮原料

青贮原料主要有天然牧草、人工栽培饲草、叶菜类、根菜类、水生类、农作物秸秆、树叶类等植物原料。全株青绿玉米是制作青贮饲料的最佳原料。

（四）青贮设施

1. 种类

青贮设施主要包括青贮塔、青贮窖和青贮壕。其中，青贮塔、青贮壕因不便于使用大型设备进行加工处理，已经逐步被青贮窖取代。

（1）青贮窖

地下式青贮窖的窖体全部建于地下，其深度按由下水位的高低来决定，如图3－23。半地下式青贮窖（图3－24）一部分位于地下、一部分位于地上，地上部分高出1～1.7米建造墙壁，且要求墙壁厚度不低于70厘米，以达到密闭的效果。地上式青贮窖（图3－25）则以地面为起点，整个窖体全部位于地面以上。青贮窖窖壁要光滑、坚实、不透水、上下垂直，窖底呈锅底状。直径一般为2.5～3.5米，深3～4米。

图3－22　全株玉米青贮

图3－23　地下式青贮窖

图3－24　半地下式青贮窖

图3－25　地上式青贮窖

（2）青贮壕

青贮壕为长方形，宽3～3.5米，深3～4米，长度不一，一般为15～20米，最长可达30米以上。

（3）青贮袋

袋装青贮是近年来国内外广泛采用的一种新型青贮设施。其优点是省工、投资少、操作简便、易掌握，青贮饲料的贮存和运输方便。目前有两种方式，一种是将原料粉碎后，利用压缩机压缩打捆，装入衬有塑料薄膜的编织袋内，严密封口制成青贮袋如图3－26所示。另一种是用裹包机将原料打成草捆后再用拉伸膜多次（拉伸膜缠绕24层以上）缠绕将原料密封，形成40千克的青贮包，如图 3－27 所示。

图 3－26　压缩包青贮

图 3－27　拉伸膜裹包青贮

2. 青贮窖的建造要求

基本要求是不透水、不透气，墙壁要平直，要有一定的深度和容积，并防冻，以保证青贮的质量，提高青贮的利用率。

3. 设计容积

一般而言，青贮设施越大，原料损耗就越小，质量就越好。但在实际应用中，要考虑到饲养羊群只数的多少，每天由青贮窖取出的饲料厚度不少于 10 厘米，同时必须考虑如何防止窖内青贮的二次发酵。

（五）青贮饲料加工方法

1. 工艺流程

（1）窖贮如图 3－28 所示

图 3－28

（2）塑包青贮如图 3－29 所示

图 3－29

2. 方法

（1）适时收割

选择适当成熟阶段收割青贮原料，一般玉米要在乳熟后期（乳线 2/3 时）到蜡熟期收割，留茬高度为 5～10 厘米。原料应尽量减少太阳暴晒和雨淋，避免堆积过热，以保证原料的新鲜和青绿。

（2）清理青贮设施

已用过的青贮设施，在使用前必须将窖中的脏土和剩余的饲料清理干净，有破损处应加以维修。

（3）适度切碎青贮原料

羊用的青贮原料，一般切成2～3厘米以下，以利于压实。

（4）控制原料的水分

青贮原料的含水量以65%～70%为宜，含水量高的要进行适当晾晒或加入适量的干草粉，含水量低的则要适当加水。

（5）快装与压实

原料要分层填装，每填装10～20厘米厚时要用机械压实，并喷洒一次添加剂。装填要迅速，尽可能在最短的时间内装填完成，并及时封顶。

（6）密封和覆盖

青贮原料装满压实后，必须尽快密封和覆盖窖顶，以隔断空气，抑制腐败菌发酵。覆盖时，在青贮上覆盖专用的塑料黑白膜（白膜向里），并用30～40厘米厚的土堆压实。

覆盖后，连续5～10天检验青贮窖的下沉情况，及时把裂缝封好，窖顶的泥土必须高出青贮窖边缘，防止雨水流入窖内。

（7）青贮饲料成熟与贮存

青贮原料在青贮容器内，一般经过4～6周完成生物发酵过程后，即可取出饲用。如果青贮饲料成熟后，一时不用，则应使其继续呈封闭状态保存，并加强管理，防止透气、进水。

3. 防止二次发酵的方法

青贮原料的二次发酵，又叫好氧性腐败。在开启青贮窖后，空气随之进入，好氧性微生物便开始大量繁殖，产生大量的热量，青贮饲料中的养分遭受大量损失。避免二次发酵所造成的损失，首先制作青贮时应最大限度地压实原料；其次要根据羊群数量、用量等合理设计青贮窖宽度，避免一次取料量过少、取料厚度不够；最后是喷洒甲酸或乙酸等在青贮饲料上，降低原料酸度。

（六）青贮饲料品质鉴定

一般可采用感官鉴定法来鉴定青贮饲料的品质。鉴定标准多选用颜色、气味和质地3项指标。

气味鉴定标准见表3—22。

表 3-22　　　　　　　　　　　青贮饲料气味鉴定标准

气味	评定结果	适用类群
酸香味，略有醇酒味，给人舒适的感觉	品质良好	可饲喂各种家畜
香味极淡或没有，具有强烈的醋酸味	品质中等	除妊娠、幼畜外，其他羊均可
具有一种特殊臭味，腐败发霉	品质低劣	不适宜喂任何家畜

颜色、品质良好的青贮饲料呈青绿色或黄绿色，品质低劣的青贮饲料多为暗色、褐色、墨绿色或黑色，与青贮饲料原来的颜色有明显差异，不宜喂羊。

品质良好的青贮饲料压得很紧密，但拿到手上又很松散，质地柔软，略带湿润感。若青贮饲料黏成一团、好像一块污泥，则是不良的青贮饲料。这种腐败的饲料不能饲喂羊。青贮饲料感官鉴定标准见表 3-23。

表 3-23　　　　　　　　　　　青贮饲料感官鉴定标准

等级	颜色	气味	质地
上	黄绿色、绿色	酸味较浓，芳香味	茎叶结构良好，叶脉明显，柔软、稍湿润
中	黄褐色、墨绿色	酸味中等或较淡，芳香、稍有酒精味或酪酸味	茎叶部分保持原样，柔软，水分稍多
下	黑色、褐色	酸味很淡，臭味	腐烂，污泥状黏滑，黏结成团，或干燥，无结构

（七）玉米秸秆塑包青贮加工调制技术操作规程

本规程适用于全株青贮玉米或以去穗的青绿秸秆为原料的塑包青贮。

1. 适时收割

全株青贮玉米或去穗青贮玉米应在乳熟后期（乳线 2/3 时）收割。此时，玉米秸秆含水量为 65%～70%，适宜制作青贮。

2. 秸秆粉碎

使用秸秆粉碎机或揉搓机将秸秆切短或揉碎，以长度 1～2 厘米为宜，有利于压实。

3. 打捆塑包

将粉碎后的秸秆输送到塑包打捆机的料仓中，经过机器挤压形成圆形或方形料块，装入特制的塑料袋内，排空袋内气体并迅速封口，再装入特制的编织袋中，以防塑料袋破损。

4. 贮存管理

将装好的青贮袋放置在干燥、防鼠、防雨的库房中，如冬季饲喂必须防冻。入库后要经常检查外塑包袋破损情况，如有破损应及时更换包装或修复。

玉米秸秆塑包青贮加工流程见图 3－30。

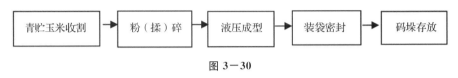

图 3－30

5. 青贮饲料的开启与饲喂

开启：塑包青贮入库 40 天后便可开启取用，打开的料袋应一次性用完；不能一次用完的，应该及时封闭袋口保持厌氧。

饲喂：饲喂时要由少到多，逐渐增加，停喂时也应由多到少，逐渐停止。青贮应与精料和优质干草按照配方调制成 TMR 饲喂（TMR 饲料调制方法见 TMR 饲料调制技术规程），推荐使用量占日粮干物质总量的比例不超过 30％。

6. 青贮饲料品质鉴定

优质青贮饲料无霉变现象，颜色呈新鲜黄绿色，气味芳香。具体可参照青贮饲料鉴定标准 DB15/T364 执行。

（八）玉米秸秆塑包黄贮加工调制技术操作规程

本规程适用于玉米在收获籽实后以剩余的秸秆为原料的塑包黄贮。

1. 刈割及存放

玉米籽实成熟收获后，刈割的秸秆可直接加工调制黄贮，此时最适宜；也可在田间打捆存放，留待制作黄贮。秸秆要防止发霉，制作黄贮时应剔除霉变植株。

2. 秸秆粉碎

使用揉搓机或粉碎机将秸秆切短或揉碎，长度 1～2 厘米为宜。

3. 水分调节

将原料含水量调至 65％～70％。

4. 黄贮制剂添加

将揉碎后的秸秆直接输送到塑包打捆机的料仓中，可在料仓中均匀喷撒黄贮添加剂、糖蜜、玉米面等。秸秆黄贮添加剂技术参数见表 3－24。

表 3-24 黄贮添加剂技术参数表

产品名称	使用剂量	使用方法	温度参数	生产厂商
金宝贝	1 千克调制 250 千克秸秆	调整秸秆含水量至 65%～70%，按秸秆：水 为 1∶1.5。将添加剂倒入 30～35℃ 的温水中充分混合后，均匀喷洒在秸秆上。	夏季（28℃ 以上）、6～8 小时；冬季（15℃ 以上）16～24 小时。	北京华夏康源科技有限公司
中科海星	3 克调制 1 吨秸秆	将添加剂加入 200 毫升 30℃ 的温水中，复活 1～1.5 小时之后兑入 1% 的盐水中，均匀喷洒在秸秆上。	20℃ 左右条件下，贮藏 20～30 天即可。	新疆海星资环生物科技有限公司
农富康	100 克可调制 2 吨秸秆	将添加剂倒入 200 毫升 30℃ 的温水中，复活 1 小时，兑入自来水，均匀喷洒在秸秆上。	20℃ 左右条件下，贮藏 20～30 天即可。	郑州农富康生物科技有限公司
玉米面	按贮料重量 0.5%～1.0% 添加	均匀撒在粉碎的秸秆上。		

5. 打捆塑包

将粉碎后的秸秆输送到塑包打捆机的料仓中，经过机器挤压形成圆形或方形料块，装入特制的塑料袋内，排空袋内气体并迅速封口，再装入特制的编织袋中，以防塑料袋破损。

6. 贮存管理

将装好的黄贮袋放置在干燥、防鼠、防雨的库房中，如冬季饲喂必须防冻。入库后要经常检查外塑包袋破损情况，如有破损应及时更换包装或修复。

玉米秸秆黄贮加工流程见图 3-31。

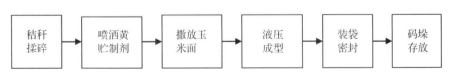

图 3-31

7. 黄贮饲料的开启与饲喂

开启：塑包黄贮入库 40 天后便可开启取用，打开的料袋应一次性用完；不能一次用完的，应该及时封闭袋口保持厌氧。

饲喂：饲喂时要由少到多，逐渐增加，停喂时也应由多到少，逐渐停止。黄贮应与精料和优质干草按照配方调制成 TMR 饲喂（TMR 饲料调制方法见 TMR 饲料调制技术规程），推荐使用量占日粮干物质总量的比例不超过 40%。

8. 黄贮饲料品质鉴定

黄贮饲料品质鉴定无国家标准，具体可参照青贮饲料鉴定标准 DB15/T364 执行。

三、秸秆饲料加工利用技术

我国各类农作物秸秆资源十分丰富。据报道，我国秸秆的年总产量达 7 亿多吨，其中，稻草 2.3 亿吨、玉米秸秆 2.2 亿吨、小麦秸秆 1.2 亿吨、豆类和杂粮作物秸秆 1 亿吨，花生和薯类藤蔓、甜菜叶等 1 亿吨。如此巨大的资源，若能充分加以利用，将会对我国的养羊业产生重大作用。

（一）秸秆饲料营养限制的因素

作物秸秆的饲用价值很低，主要原因有：①纤维素含量高。秸秆饲料中的粗纤维含量为 30%～40%。②粗蛋白质含量低，一般为 3%～6%，并且秸秆饲料不仅发酵氮极低，而且过瘤胃蛋白也几乎为零。③矿物质、维生素含量低。秸秆饲料不仅钴、铜、硫硒、碘铁等矿物质含量低，而且缺乏动物生长所必需的维生素 A、维生素 D、维生素 E 等，钙和磷的含量一般也低于羊的营养需要水平。④秸秆中含糖量甚微。

（二）秸秆常用的加工方法

秸秆饲料的营养限制因素和营养价值制约着羊对其的采食量和消化率，所以，单靠秸秆喂羊，是不能维持羊的生命基本需求的。因此，利用秸秆饲喂羊只，必须寻找一条科学的提高秸秆饲料营养价值和利用率的有效途径。

处理秸秆饲料的方法很多，常用的方法有物理处理法、化学处理法和微生物处理法。物理处理法包括切碎/粉碎、揉丝、压扁、浸泡、蒸煮、膨化和热喷等，其中最常用的方法是切碎或揉丝。化学处理法包括碱化、氨化、脱木质素、酸处理和糖化等。

1. 干玉米秸秆压缩打捆贮存技术操作规程

干玉米秸秆压缩打捆贮存技术是将自然风干的秸秆通过揉丝、压缩打捆后保存，目的是易于贮存（减小体积 3～4 倍）、取用方便、防止霉变、提高秸秆利用率，并且有效解决了羊舍饲规模化养殖时雨季粗饲料供应不足的问题。

（1）收割存放

玉米秋季收获籽实后，应及时将秸秆收割打成小捆，立地堆放，以利于其快速风干，减少营养流失，防止发霉。

（2）揉丝打捆

一般每年到 12 月后，在秸秆中的水分经风干后含量降至 14% 以下时，进行压捆贮存。具体做法是使用揉丝机将秸秆揉丝打碎，再通过秸秆打捆机压缩成捆或块状，然后装入网袋或捆扎。

（3）码垛存放

将打捆后的干秸秆放置在干燥、通风、防鼠、防雨的贮存库（棚）中。

2. 秸秆的碱化处理技术及利用技术

（1）原理

碱化处理主要是利用碱类物质使秸秆纤维内部的氢键结合变弱，皂化糖醛酸和乙酸的酯键，中和游离的糖醛酸，使纤维素膨胀，溶解半纤维素。碱化处理的主要作用是改变秸秆纤维及分子结构，从而达到提高消化率的目的。

（2）方法

碱化剂主要采用氢氧化钠和生石灰，碱化的方法可分为湿法、半湿法和干法。在处理中，要将处理后的秸秆堆垛，这样可使秸秆与氢氧化钠充分发生化学反应，以获得较好的处理效果。各种处理方法总结见表 3－25。

表 3－25　　　　　　　　　　秸秆饲料氢氧化钠处理法

种类	处理过程
冲洗法	将秸秆在 15%～25% NaOH 溶液中浸泡 12 个小时，然后水冲至中性
不冲洗法	将秸秆在 1.5% NaOH 溶液中浸泡 0.5～1 个小时，不冲洗放置 3～6 时待熟化
CLM 法	在密闭室中将 NaOH 溶液喷洒在秆上，每 100 千克原料 NaOH 用量为 55 千克，需熟化 10～15 个小时
喷淋法	秸秆在容器中喷淋 NaOH 拌匀，每 100 千克原料洒 2% NaOH 溶液 200 升，处理时间 24 个小时
切碎法	在收割机中喷洒 NaOH，每吨原料加入 8% NaOH 溶液 250 升，然后置于窖中熟化 60 天

氢氧化钠的湿法处理需耗费大量的水，每千克秸秆干物质约需水 50 升，还浪费不少碱液，废液会对土壤造成污染；干法处理大大减少了碱液污染和秸秆中有机物的损失，但耗用的氢氧化钠占风干重的 5%。羊采食经碱处理的秸

秆，饮水量要随之增加。

3. 秸秆的氨化处理技术

氨化处理对提高秸秆消化率的效果略低于碱化处理，但氨化处理可增加秸秆中非蛋白氮的含量。同时，氨还是一种抗真菌保护剂，可有效地防止秸秆发霉变质，过量的氨可以挥发。

（1）液氨处理

氨化设施有两种，一种是氨化窖，要求水泥抹面；另一种是在地面铺上塑料布，装填草后压实密封。含水量、加水量和注氨量见表3－26。

表3－26　　　　　　　　不同含水量秸秆加水和注氨量　　　　　　（单位：%）

种类	干	半干	半湿
含水量	8～10	20～30	30以上
加水量	15～20	5～10	—
注氨量	3	2～2.5	1.5～2

①加水方法

边垛边洒水，堆垛洒水结束后，经3～4个小时吸水软化后，即可注入液氨。

②注氨方法

无计量表时可采用管道注氨，用磅秤称液氨罐，根据减重计算和控制液氨量。输氨结束，用木塞堵住管口。

③处理时间

5～15℃时，需氨化30～50天；15～30℃时，需氨化10～30天；30.9℃以上时，只需氨化7～10天；低于5℃不氨化。

④取用秸秆

氨化成熟后，从窖的一端按用量分段揭开覆盖的塑料布，取出秸秆。暂时不用的氨化秸秆可以在密闭状态下保存相当长时间不会霉变。

⑤放氨

饲喂前要充分放氨，经1～3天后，秸秆无氨气刺激气味后，即可饲喂。

（2）氨水处理

常用的氨水含氨量为18%～20%。处理秸秆时，按秸秆干物质重量加入3%～3.5%的纯氨水，由于氨水中含有水分，在处理时，可以不再向秸秆洒水。氨水处理秸秆的操作方法与液氨处理相同，只是将氨水从垛顶分多处倒入垛中，随后完全封闭垛顶，氨化效果与液氨处理相近。

（3）尿素处理

尿素是一种安全的氨化剂。常用的尿素处理法是用5%尿素水溶液，以

1∶1比例与稻草等秸秆拌匀,然后装入青贮窖或塑料袋中,密封1～3周即可以取得很好的氨化效果。尿素氨化处理一般要求秸秆湿度为50％～60％,尿素用量为原料干物质的5％～6％。

4. 秸秆的微生物处理

技术秸秆的微生物处理,又叫秸秆微贮。在微贮过程中,发酵剂激发了微生物的生物化学作用,抑制有害微生物繁殖,有效地提高了青贮饲料B族维生素和胡萝卜素含量,并且还有效地降低了秸秆中木质纤维素类物质含量,提高其消化率,改善饲喂效果。处理后,秸秆的pH值达到4.5～4.6,蛋白质提高10.7％,纤维素降低14.2％,半纤维素降低43.8％,木质素降低10.2％。微贮不受农时的限制,发酵生产成本低,技术操作简便,不需复杂设施。

（1）微贮的基本条件

①秸秆粉碎

秸秆发酵剂适用范围广泛,豆科牧草、禾本科的秸秆、棉秆等均可做发酵原料。要使发酵效果好,秸秆必须粉碎,秸秆粉碎的细度,羊用的为0.7～1.5厘米。

②微贮窖（池）

要求距羊舍近,地上、地下或半地下均可。窖（池）的内壁应光滑坚固并应有一定的斜度。

③微贮加水设备

微贮秸秆用水量大,每吨干秸秆加水量为600～800升,所以要配备一套由水箱、水泵、水管和喷头组成的喷洒设备,家庭养羊户可用水壶直接喷洒。带穗青贮玉米本身含水70％左右,微贮时可不补充水分,只需将配好的菌液均匀喷洒在原料上即可。

④添加含糖量高的补充原料

秸秆微贮时,应添加一定量含糖量高的原料,如在微贮原料中添加3％～5％的甜菜渣或玉米面,可使发酵更充分。

（2）秸秆微贮的操作步骤

①菌液配制

于制作微贮前30分钟配制菌液。视当天处理秸秆的数量酌定,按菌种生产厂说明书要求严格配制。

②菌液喷洒

将粉碎好的秸秆铺人窖（池）底,厚度为20～30厘米,然后按秸秆数量和含水量喷洒菌液。需注意的是窖（池）的上、中、下水分要均匀,不要出现夹层。

③压实

每铺30厘米青贮原料,喷洒一层菌液,而后用拖拉机压实或人工踩实,如此反复操作，一直到高出窖（池）口 40 厘米为止。必须保证边角处压实。

④封窖（池）

微贮原料装满压实后，须尽快用塑料布覆盖和密封窖（池）顶，以隔断空气，抑制需氧微生物发酵。

（3）使用方法

发酵时间按生产厂说明书执行。开窖（池）时，应从窖（池）的一边开始，从上至下垂直逐段取料。每次取完后，仍需封严，防止二次发酵。开始饲喂时，应逐步增加微贮饲料的饲喂量，给羊一个对微贮饲料的适应过程。

5. 秸秆糟化酵贮技术操作规程

本规程适用于以玉米收获后的秸秆为原料的糟化酵贮制作。

（1）秸秆刈割与粉碎

将果穗收获后的玉米秸秆刈割，剔除发霉植株，用粉碎机或揉搓机切短或揉碎，长度为 1～2 厘米。

（2）酵贮饲料的调制

①秸秆糟化饲料（秸秆＋酒糟）

按照 1∶2 的比例，将酿酒产生的新鲜白酒糟与上述揉碎的玉米秸、0.2%～0.3% 糖化酶混合物加入混合机中，混合 10 分钟后，装入糟化酵贮池。每填装 10 厘米要压实一次（或随填随压），用塑料膜封顶盖严。

秸秆糟化酵贮加工流程见图 3—32。

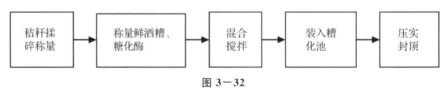

图 3—32

②秸秆糟化日粮（秸秆＋酒糟＋精料）

按照本方法加工的日粮可直接饲喂。酒糟∶秸秆∶精料为 35∶50∶15 的比例，将酿酒产生的新鲜酒糟、揉碎的玉米秸秆和精料加入混合机中，混合 10 分钟后，装入糟化酵贮池，每填装 10 厘米要压实一次（或随填随压），用塑料膜封顶盖严。在夏季，按照上述方法加工后的日粮，可直接饲喂。

秸秆糟化日粮加工流程见图 3—33。

图 3—33

（3）酵贮饲料的管理

酵贮饲料每次制作的数量不宜过多。秸秆糟化饲料（秸秆＋酒糟）要求夏天 2～3 天用完、冬天 7～10 天内用完；秸秆糟化日粮（秸秆＋酒糟＋精料）要求分批次调制，每批要在 3 天内用完。

酵贮饲料应在室内贮制，避免阳光暴晒及雨水渗入。

（4）酵贮饲料的开启与饲喂

①开启

一般在室温下 3～5 天即可调制成功，随取随喂。开启酵贮池的面积大小应适宜，取料面要整齐；取料后及时封盖，避免大面积暴露在空气中。

②饲喂

秸秆糟化饲料要与精料和干草按照配方调制成 TMR 饲喂。秸秆糟化日粮已经全价，可直接饲喂。开始饲喂时要由少到多，逐渐增加，停喂时也应由多到少，逐渐停止。

四、其他粗饲料的加工利用技术

（一）小叶锦鸡儿（柠条）饲喂育肥羊技术规程

本规程适用于以小叶锦鸡儿为主要粗饲料原料的肉羊育肥生产。

1. 适时收割

在每年的 5 月下旬至 9 月上旬，采用人工刈割的方法，将生长期的小叶锦鸡儿（图 3－34）距离地面 3～8 厘米割下（图 3－35），放置在通风阴凉处控水 24～48 小时。利用秸秆揉搓机将锦鸡儿枝条揉搓成长度为 3～7 厘米的丝条状。再将其放置在通风阴凉处风干 3～5 天，使物料中的水分达到 15％～25％，再用秸秆揉丝机揉成长度为 1～2 厘米的物料（图 3－36）。

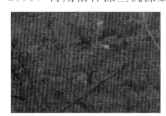

图 3－34　生长期的
　　　　小叶锦鸡儿

图 3－35　收割下的
　　　　小叶锦鸡儿

图 3－36　揉搓后的
　　　　小叶锦鸡儿

2. 制粒

揉搓后的小叶锦鸡儿可以直接饲喂。为了运输和贮存方便，也可以将其制作成颗粒饲料后使用。将粉碎后的饲料利用环模机压制成长度为 2～4 厘米，粒度为0.6～0.8厘米的圆柱状颗粒，经过冷却后装袋（图3—37）。

3. 贮存管理

将装好的小叶锦鸡儿饲料放置在干燥、防雨的库房中保存。

4. 日粮调制及饲喂

小叶锦鸡儿是优质的粗饲料，其蛋白质含量可达12％以上，可以部分替代首蓿干草。

图3—37　小叶锦鸡儿颗粒

推荐以小叶锦鸡儿为主要粗饲料，再配合以玉米秸秆、花生秸秆，按照TMR加工调制技术配制即可。具体的肉羊育肥配方见表3—27、3—28。

表3—27　　　　舍饲育肥日粮（小叶锦鸡儿＋玉米秸）　单位％，MJ/kg，Kg/d

配方编号	玉米	豆粕	麸皮	大豆油	磷酸二氢钙	小叶锦鸡儿	食盐	预混剂	玉米秸
1	18.79	10.64	8.59	4.67	0.42	24.07	0.86	1.00	30.96
2	18.37	16.16	4.05	4.29	0.34	37.0	0.83	1.00	17.96

营养水平									
营养指标	干物质	蛋白质	代谢能	钙	磷	钙磷比	粗纤维	精粗比	推荐喂量
1	86.24	11.25	9.07	0.46	0.45	1.04	17.3	45：55	2.0～
2	87.03	13.20	9.59	0.53	0.35	1.53	18.5	45：55	2.4

表3—28　　　　舍饲育肥日粮（小叶锦鸡儿＋花生秸秆）　单位％，MJ/kg，Kg/d

配方编号	玉米	豆粕	麸皮	油脂	磷酸二氢钙	小叶锦鸡儿	食盐	预混剂	花生秸
1	15.97	10.64	8.59	4.67	0.42	22.66	0.86	1.00	35.19
2	16.96	14.76	4.05	4.29	0.34	36.99	0.83	1.00	20.78

营养水平									
营养指标	干物质	蛋白质	代谢能	钙	磷	钙磷比	粗纤维	精粗比	推荐喂量
1	86.70	12.56	9.61	1.05	0.38	2.76	18.79	42：58	2.0～
2	87.34	13.54	9.89	0.88	0.31	2.90	19.53	42：58	2.4

（二）谷草饲喂育肥肉羊技术规程

本规程适用于以谷草为主要粗饲料原料的肉羊育肥生产。

1. 适时收割

秋季谷子收获后，将采用机械脱粒后的谷草，利用揉丝机揉成长度 1～2 厘米的物料。

2. 贮存管理

将揉丝后的谷草采用干秸秆压缩打捆的方法，压制成干草块并装入网状的袋子中，放置在干燥、防雨的库房中保存。

3. 日粮调制及饲喂

揉搓后的谷草作为禾本科粗饲料与苜蓿、花生秸秆搭配，可以作为育肥肉羊的饲料使用。按照 TMR 加工调制技术操作即可。

推荐以谷草为主要粗饲料，再配合以苜蓿、玉米秸秆、花生秸秆，配制肉羊育肥配方，具体可见表 3－29、3－30。

表 3－29　　　　　舍饲育肥日粮（谷草＋苜蓿＋玉米秸）　　单位％，MJ/kg，Kg/d

配方编号	玉米	豆粕	油脂	磷酸钙	石粉	谷草	盐	预混剂	苜蓿	玉米秸
1	18.24	14.88	9.00	0.98	0.09	5.01	0.87	0.99	18.03	31.91
2	17.47	15.19	9.45	0.98	0.09	0.01	0.87	1.00	18.28	26.66
3	17.51	15.18	9.41	0.98	0.09	15.00	0.87	1.00	19.15	20.81
4	17.28	15.39	9.41	0.98	0.09	20.00	0.87	1.00	19.44	15.54

营养水平

营养指标	干物质	蛋白质	代谢能	钙	磷	钙磷比	粗纤维	精粗比	推荐喂量
1	90.89	12.5	9.26	0.77	0.45	1.72	15.3	45：55	
2	90.99	12.49	9.3	0.76	0.44	1.73	15.58	45：55	2.0～
3	91.03	12.49	9.3	0.75	0.43	1.76	15.88	45：55	2.4
4	91.08	12.49	9.28	0.74	0.42	1.77	16.17	45：55	

表 3-30　　　　　　　舍饲育肥日粮（谷草＋苜蓿＋花生秸）　　　单位%，MJ/kg，Kg/d

配方编号	玉米	豆粕	油脂	磷酸钙	石粉	谷草	食盐	预混剂	苜蓿	花生秸
1	18.24	14.88	9.00	0.98	0.09	5.01	0.87	0.99	18.03	31.91
2	16.58	14.41	8.97	0.93	0.09	9.50	0.83	0.95	17.35	30.39
3	15.74	13.65	8.46	0.88	0.08	13.49	0.79	0.90	17.22	28.80
4	14.83	13.21	8.08	0.84	0.08	17.17	0.75	0.86	16.68	27.51

营养水平

营养指标	干物质	蛋白质	代谢能	钙	磷	钙磷比	粗纤维	精粗比	推荐喂量
1	91.31	13.81	10.58	0.93	0.42	2.21	15.41		
2	91.33	13.40	10.33	0.91	0.40	2.25	16.13	45：55	2.0～2.4
3	91.30	13.01	10.04	0.89	0.39	2.30	16.83		
4	91.28	12.69	9.78	0.87	0.37	2.33	17.42		

第三节　常用精饲料及其营养

羊常用的精饲料包括能量饲料、蛋白质饲料、矿物质饲料、维生素饲料和饲料添加剂。

能量饲料主要包括玉米、高粱、大麦等谷实类以及糠麸类，能量饲料一般占日粮中精饲料的 60%～70%。蛋白质饲料主要包括豆饼（粕）、棉籽饼（粕）、菜籽饼（粕）、花生饼（粕）、棕榈粕等，另外还包括非蛋白氮饲料，蛋白质饲料一般占日粮中精饲料的 20%～25%。矿物质饲料包括鱼粉、贝壳粉、石粉、磷酸盐类、食盐、微量元素。维生素饲料主要包括维生素 A、维生素 D、维生素 E 等脂溶性维生素。饲料添加剂主要包括尿素、小苏打等，添加剂通常占日粮中精饲料的 3%～5%。矿物质饲料、维生素饲料和饲料添加剂通常以预混料的形式添加到牛羊的精料补充料中。

一、能量饲料

（一）玉米

1. 营养特性

（1）能量

玉米（图 3—38）的可利用能值是谷实类籽实中最高的。

（2）脂肪

玉米中必需脂肪酸含量高，尤其是亚油酸，含量高达 2%，是谷实类籽实中最高的。在畜禽日粮中，玉米比例达 50% 以上即可完全满足畜禽对亚油酸的需要量。高赖氨酸玉米中粗脂肪含量达 5.3%。

图 3—38　玉米

（3）蛋白质

玉米蛋白质含量低（7%～9%），品质差。主要表现在醇溶蛋白含量多，利用率差。除高赖氨酸玉米外，其他玉米普遍缺乏赖氨酸和色氨酸。

（4）维生素

黄玉米中含有丰富的胡萝卜素，而维生素 D、维生素 K 缺乏。水溶性维生素中维生素 B_1 较多，维生素 B_2 和烟酸较少。

（5）矿物质

玉米含钙极少，磷主要以植酸磷的形式存在。铁、铜、锰、锌、硒等微量元素含量也较低。

（6）色素

黄玉米含色素较多，主要是 β—胡萝卜素、叶黄素（黄体素）和玉米黄质。

玉米的具体营养价值见表 3—31。

表 3—31　　　　　　　　　　玉米的营养价值

指标	含量
干物质（%）	86～88
粗蛋白（%）	8.0～9.4
羊消化能（MJ/kg）	14.10～16.99
羊代谢能（MJ/kg）	11.7

续表

指标	含量
粗脂肪（％）	3.1～3.6
粗纤维（％）	1.2～2.6
中性洗涤纤维（％）	9.3～9.9
酸性洗涤纤维（％）	2.7～3.5
粗灰分（％）	1.2～1.4
钙（％）	0.02～0.16
磷（％）	0.22～0.27

注：数据来源《肉羊饲养标准（NY/T816～2004）》和《中国饲料成分及营养价值表（第30版）》。

2. 影响玉米品质的因素

（1）水分

含水量高的玉米不仅养分含量降低，而且容易滋生霉菌，引起腐败变质，甚至引起霉菌毒素中毒。因此，入仓的玉米含水量应低于14％，在高温、高湿和温差变化大的地方，玉米容易变质。

（2）贮藏时间

随贮存期的延长，玉米的品质相应变差，特别是脂溶性维生素A、维生素E和色素含量下降，有效能值降低。

（3）破碎粒

玉米破碎后，天然保护层被破坏，易吸水、结块、霉变、脂肪酸氧化酸败。玉米中破碎粒的比例越大，则越容易变质。因此，在保存玉米时，应保存完整的玉米粒。

（4）霉变情况

玉米极易产生的霉菌毒素有黄曲霉毒素、T－2毒素、玉米赤霉烯酮毒素、烟曲霉毒素、赭曲霉毒素。霉菌及其毒素对玉米品质的影响是降低适口性、降低营养水平，从而影响动物增重，引起中毒。在霉变玉米中添加维生素E、维生素D和维生素A可缓解中毒程度。

（5）呕吐毒素

呕吐毒素是谷物中最为常见的一种真菌毒素。它能够降低动物的生产性能，并且对动物的免疫系统、细胞信号传导和基因的表达均有不同程度的影响。

3. 饲喂价值

玉米是肉羊的黄金能量饲料，在肉羊日粮中应用，特别是在育肥期肉羊的日粮中被大量使用。

玉米淀粉含量高，淀粉在瘤胃中可快速降解产生丙酸，经过破碎、压片、膨化等加工的玉米中的淀粉在瘤胃中的降解速度更快，一次性进食过多的玉米易导致羊酸中毒。因此，在育肥羊的精料中添加玉米要逐渐增加使用量。

玉米中的磷主要以植酸磷的形式存在。成年羊可以通过瘤胃微生物将植酸磷分解，再经真胃和消化小肠吸收；而羔羊对植酸磷的利用率低，在生产中可以在羔羊饲料中添加植酸酶，使植酸磷分解成有效磷。

4. 加工调制

玉米的主要加工方法有粉碎和压片（图 3-39）。

给肉羊饲喂整粒玉米容易造成过料，所以要将玉米粉碎，但粉碎过细又容易导致羊的瘤胃内膜发炎，因此玉米粉碎的粒度直径以 2 毫米左右为宜。在生产中，一般将玉米粉碎与其他蛋白饲料（豆粕、菜粕、棉粕等）及预混剂混合制成精料补充料，再与粗饲料一起制成 TMR 使用。

图 3-39 玉米压片

压片分为干碾压片和蒸汽压片。其中，干碾压片是利用碾棍将玉米压成碎片；蒸汽压片则是先将谷物用蒸汽处理，使其水分含量达到 18%～20%、部分淀粉被糊化之后，再使用碾棍将玉米压片，此时玉米的消化利用率和转化率更高。蒸汽压片玉米饲喂肉羊时，压片厚度以 0.7～1.2 毫米最好。

（二）高粱

1. 营养特性

高粱（图 3-40）的能值比玉米少，羊对其的消化能为 13.05 兆焦/千克。

高粱的蛋白质含量大约为 9%，主要是高粱醇溶蛋白，品质较差，缺乏赖氨酸、精氨酸、组氨酸和蛋氨酸，与玉米蛋白质相比，更不易消化。

高粱的脂肪含量低于玉米，高粱脂肪酸中的饱和脂肪酸比玉米稍多，因而脂肪的熔点高。

高粱的维生素 B_2、维生素 B_6 的含量与玉

图 3-40 高粱

米相当，泛酸、烟酸、生物素含量高于玉米，但烟酸和生物素的利用率均较低。高粱的色素含量低，无着色功能。

高粱的营养成分含量见表3－32。

表3－32 高粱的营养价值

指标	含量%
干物质（％）	88
粗蛋白（％）	8.7
羊消化能（MJ/kg）	13.05
羊代谢能（MJ/kg）	12.22～12.33
粗脂肪（％）	3.4
粗纤维（％）	1.4
中性洗涤纤维（％）	17.4
酸性洗涤纤维（％）	8
粗灰分（％）	1.8
钙（％）	0.13
磷（％）	0.36

注：数据来源同表1－6。

2. 饲喂价值

高粱易于贮存和处理，将高粱和玉米配合饲喂，可以延长食物在羊消化道内的存留时间，使其充分对食物进行消化，从而能提高饲料报酬和日增重。

高粱籽实中含有单宁，味道涩，适口性差，易引起便秘，不宜作为妊娠母羊的饲料，以免其因便秘导致流产。单宁含量较高的高粱品种（红粒高粱）在肉羊饲料中的用量不宜超过10％，单宁含量低的高粱（黄粒和白粒高粱）可在精料中用到70％。

3. 加工调制

可以采用浸泡发芽、磨碎、蒸气制片等加工方法处理高粱。

糖化后的高粱饲喂羊，可显著提高适口性。为改善高粱的饲喂价值，也可以在高粱日粮中添加特异性酶制剂（SSE），SSE可分解阻碍高粱养分消化的物理屏障，提高高粱营养物质的消化率。

（三）大麦

1. 营养特性

大麦（图3－41）分为皮大麦和裸大麦两种。

大麦的粗蛋白含量为 $11\%\sim13\%$，蛋白质以及赖氨酸、苏氨酸、色氨酸和异亮氨酸含量均高于玉米。粗脂肪含量为 $1.7\%\sim2.1\%$，低于玉米，亚油酸含量低，仅为 0.83%。皮大麦含粗纤维较高，达 4.8%。大麦的维生素 B_1、维生素 B_6、烟酸、胡萝卜素和维生素 E 含量比其他谷物和豆类籽实饲料高。大麦中磷的含量与高粱接近，高于玉米而低于小麦和燕麦；钾的含量高于其他谷物和豆类籽实饲料。大麦中含有单宁，对适口性和蛋白质消化率有一定影响。

图 3—41　大麦

大麦的具体营养价值见表 3—33。

表 3—33　　　　　　　　　　大麦的营养价值

指标	皮大麦	裸大麦
干物质（％）	87	87
粗蛋白（％）	11	13
羊消化能（MJ/kg）	13.22	13.43
羊代谢能（MJ/kg）	12.29	
粗脂肪（％）	1.7	2.1
粗纤维（％）	4.8	2
中性洗涤纤维（％）	18.4	10
酸性洗涤纤维（％）	6.8	2.2
粗灰分（％）	2.4	2.2
钙（％）	0.09	0.04
磷（％）	0.33	0.39

注：数据来源同表 1—6。

2. 饲喂价值

大麦淀粉在瘤胃中发酵速度快，因此，大麦在肉羊日粮中所占比例不宜高于 40%，要注意防止酸中毒。大麦作为羊的饲料时，不同的加工处理方法对饲喂效果影响不大。在肥羔生产中，大麦可作为玉米的有效替代饲料，能显著降低饲料成本。

3. 加工调制

我国仅局部地区将大麦压扁或磨碎用作动物饲料。

（四）燕麦籽粒

1. 营养特性

燕麦籽实（图 3—42）含有丰富的营养，粗蛋白质含量达 12%～18%，而且赖氨酸含量比玉米、小麦都要高。燕麦籽实的脂肪含量达 4%～6%，不饱和脂肪酸含量高，含有丰富的 B 族维生素和维生素 E，矿物质中的钙、磷、铁、锌含量丰富。

图 3—42　燕麦

燕麦的具体营养价值见表 3—34。

表 3—34　　　　　　　　　　　燕麦籽粒的营养价值

指标	含量
干物质（%）	90.3
粗蛋白（%）	11.6
羊消化能（MJ/kg）	—
羊代谢能（MJ/kg）	12.05
粗脂肪（%）	12.8
粗纤维（%）	9.9
中性洗涤纤维（%）	29.3
酸性洗涤纤维（%）	14
粗灰分（%）	3.9
钙（%）	0.15
磷（%）	0.33

注：数据来源同表 1—6。

2. 饲喂价值

燕麦适宜饲喂反刍动物，常常作为羔羊的开食料，掺有糖蜜的燕麦片具有更高的适口性。成年羊可以使用整粒燕麦饲喂。

3. 加工调制

成年羊整粒使用，羔羊压片使用。

（五）小麦麸

1.营养特性

小麦麸（图3—43）的有效能值较高，仅次于玉米。蛋白质含量较高，在12.5%～17%之间。

小麦麸的维生素含量丰富，富含B族维生素和维生素E，但B族维生素中烟酸的利用率仅为35%。

小麦麸的矿物质含量丰富，特别是微量元素铁、锰、锌的含量较高，但缺乏钙，磷含量高，且主要是植酸磷，但小麦麸本身存在较高活性的植酸酶。

图3—43　小麦麸

小麦麸的具体营养价值见表3—35。

表3—35　　　　　　　　　　　小麦麸的营养价值

指标	含量%
干物质（%）	87
粗蛋白（%）	14.3～15.7
羊消化能（MJ/kg）	12.10～12.18
羊代谢能（MJ/kg）	10.86
粗脂肪（%）	3.9～4.0
粗纤维（%）	6.5～6.8
中性洗涤纤维（%）	37.0～41.3
酸性洗涤纤维（%）	11.9～13.0
粗灰分（%）	4.8～4.9
钙（%）	0.10～0.11
磷（%）	0.92～0.93

注：数据来源同表1—6。

2.饲喂价值

小麦麸容积大、纤维含量高、适口性好，是羊的优良的饲料原料，用量可占其饲粮的25%～30%，甚至更高。

3.加工调制

小麦麸直接添加在羊精料中即可。

（六）米糠

1. 营养特性

粗纤维含量为 11％ 以下的米糠（图 3－44）有效能值较高，羊对其的消化能为 13.77 兆焦/千克，米糠的蛋白质含量也高于玉米，约为 12.5％；赖氨酸含量高于玉米，约为 0.55％。

图 3－44　米糠

米糠的脂肪含量约为 15％，最高可达 22.4％，且大多属于不饱和脂肪酸，油酸及亚油酸占 79.2％。米糠的含钙偏低，含磷较高，且主要是植酸磷，利用率不高。微量元素中铁、锰含量丰富，而铜含量偏低。米糠富含 B 族维生素和维生素 E，而缺少维生素 C、维生素 D。

米糠的营养价值见表 3－36。

表 3－36　　　　　　　　　　　　　米糠的营养价值

指标	含量％
干物质％	87
粗蛋白（％）	12.8
羊消化能（MJ/kg）	13.77
羊代谢能（MJ/kg）	12.66（DM 为 90.2％）
粗脂肪（％）	16.5
粗纤维（％）	5.7
中性洗涤纤维（％）	22.9
酸性洗涤纤维（％）	13.4
粗灰分（％）	7.5
钙（％）	0.07
磷（％）	1.43

注：数据来源同表 1－6。

2. 饲喂价值

米糠的适口性好，能值高。但脂肪变质的米糠适口性下降，可引起腹泻，使体脂和黄油变软并带黄色。在生产中，脱脂米糠的使用比较安全，应用范围更广。米糠的饲喂量限制在日粮的 20％～30％ 比较合适。

3. 加工调制

米糠直接添加在羊饲料中即可。

（七）甜菜渣

1. 营养特性

饲料级甜菜渣即为甜菜粕（图3-45），干甜菜粕中无氮浸出物含量高，可达56.5%，粗蛋白质和粗脂肪含量少。甜菜渣的粗纤维含量多，鲜样为2.4%～3.0%，绝干样为20.0%～24.8%，而且粗纤维的消化率也较高，约为80%。矿物质中钙多磷少，维生素中除烟酸稍多外，其他均低。

甜菜粕的营养价值见表3-37。

图3-45　甜菜粕

表3-37　　　　　　　　　　甜菜粕的营养价值

指标	含量
干物质（%）	91
粗蛋白（%）	11
羊消化能（MJ/kg）	—
羊代谢能（MJ/kg）	9.77（DM为8.4%）
粗脂肪（%）	0.7
粗纤维（%）	21
中性洗涤纤维（%）	41
酸性洗涤纤维（%）	21
粗灰分（%）	6
钙（%）	0.65
磷（%）	0.08

注：数据来源同表6。

2. 饲喂价值

甜菜渣是可消化纤维的良好来源，可以作为肉羊的纤维来源。

甜菜渣用于肥育羊，可用作能量补充成分，能代替50%左右的青贮饲料，并节约部分精料。饲喂时，应适当搭配一些干草、青贮料、饼粕、糠麸、胡萝卜以补充其缺乏的养分。羔羊应少喂或不喂。

干甜菜渣在饲喂前应先用水浸泡，水的用量是干甜菜渣的2～3倍，浸泡

5～6 小时。使其含水量达到 85%。

3. 加工调制

甜菜渣不仅可以鲜喂、干喂，还可以进一步加工使用，如制备甜菜渣青贮料、制作甜菜颗粒粕和将其固态发酵等，这样可充分提高其利用率。

（八）甘蔗糖蜜

1. 营养特性

糖蜜（图 3-46）的主要成分为糖类，甘蔗糖蜜含蔗糖 24%～36%，其他糖蜜含糖 12%～24%；甜菜糖蜜所含糖类几乎全为蔗糖，约 47%。此外，无氮浸出物中还含 3%～4% 的可溶性胶体。糖蜜的粗蛋白质含量较低，一般为 3%～6%，且多为非蛋白氮类，蛋白质生物学价值较低。糖蜜的矿物质含量较高，为 8%～10%，但钙、磷含量较低而钾、氯、钠、镁含量较高，因此糖蜜具有轻泻性。一般糖蜜维生素含量低，但甘蔗糖蜜中泛酸含量较高，达 37 毫克/千克。

图 3-46　甘蔗糖蜜

糖蜜的营养价值见表 3-38。

表 3-38　　　　　　　　　　　　糖蜜的营养价值

指标	含量%
干物质（%）	75.0
粗蛋白（%）	11.8
羊消化能（MJ/kg）	15.97
羊代谢能（MJ/kg）	11.7
粗脂肪（%）	0.4
粗纤维（%）	—
中性洗涤纤维（%）	0.08
酸性洗涤纤维（%）	0.08
粗灰分（%）	—
钙（%）	—
磷（%）	—

注：数据来源于《中国饲料成分及营养价值表（第 30 版）》。

2. 饲喂价值

糖蜜可为反刍动物瘤胃微生物提供充足的速效能源，有利于瘤胃微生物合成菌体蛋白。因此，配合一定量的非蛋白氮类饲料饲喂反刍家畜比较有利于节约饲料成本，提高育肥增重效果。

糖蜜利于颗粒精补料的制粒成型，还可以改善饲料的口感。对于以劣质干草为主的日粮，糖蜜的适宜添加量为 10%～20%，可以提高肉羊整体采食量。糖蜜作为育肥羊的饲料时，用量宜在 10% 以下。

3. 加工调制

糖蜜一般在加工调制精料时直接添加，搅拌均匀即可饲喂。在制作精饲料颗粒时用于提高饲料的成型性。

二、蛋白质饲料

蛋白质饲料是指粗蛋白质含量在 20% 以上的饲料。按其来源可分为：植物性蛋白质、动物性蛋白质和非蛋白氮。植物性蛋白质是夏洛来羊蛋白质的主要来源，包括豆粕、棉籽粕、花生粕、菜籽粕、胡麻粕、芝麻粕、向日葵粕等。

（一）豆粕

1. 营养特性

豆粕（图 3—47）是利用量最多、营养价值高、适口性好的蛋白质饲料。豆粕是大豆采用浸提法或预压浸提法榨取油脂后的副产物。

豆粕有效能值高，羊对其的消化能为 14.27 兆焦/千克，豆粕脂肪含量少，约为 1.5%～1.9%。

豆粕中的蛋白质含量在 44% 以上，而且氨基酸较为平衡，蛋白质品质好。豆粕的营养价值见表 3—39。

图 3—47　豆粕

表 3—39　　　　　　　　豆粕的营养价值

指标	含量%
干物质（%）	89
粗蛋白（%）	44.2～47.9
羊消化能（MJ/kg）	15.15
羊代谢能（MJ/kg）	—

指标	含量%
粗脂肪（％）	1.5～1.9
粗纤维（％）	3.3～5.9
中性洗涤纤维（％）	8.8～13.6
酸性洗涤纤维（％）	5.3～9.6
粗灰分（％）	4.6～6.1
钙（％）	0.33～0.34
磷（％）	0.62～0.65

注：数据来源同表1-6。

2. 饲喂价值

豆粕通常作为反刍动物蛋白质来源的黄金参照标准，其他蛋白产品常以它作为参照物。肉羊在短期育肥时，豆粕等蛋白质精饲料在日粮中的占比可达20％～25％。在肉羊育肥后期，常将炒熟的黄豆经过压扁后直接添加在日粮中，占比达15％以上。

3. 加工调制

脱毒处理过的豆粕可直接添加在饲料中使用。在生产中，膨化豆粕的适口性和消化率更好，利于幼龄羊食用。而生豆饼中含有抑蛋白酶，不利于肉羊对蛋白质的消化吸收。

（二）棉籽粕

棉籽粕也是反刍动物蛋白质来源的主要饲料之一。但是，棉籽粕中含有棉酚，使用前应进行高温脱毒处理。

1. 营养特性

棉籽粕（图3-48）是棉籽提取油脂后的副产品。羊对其的消化能为12.47～13.05兆焦/千克，棉籽粕的粗蛋白含量约为38％～50％，其中精氨酸含量高达3.6％～3.8％；赖氨酸含量仅为1.3％～1.5％；蛋氨酸含量约为0.4％。同时，赖氨酸的利用率较差，赖氨酸是棉籽饼、粕的第一限制性氨基酸。棉籽粕是高质量的本地化优质蛋白质资源，常作为豆粕的替代品使用。棉籽粕的粗纤维含量约为

图3-48 棉籽粕

9％～16％，粗灰分含量低于9％。棉籽粕营养价值的差异取决于制油前去壳的程度、出油率以及加工工艺等，浸提处理后的棉籽粕粗脂肪含量低，一般在2.5％以下。棉籽粕中的游离棉酚是营养抑制剂，在棉籽粕加工过程中使用脱酚工艺可降低棉酚含量，另外棉花育种中已培育出低棉酚品种。

棉籽粕的营养价值见表3－40。

表3－40　　　　　　　　　　棉籽粕的营养价值

指标	含量%
干物质（%）	90
粗蛋白（%）	43.5～47
羊消化能（MJ/kg）	12.47～13.05
羊代谢能（MJ/kg）	—
粗脂肪（%）	0.5
粗纤维（%）	10.2～10.5
中性洗涤纤维（%）	22.5～28.4
酸性洗涤纤维（%）	15.3～19.4
粗灰分（%）	6.0～6.6
钙（%）	0.25～0.28
磷（%）	1.04～1.10

注：数据来源同表1－6。

2. 饲喂价值

反刍动物棉酚中毒情况较少，因而棉籽粕是反刍家畜良好的蛋白质来源。肉羊可以以棉籽粕为主要蛋白质饲料，且同时供应优质粗饲料，再补充胡萝卜素和钙，就能获得良好的增重效果，棉籽粕一般在精料中可占30％～40％。在肉羊育肥后期用棉籽粕替代豆粕可有效降低成本，但用量超过精料的50％会引起适口性的问题。

3. 使用方法

棉籽粕一般要与优质蛋白质的豆粕等配合使用。

（三）菜籽饼（粕）

1. 营养特性

菜籽饼（粕）对肉羊的增重净能为3.90～3.98兆焦/千克，羊对其的消化能为 13.14～12.03 兆焦/千克，菜籽粕（图 3—49）蛋白质含量达 34%～38%；氨基酸组成较平衡，含硫氨基酸含量高，精氨酸、赖氨酸含量较低，精氨酸与赖氨酸间较平衡。国产菜籽粕的赖氨酸含量比国外同类产品低 30% 左右，比大豆饼粕低 40% 左右。菜籽饼（粕）粗纤维含量较高，影响其有效能值。菜籽饼（粕）含钙较高，而磷高于钙，且大部分是以植酸磷形式存在。微量元素中铁含量丰富，其他元素含量较少。

图 3—49 菜籽粕

菜籽饼（粕）的营养价值见表 3—41。

表 3—41　　　　　　　　　　　　菜籽饼/粕的营养价值

指标	菜籽饼	菜籽粕
干物质（%）	88	88
粗蛋白（%）	35.7	38.6
羊消化能（MJ/kg）	13.14	12.05
羊代谢能（MJ/kg）	12.02	—
粗脂肪（%）	7.4	1.4
粗纤维（%）	11.4	11.8
中性洗涤纤维（%）	33.3	20.7
酸性洗涤纤维（%）	26	16.8
粗灰分（%）	7.2	7.3
钙（%）	0.59	0.65
磷（%）	0.96	1.02

注：数据来源同表 1—6。

2. 饲喂价值

菜籽粕的适口性差，能引起甲状腺肿大，但对反刍动物的影响比单胃动物小。不脱毒的菜籽粕在肉羊饲料使用中不得超过 7%，脱毒后可增加用量。

3. 使用方法

菜籽粕可直接使用。

（四）花生饼（粕）

1. 营养特性

花生饼（图 3—50）的有效能值较高，比大豆饼（粕）略高些；蛋白质含量也高，比大豆饼高 3%～5%。其中，蛋白质以不溶于水的球蛋白为主（占 65%），清蛋白仅占 7%。因此，花生饼的蛋白质品质低于大豆粕蛋白。花生饼的氨基酸组成不理想，赖氨酸、蛋氨酸含量均偏低，而精氨酸含量很高。赖氨酸：精氨酸达 100：380 以上。花生饼（粕）粗脂肪含量一般为 4%～6%，有的高达 11%～12%，脂肪熔点低，脂肪酸以油酸为主，约占 53%～78%，易发生酸败。矿物质中钙少磷多，铁含量较高，而其他元素较少。

图 3—50　花生饼

花生粕的营养价值见表 3—42。

表 3—42　　　　　　　　　　花生粕的营养价值

指标	含量
干物质（%）	88
粗蛋白（%）	44.7
羊消化能（MJ/kg）	14.39
羊代谢能（MJ/kg）	13.17
粗脂肪（%）	7.2
粗纤维（%）	5.9
中性洗涤纤维（%）	14
酸性洗涤纤维（%）	8.7
粗灰分（%）	5.1
钙（%）	0.25
磷（%）	0.53

注：数据来源同表 6。

2. 饲喂价值

花生饼的饲喂价值与大豆饼相似。羊采食过多的花生饼有排软便倾向。高温处理过的花生粕，蛋白质溶解度降低，能增加过瘤胃蛋白量，从而提高氮沉积量，因而使用量应在4%以下。

花生饼极易感染黄曲霉，黄曲霉毒素会极显著影响羊的生长速度，或使之中毒。

3. 使用方法

粉碎后直接使用。

（五）DDGS（酒糟蛋白）

1. 营养特性

玉米酒糟蛋白饲料产品有两种：一种为DDG，即不含可溶物的干玉米酒糟，是将玉米酒精糟作简单过滤，滤渣干燥，滤清液排放掉，只对滤渣单独干燥而获得的饲料；另一种为DDGS（图3-51），即含可溶物干玉米酒糟，是将滤清液干燥浓缩后再与滤渣混合干燥而获得的饲料。DDGS的能量和营养物质总量均明显高于DDG。DDGS的外观性状为黄褐—深褐色，可溶物含量高且烘干温度越高颜色越深。DDGS有发酵的气味，含有机酸，口感有微酸味。

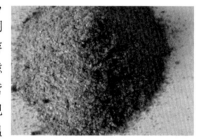

图3-51 DDGS

国产DDGS养分变异较大，可溶物含量高，能量水平较低，羊对其的消化能为14.64兆焦/千克。DDGS的粗蛋白质含量约为27.5%，脂肪含量约为10.1%。美国DDGS的营养价值为：粗蛋白质含量为26%以上、粗脂肪含量为10%以上，此外还含有0.85%赖氨酸和0.75%的磷。

DDGS的营养价值见表3-43。

表3-43　　　　　　　　　　DDGS的营养价值

指标	含量
干物质（%）	89.2
粗蛋白（%）	27.5
羊消化能（MJ/kg）	14.64
羊代谢能（MJ/kg）	12
粗脂肪（%）	10.1
粗纤维（%）	6.6
中性洗涤纤维（%）	38.3
酸性洗涤纤维（%）	12.5

续表

指标	含量
粗灰分（％）	5.1
钙（％）	0.2
磷（％）	0.74

注：数据来源同表1－6。

2. 饲喂价值

DDGS 用于肉羊饲料，优越性表现在：提高瘤胃发酵功能，提供过瘤胃蛋白质，转化纤维为能量，适口性和食用安全性强，是磷和钾等矿物质的优秀来源。

生产试验表明，新鲜 DDGS 的增重净能为压片玉米的80％。由于新鲜或干燥 DDGS 中脂肪和有效纤维替代可溶性碳水化合物和淀粉有助于维持瘤胃微生态的平衡和稳定瘤胃 pH 值，因此，新鲜或干燥 DGS 能减少瘤胃酸中毒。DDGS 在过瘤胃蛋白质、良好的适口性和有效纤维的安全性方面具备的独特性。

3. 使用方法

在生产中，DDGS 作为蛋白质饲料原料，需要与其他原料配合制成精饲料后使用。

三、矿物质饲料

矿物质是形成组织、骨骼的主要成分，它参与机体代谢，并影响正常生理活动和生长发育等。常用的矿物质饲料包括食盐、骨粉、贝壳粉和磷酸氢钙等。食盐和骨粉应按日粮干物质的1％～1.5％加入饲料中饲喂。矿物质饲料总体上可分为常量原素饲料和微量原素饲料。

（一）常量元素饲料

1. 食盐

常用植物性饲料中，钠、氯含量都较少，而食盐是补充钠、氯的最简单、价廉和有效的添加剂。饲料用食盐多属工业用盐，含氯化钠95％以上。

2. 钙和磷

（1）碳酸钙（石灰石粉）

碳酸钙为优质的石灰石制品，沉淀碳酸钙是石灰石煅炼成的氧化钙，经水调和成石灰乳，再经二氧化碳作用而合成的产品。石灰石粉俗称钙粉，主要成分为碳酸钙，含钙不低于33％。一般而言，碳酸钙颗粒越细，吸收率越好。

（2）磷酸氢钙

又叫磷酸二钙，为白色或灰白色粉末。其含钙不低于 23％，磷不低于 18％，铅不超过 50 毫克/千克，氟与磷之比不超过 1：100。磷酸氢钙的钙磷利用率高，是优质的钙磷补充料。

（3）磷酸一钙

又名磷酸二氢钙、过磷酸钙，为白色结晶粉末。其含钙不低于 15％，磷不低于 22％，铅不超过 50 毫克/千克，氟与磷之比不超过 1：100。磷酸一钙利用率比磷酸二钙、磷酸三钙好。

（4）磷酸三钙

又名磷酸钙，为白色无臭粉末。其含钙 32％，磷 18％。

（二）微量元素饲料

由于动物对微量元素的需要量少，微量元素补充料通常是作为添加剂加入饲料中使用。

微量元素补充料主要是矿物盐及结晶化合物，由于其化学形式、产品类型、规格以及原料细度不同，导致其生物学利用率差异较大。

四、维生素饲料

维生素主要存在于青绿饲料中。维生素种类很多，按其溶解性可分为脂溶性维生素和水溶性维生素。动物对维生素需要量低，维生素饲料常作为饲料添加剂使用。夏洛来羊一般不需要补充维生素，但病态羊或羔羊容易缺乏维生素，应补喂维生素饲料。例如，羔羊口疮流行的地区应常补加维生素 B2；焦虫、附红细胞体病流行的地区应补充维生素 K；在缺硒的地区应补加硒维生素 E 粉等。

维生素添加剂以维生素为主要功能成分，加上载体、稀释剂、吸收剂或其他化合物混合而成。维生素添加剂的稳定性较差，对氧化、还原、水分、热、光、金属离子、酸碱度等因素具有不同程度的敏感性。因此，维生素添加剂应在避光、干燥、阴凉、低温环境下分类贮藏。

（一）维生素 A

以秸秆为主要粗饲料的地区，牛羊饲粮中维生素 A 的含量普遍不足，这会影响牛羊的正常繁殖，甚至导致出生羔羊先天性双目失明。

育肥肉羊喂精料比例相对较高，而精饲料中胡萝卜素含量很低，在进行舍饲强度育肥时，动物迅速增重对维生素 A 的需要量增多。维生素 A 供应不足时，肉羊采食量下降，增重减慢。因此，应额外补喂胡萝卜等青绿多汁饲料或直接补饲维生素 A 添加剂。

（二）维生素 D

维生素 D（图 3-52）缺乏可引起羔羊的佝偻病，成年母羊的软骨症、产后瘫痪等。维生素 D_3 是维生素 D 的活性形式，一般认为，羔羊与生长羊的维生素 D_3 需要量为 660IU/100 千克体重，泌乳羊为 30IU/千克体重。

舍饲肉羊需要补充维生素 D。但是，如果肉羊每天能满足 6 小时以上晒太阳时间，则不需要另外补加。

图 3-52　维生素 D

（三）过瘤胃维生素

过瘤胃维生素是对维生素 A、维生素 D、维生素 E、烟酸、生物素等进行包被而成。经过特殊加工处理后的维生素能通过瘤胃而不被瘤胃微生物降解，到达真胃和小肠缓慢释放和吸收。过瘤胃生物素的生物学效率高，既可有效预防和治疗乳腺炎、肢蹄病、白线病等，又能促进钙磷的吸收，减少骨质疏松、四肢关节变形等疾病。

五、其他饲料添加剂

（一）尿素

尿素是一种非蛋白氮（NPN）饲料。非蛋白氮饲料指供饲用的尿素、双缩脲、氨、铵盐及其他合成的简单含氮化合物。非蛋白氮的营养作用仅作为瘤胃微生物合成所需的氮源，在育肥羊日粮中使用非蛋白氮已在世界范围内被普遍采用，并取得了较好效果。在人口多、耕地少的发展中国家，为节约蛋白质饲料，开发应用非蛋白氮饲料更具现实意义。

1. 特点

纯尿素含氮量为 46.6%，一般商品尿素的含氮量为 45%，每千克尿素所含的氮量相当于 2.8 千克粗蛋白质所含的氮量或相当于 7 千克豆饼（粗蛋白质为 40%）的粗蛋白质所含的氮量。

2. 饲用价值

尿素主要用于饲喂成年反刍动物，对于瘤胃机能尚未发育完全的羔羊不宜补饲。日粮蛋白质如已满足需要，再加入尿素并无效果。

在使用尿素时必须供给足够的易溶性碳水化合物，建议每千克尿素应搭配 10 千克易溶性碳水化合物（且 2/3 为淀粉），为瘤胃微生物提供能源。同时，要供给适量的优质天然蛋白质饲料，其水平占日粮的 9%～12%，以促进菌体蛋白的合成。另外，还要供给适量的硫、钴、锌、铜、锰等微量元素和适量的维生素 A、维生素 D 等，为菌体蛋白的合成提供有利条件。

3. 使用方法

（1）喂量

喂量不宜过大，否则会发生氨中毒。使用尿素喂羊时，怀孕和哺乳绵羊每天每只喂 13～18 克，6 个月以上的青年绵羊每天每只 8～12 克。用量应由少逐渐至多，给瘤胃微生物区系逐步适应的时间，再将用量提高到上述水平。

（2）喂法

尿素不宜单喂，应与其他精料合理搭配使用。生大豆、生豆粕、南瓜等饲料中含有大量尿素酶，能加速尿素的分解并产生氨，切忌与尿素一起饲喂，以免引起中毒。可调制成尿素溶液喷洒或浸泡粗饲料（氨化），或调制成尿素青贮料饲喂，也可与糖浆混合制成液体尿素精料投喂，或做成尿素颗粒料、尿素精料砖等也是尿素的有效利用方式。

（3）尿素利用新技术

为降低尿素在瘤胃中的水解强度和速度，目前常采用以下几种使用方法。

①制成凝胶淀粉尿素。将 15% 的尿素和 85% 的淀粉类饲料（玉米、大麦、小麦和高粱等）混合均匀，在一定温度、湿度和压力下制成凝胶状颗粒饲料饲用。

②制成氨基浓缩物。将 20% 的尿素、75% 的谷实和 5% 的膨润土混合均匀，在温度 121～176℃、湿度 15%～30%、压力 28～35 千克/平方厘米条件下制成氨基浓缩物使用。

③加工成尿素缓释产品。如市售的磷酸脲（牛羊壮）、脂肪酸脲（牛得乐）、异丁基二脲、羧甲基尿素等。

（4）尿素中毒及解救措施

尿素投喂量过多会在瘤胃内形成大量的游离氨，使瘤胃液的 pH 值升高，而氨会通过瘤胃壁进入血液，当血氨水平达中毒浓度时，即发生氨中毒。典型的氨中毒症状为呼吸急促、肌肉震颤、出汗不止、动作失调；严重时动物口吐白沫、抽搐。以上症状多在饲喂后 15～40 分钟出现，如不及时治疗，经过 0.5～2.5 小时即死亡。

羊发生尿素中毒，可以灌服稀释的醋酸来中和瘤胃液，生产中也可使用 10% 的醋酸钠和葡萄糖混合液灌服，效果也不错。

（二）缓冲剂

使用高精料强度育肥肉羊时，由于瘤胃内异常发酵，瘤胃丙酸浓度过高，pH 值下降，瘤胃微生物区系受到抑制，易引起消化能力减弱、酸中毒。而在精料中添加缓冲剂则能中和瘤胃内的挥发性脂肪酸、调节 pH 值、增进食欲、提高饲料消化能力，从而提高生产性能。

常用的缓冲剂有碳酸氢钠（小苏打）、氧化镁、磷酸盐、碳酸钙、膨润土等。碳酸氢钠在混合精料中的占比为 0.5％～2.0％，氧化镁为 0.5％～1.0％，二者合用比单用效果更好，其比例为 2∶1～3∶1。

第四节　营养需要与 TMR 配方

一、营养需要

肉羊在生长、繁殖和生产过程中，需要多种营养物质。这些营养物质包括：能量、蛋白质、矿物质、维生素及水。在放牧条件下，羊主要依靠采食和消化青草及干草等粗饲料获得营养，必要时通过补饲谷物和饼粕类饲料获得。在舍饲条件下，羊通过采食全价日粮来获取营养。羊的营养需要分为维持需要和生产需要。维持需要是指羊为了维持正常生命活动（体重不增不减，也不生产）时所需的营养物质量。羊的生产需要包括生长、繁殖、泌乳、育肥和产毛等对营养物质的需要。羊的营养需要因体重、年龄、生理状态而不同，也与环境和应激等相关。

（一）能量需要量

能量是羊生命活动和生产过程的第一营养要素，它主要来源于饲粮中的碳水化合物、脂肪和蛋白质。科学、合理地供给能量，对保证羊的健康，提高生产水平和降低饲料消耗有重要意义。能量供应不足会导致羊的生长缓慢或停滞，体重下降，繁殖力低，泌乳量下降或泌乳期缩短，羊毛产量减少、品质下降，抗病力低，甚至易引起死亡。但摄入过多能量也可引起羊只过肥，对健康产生不良影响。目前，表示绵羊能量需要的方式有代谢能和净能体系两种，两者之间通过转换系数进行互换。由于饲粮品质的差异和绵羊生理状态的不同，转换系数的差异也较大。

1. 维持

美国全国研究委员会（以下简称 NRC，1985）确定的绵羊每日维持能量（NE）需要为：$[56w^{0.75}] \times 4.186\,8\ kJ$（W 为体重）

2. 生长

NRC（1985）认为，空腹重 20～50 千克的生长发育期绵羊，空腹增重需要的热值为：轻型体重羔羊为 12.56～16.75MJ/kg，重型体重羔羊为 23.03～31.40 MJ/kg。在生产上，计算增重所需的热值，需要将空腹重换算为活重即空腹重乘以 1.195。同品种活重相同时，公羊每千克增重需要的热值是母羊的 0.82 倍。

3. 妊娠

青年妊娠母羊的能量需要量包括维持净能（NE）、自身生长增重、胎儿增重及妊娠产物的需要；成年妊娠母羊不生长，能量需要量仅包括维持净能和胎儿增重及妊娠产物的需要。在妊娠期的后 6 周，胎儿增重快，对能量需要量大。怀单羔的妊娠母羊的能量总需要量为维持需要量的 1.5 倍，怀双羔的母羊为维持需要量的 2.0 倍。

4. 泌乳

包括维持和产乳需要。羔羊在哺乳期增重与母乳的需要量之比为 1∶5。绵羊在产后 12 周泌乳期内有 $65\% \sim 83\%$ 的代谢能（ME）转化为乳能，带双羔母羊比带单羔母羊的转化率高。

（二）蛋白质需要

蛋白质具有重要的营养作用，它是动物建造组织和体细胞的基本原料，是修补体组织的必需物质，还可以代替碳水化合物和脂肪的产热作用，以供给机体热能的需要。如果羊的日粮中蛋白质不足会影响瘤胃的作用效果，进而导致羊只生长发育缓慢，繁殖率，产毛量、产乳量下降；蛋白质严重缺乏时会导致羊只消化紊乱，体重下降，贫血，水肿、抗病力减弱。但饲喂过量，多余的蛋白质会变成低效的能量，是一种资源浪费。过量的非蛋白氮和高水平的可溶性蛋白可造成氨中毒。所以，蛋白质水平的合理很重要。

在绵羊瘤胃消化功能正常情况下，NRC（1985）采用析因法求出蛋白质需要量，其计算公式如下：粗蛋白质需要量（克/天）＝PD＋MFP＋EUP＋DL＋WoolNPV

PD（克/天）：蛋白质沉积量。怀单羔母羊妊娠初期为 2.95 克/天、妊娠最后 4 周为 16.75 克/天；多胎母羊按比例增加。计算泌乳母羊蛋白质沉积量时，泌乳母羊的泌乳量，成年母羊哺乳单羔按 1.74 克/天、双羔 2.60 克/天；青年母羊按成年母羊的 75% 计算，而乳中粗蛋白质按 47.875 克/天计算。

MFP（克/天）：粪中代谢的蛋白质量。假定每千克干物质采食量为 33.44 克（NRC，1984）。

EUP（克/天）：尿内源蛋白质排出量。可按 0.14675×体重（千克）＋3.375 计算（ARC，1980）

DL（克/天）：皮肤脱落蛋白质量。可按 0.1125W 吨（W 为体重）计算。

Woodl（克/天）：羊毛内沉积的粗蛋白质量。成年母羊和公羊假定为 6.8 克/天（每年污毛产量以 4.0 千克计），羔羊毛粗蛋白质含量（克/天）可以按 3＋（0.1×无毛被体内蛋白质量）〕计算。

NPV：蛋白质净效率。取值 0.561，是由真消化率 0.85×生物学价值 0.66 而来。

（三）碳水化合物的需要

羊饲粮中碳水化合物应有合理的结构，即易消化碳水化合物（糖与淀粉）和纤维性物质的含量均应适宜。纤维性物质虽是重要的能量来源，但它释放能量缓慢，因而需要搭配适量降解快的糖和淀粉才能在任何时间满足瘤胃微生物的能量需要，提高微生物的发酵效率。羊体正常生理必需一定量的葡萄糖，其相当一部分靠丙酸异生获得，当饲粮中有适量易消化碳水化合物时，瘤胃发酵产生的丙酸比例增高。羊体能否获得所需葡萄糖，对其健康和生产潜力的发挥有显著的影响。据研究，每合成 100 克乳糖需 105 克葡萄糖，合成 100 克脂肪酸需 9 克葡萄糖（卢德勋，1993）。每天给喂低蛋白质干草的绵羊添加 50～100 克淀粉或蔗糖，粗纤维消化率可从 43% 提高到 53.9%～54.5%，但将淀粉或糖增加到 200 克，消化率就降到 34.1%。这表明，饲粮中糖和淀粉不足或过量，均可降低瘤胃中蛋白质的合成强度与饲料氮利用率。一般估计，成年羊每日葡萄糖的维持需要量为 32 克，怀单羔母羊每千克代谢体重葡萄糖的需要量为 3 克，怀双羔母羊为 5 克（Leng）。A. B. MosHo 推荐成年绵羊每千克活重的适宜供糖量为 2.3 克，生长和肥育绵羊为 2～4 克和 1.012 克。一些国家的饲养标准对饲粮粗纤维含量也作出规定，苏联建议 2～6 月龄，6～12 月龄和成年绵羊饲粮中粗纤维含量分别为 7%～11%，17%～22% 和 20%～23%。饲料概略养分测定方法的测定结果可指示碳水化合物结构的合理性，无氮浸出物与粗纤维含量的适宜比例应在 2.3～3.3.

（四）矿物质营养需要

矿物质是组成肉羊机体不可缺少的成分，它参与肉羊的神经系统，肌肉系统，营养的消化、运输及代谢，体内酸碱平衡等活动，也是体内多种酶的重要组成部分和激活因子。矿物质营养缺乏或过量都会影响肉羊的生长发育、繁殖和生产性能，严重时导致死亡。现已证明，至少有 15 种矿物质元素是肉羊所必需的，其中常量元素 7 种，包括钠、钾、钙、镁、氯、磷和硫；微量元素 8 种，包括碘、铁、钼、铜、钴、锰、锌和硒。羊对矿物质的日需要量详见表 3-44。

表 3-44　　　　　　　　　　　羊对矿物质的日需要量 g/d

矿物元素	幼龄羊	成年育肥羊	种公羊	种母羊
食盐	9～16	15～20	10～20	9～16
钙	4.5～9.6	7.8～10.5	9.5～15.6	6～13.5
磷	3～7.2	4.6～6.8	6～11.7	4～8.6

矿物元素	幼龄羊	成年育肥羊	种公羊	种母羊
镁	0.6～1.1	0.6～1	0.85～1.4	0.5～1.8
硫	2.8～5.7	3～6	5.25～9.05	35～7.5
铁	36～75	—	65～108	48～130
铜	7.3～13.4	—	12～21	10～22
锌	30～58	—	49～83	34～142
钴	0.36～0.58	—	0.6～1	0.43～1.4
锰	40～75	—	65～108	53～130
碘	0.3～0.4		0.5～0.9	0.4～0.68

1. 钠（Na）和氯（Cl）

这两种物质在体内对维持渗透压、调节酸碱平衡和控制水代谢起着重要的作用。钠是制造胆汁的重要原料，氯构成胃液中的盐酸，参与蛋白质消化。食盐还有调味作用，能刺激唾液分泌，从而促进淀粉酶的活动。缺乏钠和氯易导致消化不良、食欲减退、异嗜，对饲料中营养物质的利用率降低，发育受阻、精神萎靡、身体消瘦、健康恶化等现象。饲喂食盐能满足羊对钠和氯的需要。

2. 钙（Ca）和磷（P）

羊体内的钙约 99％、磷约 80％存在于骨骼和牙齿中。钙、磷关系密切，幼龄羊体内的钙磷比应为 2∶1。血液中的钙有抑制神经、肌肉兴奋，促进血凝和保持细胞膜完整性等作用；磷参与糖、脂类、氨基酸的代谢并能保持血液中的 pH 值正常。缺钙或缺磷会导致骨骼发育不正常，幼龄羊出现佝偻病、成年羊出现软化症等。绵羊食用钙化物一般不会出现钙中毒现象。但日粮中钙过量，则会加速其他元素如磷、镁、铁、碘、锌和锰等的缺乏。

3. 镁（Mg）

镁有许多生理功能。它是骨骼的组成成分，机体中的镁约有 60％～70％在骨骼中，同时许多酶也离不开镁。镁还能维持神经系统的正常功能。缺镁的典型症状是痉挛。一般不会出现镁中毒现象，其中毒症状是昏睡、运动失调和下痢。

4. 钾（K）

钾约占机体干物质的 0.3％。其主要存在于细胞内液中，影响机体的渗透压和酸碱平衡，对一些酶的活化有促进作用。缺钾易造成采食量下降、精神不振和痉挛等症状。绵羊对钾的最大耐受量可占日粮干物质的 3％。

5. 硫（S）

硫是保证瘤胃微生物最佳生长的重要养分。在瘤胃微生物消化过程中，硫对含硫氨基酸（蛋氨酸和胱氨酸）、维生素 B_{12} 的合成有作用。硫还是黏蛋白和羊毛的重要成分。硫缺乏与蛋白质缺乏症状相似，都会出现食欲减退、增重减少、毛的生长速度降低等症状。此外，缺硫还表现出唾液分泌过多、流泪和脱毛等症状。用硫酸钠补充硫，最大耐受量为日粮的 0.4％。硫的严重中毒症状是呼出的气体有硫化氢（HS）气味。

6. 碘（I）

碘是甲状腺素的成分，参与物质代谢过程。碘缺乏则出现甲状腺肥大，羔羊发育缓慢的现象，缺乏严重甚至出现无毛症或死亡。对缺碘的绵羊，可采用碘化食盐（含 0.1％～0.2％碘化钾）补饲。碘中毒症状是发育缓慢、厌食和体温下降。

7. 铁（Fe）

铁参与形成血红素和肌红蛋白，保证机体组织氧的运输。铁还是细胞色素酶类和多种氧化酶的成分，与细胞内生物氧化过程密切相关。缺铁的症状是生长缓慢、嗜睡、贫血、呼吸频率增加。铁过量的慢性中毒症状是采食量下降、生长速度慢、饲料转化率低；急性中毒则表现出厌食、尿少腹泻、体温低、代谢性酸中毒、休克，甚至死亡。

8. 钼（Mo）

钼是黄吟氧化酶及硝酸还原酶的组成成分，体组织和体液中也含有少量的钼与铜、硫之间存在着相互促进，相互制约的关系。对饲喂低钼日粮的羔羊补饲钼盐能提高增重。钼饲喂过量，毛纤维直、类便松软、尿黄、脱毛、贫血、骨骼异常和体重迅速下降。钼中毒可通过提高日粮中的铜水平进行控制

9. 铜（cu）

铜有催化红细胞和血红素形成的作用。铜与羊毛生长关系密切。在酶的作用下，铜参与有色毛纤维色素形成。缺铜常引起羔羊共济失调、贫血、骨骼异常以及毛纤维直、强度、弹性染色亲和性下降，同时有色毛色素沉着力差。美国在缺铜地区把硫酸铜按 0.5％的比例加到食盐中饲喂绵羊以补充铜。铜中毒症状为溶血、黄疸、血红蛋白尿、肝和肾呈现黑色。

10. 钴（Co）

钴有助于瘤胃微生物合成维生素 B_{12}。绵羊缺钴会出现食欲下降、流泪、毛被粗硬、精神不振、消瘦、贫血、泌乳量和产毛量降低、发情次数减少、易流产等症状。在缺钴的地区，牧地可施用硫酸钴肥，每公顷施用 1.5 千克，也可补饲钴盐，即将钴添加到食盐中，每 100 千克含钴量为 2.5 克饲喂，或按钴的需要量投服钴丸。

11. 锰（Mn）

锰对于骨骼发育和繁殖都有作用。缺锰会导致初生羔羊运动失调、生长发

育受阻、骨骼畸形、繁殖力降低。

12. 锌（Zn）

锌是多种酶的成分，如红细胞中的碳酸酐酶、胰液中的羧肽酶和胰岛素的成分。锌可维持公羊睾丸的正常发育、精子的形成，以及羊毛的正常生长。缺锌症状表现为角质化不全症、掉毛、睾丸发育缓慢（或睾丸萎缩）、畸形精子多、母羊繁殖力下降等症状。锌过量则出现采食量下降，羔羊增重降低以及中毒等症状。

13. 硒（Se）

硒是谷胱苷肽氧化物酶的主要成分，具有抗氧化作用。缺硒的羊易出现白肌病，生长发育受阻，母羊繁殖机能紊乱、空怀和死胎。对缺硒绵羊补硒的办法甚多，如在土壤中施用硒肥，在饲料添加剂口服，在皮下或肌内注射，还可用铁和硒按 20：1 制成丸剂或含硒的可溶性玻璃球。硒过量常引起硒中毒，表现为掉毛、蹄部溃疡至脱落、繁殖力显著下降等症状。当喂含硒低的日粮时，体内的硒便会迅速排出体外。

（五）维生素需要

维生素是肉羊生长发育、繁殖后代和维持生命所必需的重要营养物质，它主要以辅酶和催化剂的形式广泛参与体内的生化反应。维生素缺乏可引起机体代谢紊乱，影响动物健康和生产性能。

体内细胞一般不能合成维生素（维生素 C、烟酸例外），羊瘤胃微生物能合成机体所需的 B 族维生素和维生素 K。到目前为止，至少有 15 种维生素为羊所必需。按照溶解性将其分为脂溶性维生素和水溶性维生素两大类。脂溶性维生素是指不溶于水、可溶于脂肪及其他脂溶性溶剂中的维生素，包括维生素 A（视黄醇）、维生素 D（麦角固醇 D 和胆钙化醇 D）、维生素 E（生育酚）和维生素 K（甲萘醌）。它们在消化道随脂肪一同被吸收，吸收的机制与脂肪相同，有利于脂肪吸收的条件也利于脂溶性维生素吸收。水溶性维生素包括 B 族维生素及维生素 C。羊对维生素的日需要量见表 3－45。

表 3－45　　　　　　　　　　羊对维生素的日需要量/d

名称	幼龄羊	成年育肥羊	种公羊	种母羊
维生素 A	4～9	5.7～8	9.8～33	5.7～14
维生素 D	0.42～0.7	0.5～0.76	0.5～1.02	0.5～1.02
维生素 E	—	—	51－84	—

注：最大耐受量的单位是每千克干物质的数量。

1. 维生素 A

维生素 A 是一种环状不饱和一元醇，具有多种生理作用。如果不足会出现多种症状，如生长迟缓、骨骼畸形、繁殖器官退化、夜盲症等。绵羊主要靠采食胡萝卜素来满足对维生素 A 的需要，绵羊每日对维生素 A 的需要量为每千克活重 47IU 或每千克活重 6.9 毫克 β－胡萝卜素。在妊娠后期和泌乳期可增至每千克活重 85IU 或 125 微克 β－胡萝卜素，带双羔母羊泌乳前期维生素 A 的需要量为 100IU 或 β－胡萝卜素 147 毫克。

2. 维生素 D

维生素 D 为类固醇衍生物，分维生素 D_3 和维生素 D_2 两种。其功能为促进钙磷吸收、代谢和成骨作用。缺乏维生素 D 会引起钙和磷的代谢障碍，使羔羊出现佝偻病，成年羊出现骨组织疏松症。放牧绵羊在阳光下，通过紫外线照射可合成并获得充足的维生素 D，但如果长时间阴云天气或圈养，可能出现维生素 D 缺乏症。此时，应给羊喂食经太阳晒制的青干草，以补充维生素 D。

3. 维生素 E

维生素 E 又叫抗不育维生素，其化学结构类似酚类的化合物，极易氧化，具有生物学活性，其中以 α－生育酚活性最高。维生素 E 的主要功能是作为机体的生物催化剂。维生素 E 缺乏症状为母羊胚胎被吸收或流产、死亡；公羊精子减少、品质降低、无受精能力、无性机能。严重缺乏维生素 E 时，还会出现神经和肌肉组织代谢障碍。新鲜牧草中的维生素 E 含量较高，而自然干燥的干草在贮藏过程中大部分维生素 E 被损失掉了。维生素 E 的需要量与饲粮中的硒、不饱和脂肪酸及硫含量有关，需要量变化范围较大，每千克饲粮干物质为 10～60 毫克。生长羊和妊娠羊最低需要为 10～15 毫克，如饲粮硒水平低于 0.05mg/kg，维生素 E 需要量提高到 15～30 毫克。

4. B 族维生素

B 族维生素主要作为细胞酶的辅酶，催化碳水化合物、脂肪和蛋白质代谢中的各种反应。绵羊瘤胃机能正常时，能由微生物合成 B 族维生素满足羊体需要。但羔羊在瘤胃发育正常以前，瘤胃微生物区系尚未建立，日粮中需添加 B 族维生素。

5. 维生素 K

维生素 K 分为维生素 K_1、维生素 K_2 和维生素 K_3 三种。其中，K_1 称为叶绿醌，主要在植物中形成；维生素 K_2 由胃肠道微生物合成；维生素 K_3 为人工合成。维生素 K 的主要作用是催化肝脏中对凝血酶原和凝血质的合成。经凝血质的作用使凝血酶原转变为凝血酶。凝血酶能使可溶性的血纤维蛋白原变为不溶性的纤维蛋白而使血液凝固。当维生素 K 不足时，因限制了凝血酶的合成而使血凝差。因为青饲料中富含维生素 K_1，而瘤胃微生物可大量合成 K_2，一般不会缺乏维生素 K。但在生产中，由于饲料间的拮抗作用，如草木樨和一些杂草中含有与维生素 K 化学结构相似的双季豆素，能妨碍维生素 K 的利用；霉变饲料中的真菌霉素有制约维生素 K 的作用；药物添加剂，如抗生素和磺胺类药物，能抑制胃肠道微生物合成维生素 K，而出现维生素 K 不足，需适当增加维生素 K 的喂量。

（六）水的需要

水是羊体器官、组织的主要组成部分，约占体重的一半。水参与羊体内营养物质的消化、吸收、排泄等生理生化过程。同时，水的比热高，对调节体温起着重要作用。肉羊对水的需要比对其他营养物质的需要更多。一只饥饿羊，失掉几乎全部脂肪、半数以上蛋白质和体重的 40％仍能生存，但失掉体重1％～2％的水，即出现渴感，食欲减退。若继续失水达体重的 8％～10％，则会引起代谢紊乱。而失水达体重的 20％，可使羊致死。一般情况下，成年羊的需水量约为采食干物质的 2～3 倍，但需水量也受机体代谢水平、生理阶段、环境温度、体重、生产方向以及饲料组成等诸多因素的影响。例如，羊的生产水平高时需水量大，环境温度升高时需水量增加，采食量大时需水量也变大。羊采食矿物质、蛋白质、粗纤维较多时，需较多的饮水。通常气温高于 30℃时，羊的需水量明显增加；当气温低于 10℃时，需水量明显减少。气温在10℃时，采食 1 千克干物质需供给 2.1 千克的水；当气温升高到 30℃以上时，采食 1 千克干物质需供给 2.8～5.1 千克水。

二、饲养标准

饲养标准又称动物的营养需要，它是按羊的性别、年龄、体重、生理状态和生产性能等情况，应用科学研究成果结合生产实践经验所规定的一只羊应供给的能量和各种营养物质的数量。目前，畜牧生产技术水平较高的国家，均已制定了适于本国生产条件的饲养标准，并且每隔几年修订一次，使之不断趋于完善。我国针对夏洛来羊的营养需要量参数还相对缺乏，因此，在进行科学配制羊饲料时，应综合考虑和选择适当的推荐标准。现在可参考的标准主要有美国国家研究委员会（NRC）标准、法国营养平衡委员会（AEC）标准等国外标准和我国的肉羊饲养标准（2004），在使用时需根据本地区具体情况进行适当调整。下面分别对羔羊、育成羊、母羊、种公羊的 NRC、ARC（缺少）和中国肉羊饲养标准进行阐述。

（一）羔羊的饲养标准

1. 中国肉羊（羔羊）饲养标准（NY/T 816－2004）

表 3－46　　　　　　　　　哺乳羔羊营养需要量

体重（BW）kg	日增重（ADG）kg/d	干物质（DMI）kg/d	代谢能（ME）MJ/d	净能（ME）MJ/d	粗蛋白（CP）g/d	代谢蛋白（CP）g/d	净蛋白（CP）g/d	钙（磷）	磷（磷）
6	100	0.16	2.0	0.8	33	26	20	0.5	0.8
	200	0.19	2.3	1.0	38	31	23	0.7	1.0
8	100	0.27	3.2	1.4	54	43	32	2.4	1.3
	200	0.32	3.8	1.6	64	51	38	2.9	1.6
	300	0.35	4.2	1.8	71	56	42	3.2	1.8
10	100	0.39	4.7	2	79	63	47	3.5	2
	200	0.46	5.5	2.3	92	74	55	4.2	2.3
	300	0.51	6.2	2.6	103	82	62	4.6	2.6
12	100	0.53	6.2	2.6	103	83	62	4.6	2.6
	200	0.63	7.3	3.1	121	97	73	5.5	3
	300	0.69	8.1	3.4	135	108	81	6.1	3.4
14	100	0.52	6.4	2.7	106	85	64	4.8	2.7
	200	0.61	7.5	3.2	127	102	76	5.6	3.1
	300	0.67	8.4	3.5	139	111	83	6.3	3.5
16	100	0.64	7.5	3.3	129	103	77	5.8	3.2
	200	0.75	9.0	3.8	151	121	91	6.8	3.8
	300	0.84	9.8	4.3	167	134	101	7.5	4.2
18	100	0.75	8.4	3.8	152	122	92	6.7	3.7
	200	0.88	10.2	4.1	176	141	106	7.9	4.4
	300	0.98	11.6	4.9	195	155	118	8.8	4.9

2. NRC 羔羊饲养标准（NRC2007）

表 3—47　　　　　　　　　　　　羔羊每日营养需要量　　　　　　　1 磅＝0.45359237kg

体重（磅）	日增重（磅）	干物质（磅/只）	体重（磅）	总蛋白（磅）	总可消化营养（磅）	钙（磅）	磷（磅）	VA IU	VE IU
早期断奶羔羊，中等生长潜力									
22	0.44	1.1	5.0	0.38	0.9	0.008	0.004	470	10
44	0.55	2.2	5.0	0.37	1.8	0.012	0.005	940	20
66	0.66	2.9	4.3	0.42	2.2	0.015	0.007	1410	20
88	0.76	3.3	3.8	0.44	2.6	0.017	0.008	1880	22
110	0.66	3.3	3.0	0.4	2.6	0.015	0.008	2350	22
早期断奶羔羊，快速生长潜力									
22	0.55	1.3	6.0	0.35	1.1	0.011	0.005	470	12
44	0.66	2.6	6.0	0.45	2.0	0.014	0.006	940	24
66	0.72	3.1	4.7	0.48	2.4	0.016	0.007	1410	21
88	0.88	3.3	3.8	0.51	2.5	0.019	0.009	1880	22
110	0.94	3.7	3.4	0.53	2.8	0.021	0.015	2350	25
132	0.77	3.7	2.8	0.53	2.8	0.018	0.010	2820	25
育肥羔羊，4—7 月龄									
66	0.65	2.9	4.3	0.42	2.1	0.014	0.007	1410	20
88	0.60	3.5	4.0	0.41	2.7	0.014	0.007	1880	24
110	0.45	3.5	3.2	0.35	2.7	0.012	0.007	2350	24
繁殖母羔									
66	0.50	2.6	4.0	0.41	1.7	0.014	0.006	1410	18
88	0.40	3.1	3.5	0.39	2.0	0.013	0.006	1880	21
110	0.26	3.3	3.0	0.30	1.9	0.011	0.005	2350	22
132	0.22	3.3	2.5	0.30	1.9	0.010	0.005	2820	22
154	0.22	3.3	2.1	0.29	1.9	0.010	0.006	3290	22
繁殖公羔									
88	0.73	4.0	4.5	0.54	2.5	0.017	0.008	1880	24
132	0.70	5.3	4.0	0.58	3.4	0.018	0.009	2820	26
176	0.64	6.2	3.5	0.59	3.9	0.019	0.010	3760	28
220	0.55	6.6	3.0	0.58	4.2	0.018	0.010	4700	30

（二）母羊的饲养标准

1. 中国肉羊饲养标准（NY/T 816－2004）

表 3－48　　　　　　　　　　　　母羊营养需要量

妊娠阶段	体重(BW)kg	干物质(DMI) kg/d			代谢能(ME) MJ/d			粗蛋白(CP) g/d			代谢蛋白(CP) g/d			钙(Ca) g/d			磷(P) g/d		
		单羔	双羔	三羔	单羔	双羔	三羔	单羔	双羔	三羔	单羔	双羔	三羔	单羔	双羔	三羔	单羔	双羔	三羔
前期	40	1.16	1.31	1.46	9.3	10.5	11.7	151	170	190	106	119	133	10.4	11.8	13.1	7.0	7.9	8.8
	50	1.31	1.51	1.65	10.5	12.1	13.2	170	196	215	119	137	150	11.8	13.6	14.9	7.9	9.1	9.9
	60	1.46	1.69	1.82	11.7	13.5	14.6	190	220	237	133	154	166	13.1	15.2	16.4	8.8	10.1	10.9
	70	1.61	1.84	2.00	12.9	14.7	16.0	209	239	260	147	167	182	14.5	16.6	18.0	9.7	11.0	12.0
	80	1.75	2.00	2.17	14.0	16.0	17.4	228	260	282	159	182	197	15.8	18.0	19.5	10.5	12.0	13.0
	90	1.91	2.18	2.37	15.3	17.4	19.0	248	283	308	174	198	216	17.2	19.6	21.3	11.5	13.1	14.2
后期	40	1.45	1.82	2.11	11.6	14.6	16.9	189	237	274	132	166	192	13.1	16.4	19.0	8.7	10.9	12.7
	50	1.63	2.06	2.36	13.0	16.5	18.9	212	268	307	148	187	215	14.7	18.5	21.2	9.8	12.4	14.2
	60	1.80	2.29	2.59	14.4	18.3	20.7	234	298	337	164	208	236	16.2	20.6	23.3	10.8	13.7	15.5
	70	1.98	2.49	2.83	15.8	19.9	22.6	257	324	368	180	227	258	17.8	22.4	25.5	11.9	14.9	17.0
	80	2.15	2.68	3.05	17.2	21.4	24.4	280	348	397	196	244	278	19.4	24.1	27.5	12.9	16.1	18.3
	90	2.34	2.92	3.32	18.7	23.4	26.6	304	380	432	213	266	302	21.1	26.3	29.9	14.0	17.5	19.9

2. NRC 标准

（1）成年母羊饲养标准（NRC2007）

表 3－49　　　　　　　　母羊每日营养需要量　　　　　　1 磅＝0.45359237 kg

体重（磅）	日增重（磅）	干物质（磅/只）	体重（磅）	总蛋白（磅）	总可消化营养（磅）	钙（磅）	磷（磅）	VA IU	VE IU
维持									
110	0.02	2.2	2.0	0.21	1.2	0.004	0.004	2350	15
132	0.02	2.4	1.8	0.23	1.3	0.005	0.005	2820	16
154	0.02	2.6	1.7	0.25	1.5	0.005	0.005	3290	18
176	0.02	2.9	1.6	0.27	1.6	0.006	0.006	3760	20
198	0.02	3.1	1.5	0.29	1.7	0.006	0.006	4230	21

体重 （磅）	日增重 （磅）	干物质 （磅/只）	体重 （磅）	总蛋白 （磅）	总可消 化营养 （磅）	钙 （磅）	磷 （磅）	VA IU	VE IU
				Flushing：2 Weeks Prebreeding and First 3 Weeks of Breeding （配种之前两周和配种后的前 3 周）					
110	0.22	3.5	3.2	0.33	2.1	0.012	0.006	2350	24
132	0.22	3.7	2.8	0.34	2.2	0.012	0.006	2820	26
154	0.22	4.0	2.6	0.36	2.3	0.012	0.007	3290	27
176	0.22	4.2	2.4	0.38	2.5	0.013	0.007	3760	28
198	0.22	4.4	2.2	0.39	2.6	0.013	0.008	4230	30
			非泌乳，妊娠后的前 15 周						
110	0.07	2.6	2.4	0.25	1.5	0.006	0.005	2350	18
132	0.07	2.9	2.2	0.27	1.6	0.007	0.005	2820	20
154	0.07	3.1	2.0	0.29	1.7	0.008	0.006	3290	21
176	0.07	3.3	1.9	0.31	1.8	0.008	0.007	3760	22
198	0.07	3.5	1.8	0.33	1.9	0.009	0.008	4230	24
			妊娠最后 4 周（预期 130%～150%的羔羊增重率）						
110	0.40	3.5	3.2	0.38	2.1	0.013	0.010	4250	24
132	0.40	3.7	2.8	0.40	2.2	0.013	0.011	5100	26
154	0.40	4.0	2.6	0.42	2.3	0.014	0.012	5960	27
176	0.40	4.2	2.4	0.44	2.4	0.014	0.013	6800	28
198	0.40	4.4	2.2	0.47	2.5	0.014	0.014	7650	30
			妊娠最后 4 周（预期 180%～225%的羔羊增重率）						
110	0.50	3.7	3.4	0.43	2.4	0.014	0.007	4250	26
132	0.50	4.0	3.0	0.45	2.6	0.015	0.008	5100	34
154	0.50	4.2	2.7	0.47	2.8	0.017	0.010	5950	30
176	0.50	4.4	2.5	0.49	2.9	0.018	0.013	6800	32
198	0.50	4.6	2.3	0.51	3.0	0.020	0.014	7650	26

续表

体重 （磅）	日增重 （磅）	干物质 （磅/只）	体重 （磅）	总蛋白 （磅）	总可消 化营养 （磅）	钙 （磅）	磷 （磅）	VA IU	VE IU
				产后泌乳的前 6～8 周（哺乳单羔）					
110	−0.06	4.6	4.2	0.67	3.0	0.020	0.013	4250	32
132	−0.06	5.1	3.9	0.70	3.3	0.020	0.014	5100	34
154	−0.06	5.5	3.6	0.73	3.6	0.020	0.015	5950	38
176	−0.06	5.7	3.2	0.76	3.7	0.021	0.016	6800	39
198	−0.06	5.9	3.0	0.78	3.8	0.021	0.017	7650	40
				产后泌乳的前 6～8 周（哺乳双羔）					
110	−0.13	5.3	4.8	0.86	3.4	0.023	0.016	5000	36
132	−0.13	5.7	4.3	0.89	3.7	0.023	0.017	6000	39
154	−0.13	6.2	4.0	0.92	4.0	0.024	0.018	7000	42
176	−0.13	6.6	3.8	0.96	4.3	0.025	0.019	8000	45
198	−0.13	7.0	3.6	0.99	4.6	0.025	0.020	9000	48
				产后泌乳的后 4～6 周（哺乳单羔）					
110	0.10	3.5	3.2	0.38	2.1	0.013	0.010	4250	24
132	0.10	3.7	2.8	0.40	2.2	0.013	0.011	5100	26
154	0.10	4.0	2.6	0.42	2.3	0.014	0.012	5960	27
176	0.10	4.2	2.4	0.44	2.4	0.014	0.013	6800	28
198	0.10	4.4	2.2	0.47	2.5	0.014	0.014	7650	30
				产后泌乳的后 4～6 周（哺乳双羔）					
110	0.20	4.6	4.2	0.67	3.0	0.020	0.013	4250	32
132	0.20	5.1	3.8	0.70	3.3	0.020	0.014	5100	34
154	0.20	5.5	3.6	0.73	3.6	0.020	0.015	5950	38
176	0.20	5.7	3.2	0.76	3.7	0.021	0.016	6800	39
198	0.20	5.9	3.0	0.78	3.8	0.021	0.017	7650	40

（2）后备母羊饲养标准（NRC2007）

| 表 3－50 | | | | 后备母羊每日营养需要量 | | | | 1 磅＝0.45359237 kg | |

体重 （磅）	日增重 （磅）	干物质 （磅/只）	体重 （磅）	总蛋白 （磅）	总可消 化营养 （磅）	钙 （磅）	磷 （磅）	VA IU	VE IU
ewes lambs 后备母羊 非泌乳，妊娠的前 15 周									
88	0.35	3.1	3.5	0.34	1.8	0.012	0.007	1880	21
110	0.30	3.3	3.0	0.35	1.9	0.011	0.007	2350	22
132	0.30	3.5	2.7	0.35	2.0	0.012	0.007	2820	34
154	0.28	3.7	2.4	0.36	2.2	0.012	0.008	3290	26
妊娠期的最后 4 周（预期 100%～120% 的羔羊增重率）									
88	0.40	3.3	3.8	0.41	2.1	0.014	0.007	3400	22
110	0.35	3.5	3.2	0.42	2.2	0.014	0.007	4250	24
132	0.35	3.7	2.8	0.42	2.4	0.014	0.008	5100	26
154	0.33	4.0	2.6	0.43	2.5	0.015	0.009	5950	27
妊娠期的最后 4 周（预期 130%～175% 的羔羊增重率）									
88	0.50	3.3	3.8	0.44	2.2	0.016	0.008	3400	22
110	0.50	3.5	3.2	0.45	2.3	0.017	0.008	4250	24
132	0.50	3.7	2.8	0.46	2.5	0.018	0.009	5100	26
154	0.47	4.0	2.6	0.46	2.5	0.018	0.010	5960	27
泌乳的前 6～8 周，哺乳单羔（8 周断奶）									
88	−0.11	3.7	4.2	0.56	2.5	0.013	0.009	3400	26
110	−0.11	4.6	4.2	0.62	3.1	0.014	0.010	4250	32
132	−0.11	5.1	3.8	0.65	3.4	0.015	0.011	5100	34
154	−0.11	5.5	3.6	0.68	3.6	0.016	0.012	5450	38
泌乳的前 6～8 周，哺乳双羔（8 周断奶）									
88	−0.22	4.6	5.2	0.67	3.2	0.018	0.012	4000	32
110	−0.22	5.1	4.6	0.71	3.5	0.019	0.011	5000	34
132	−0.22	5.5	4.2	0.74	3.8	0.020	0.014	6000	38
154	−0.22	6.0	3.9	0.77	4.1	0.020	0.015	7000	40

（三）种公羊饲养标准（NY/T 816－2004）

表 3－51　　　　　　　　　种公羊每日营养需要量

体重(BW) kg	干物质(DMI) kg/d		代谢能(ME) MJ/d		粗蛋白(CP) g/d		代谢蛋白(CP) g/d		中性洗涤纤维(NDF) kg/d		钙(Ca) g/d		磷(P) g/d	
	非配种期	配种期	非配种期	配种期	非配种期	配种期	非配种期	配种期	非配种期	配种期	非配种期	配种期	非配种期	配种期
75	1.48	1.64	11.9	13.0	207	246	145	172	0.52	0.57	13.3	14.8	8.9	9.8
100	1.77	1.95	14.2	15.6	248	293	173	205	0.62	0.68	15.9	17.6	10.6	11.7
125	2.09	2.30	16.7	18.4	293	345	205	242	0.73	0.81	18.8	20.7	12.5	13.8
150	2.40	2.64	19.2	21.1	336	396	235	277	0.84	0.92	21.6	23.8	14.4	15.8
175	2.71	2.95	21.7	23.6	379	443	266	310	0.95	1.03	24.4	26.6	16.3	17.7
200	2.98	3.27	23.8	26.2	417	491	292	343	1.04	1.14	26.8	29.4	17.9	19.6

（四）育肥羊饲养标准（NY/T 816－2004）

1. 育肥公羊的营养需要

表 3－52　　　　　　　　　育肥公羊每日营养需要量

体重(BW) kg	日增重(ADG) kg/d	干物质(DMI) kg/d	代谢能(ME) MJ/d	净能(ME) MJ/d	粗蛋白(CP) g/d	代谢蛋白(CP) g/d	净蛋白(CP) g/d	中性洗涤纤维(NDF) kg/d	钙(Ca) g/d	磷(P) g/d
20	100	0.71	5.6	3.3	99	43	29	0.21	6.4	3.6
	200	0.85	8.1	4.4	119	61	41	0.26	7.7	4.3
	300	0.95	10.5	5.5	133	79	53	0.29	8.6	4.8
	350	1.06	11.7	6.0	148	88	60	0.32	9.5	5.3
25	100	0.80	6.5	3.8	112	47	31	0.24	7.2	4.0
	200	0.94	9.2	5.0	132	65	44	0.28	8.5	4.7
	300	1.03	11.9	6.2	144	83	56	0.31	9.3	5.2
	350	1.17	13.3	6.9	157	93	62	0.35	10.5	5.9

体重 （BW） kg	日增重 （ADG） kg/d	干物质 （DMI） kg/d	代谢能 （ME） MJ/d	净能 （ME） MJ/d	粗蛋白 （CP） g/d	代谢 蛋白 （CP） g/d	净蛋白 （CP） g/d	中性洗 涤纤维 （NDF） kg/d	钙 （Ca） g/d	磷 （P） g/d
30	100	1.02	7.4	4.3	143	51	34	0.31	9.2	5.1
	200	1.21	10.3	5.6	169	69	46	0.36	10.9	6.1
	300	1.29	13.3	7.0	181	87	59	0.39	11.6	6.5
	350	1.48	14.7	7.6	207	96	65	0.44	13.3	7.4
35	100	1.12	8.1	4.9	157	55	37	0.34	10.1	5.6
	200	1.31	10.9	6.1	183	73	49	0.39	11.8	6.6
	300	1.38	13.7	7.4	193	90	61	0.41	12.4	6.9
	350	1.50	15.1	8.1	224	99	67	0.48	13.6	8.0
40	100	1.22	8.7	5.4	159	78	39	0.43	11.0	6.1
	200	1.41	11.3	6.6	183	97	54	0.49	12.7	7.1
	300	1.48	13.9	7.8	192	117	68	0.52	13.3	7.4
	350	1.62	15.2	8.5	224	136	73	0.60	14.5	8.6
45	100	1.33	9.4	5.8	173	83	41	0.47	12.0	6.7
	200	1.51	12.1	7.1	196	103	56	0.53	13.6	7.6
	300	1.57	14.9	8.4	204	122	70	0.55	14.1	7.9
	350	1.70	16.3	9.0	221	141	77	0.65	15.4	9.3
50	100	1.43	10.0	6.3	186	88	44	0.50	12.9	7.2
	200	1.61	12.9	7.6	209	107	58	0.56	14.5	8.1
	300	1.66	15.8	8.9	216	131	72	0.58	14.9	8.3
	350	1.76	17.3	9.6	230	146	80	0.69	16.0	9.9
55	100	1.53	10.9	6.8	199	95	47	0.54	13.8	7.7
	200	1.72	13.9	8.1	225	110	62	0.68	15.4	8.7
	300	1.80	17.0	9.3	233	131	75	0.73	16.2	9.0
	350	1.95	18.5	10.0	255	150	84	0.85	17.7	10.1

续表

体重 （BW） kg	日增重 （ADG） kg/d	干物质 （DMI） kg/d	代谢能 （ME） MJ/d	净能 （ME） MJ/d	粗蛋白 （CP） g/d	代谢 蛋白 （CP） g/d	净蛋白 （CP） g/d	中性洗 涤纤维 （NDF） kg/d	钙 （Ca） g/d	磷 （P） g/d
60	100	1.63	11.8	7.5	212	101	50	0.57	14.7	8.2
	200	1.82	15.0	8.9	238	110	65	0.72	16.5	9.3
	300	1.91	18.2	10.3	248	139	78	0.77	17.2	10.0
	350	2.05	19.8	11.0	265	155	88	0.91	18.6	11.2

2. 育肥母羊的营养需要

表 3-53　　　　　　　　育肥母羊每日营养需要量

体重 （BW） kg	日增重 （ADG） kg/d	干物质 （DMI） kg/d	代谢能 （ME） MJ/d	净能 （ME） MJ/d	粗蛋白 （CP） g/d	代谢 蛋白 （CP） g/d	净蛋白 （CP） g/d	中性洗 涤纤维 （NDF） kg/d	钙 （Ca） g/d	磷 （P） g/d
20	100	0.62	6.0	3.3	86	40	28	0.19	6.1	3.4
	200	0.74	8.7	4.5	104	57	40	0.22	7.3	4.0
	300	0.85	11.4	5.7	121	76	52	0.25	8.4	4.6
	350	0.92	12.7	6.3	129	84	58	0.28	9.1	5.0
25	100	0.70	6.9	3.8	97	44	30	0.21	6.9	3.8
	200	082	9.8	5.1	114	61	42	0.25	8.1	4.5
	300	0.93	12.7	6.4	131	80	54	0.27	9.2	5.1
	350	0.99	14.2	7.1	140	88	59	0.31	9.8	5.4
30	100	0.80	7.6	4.3	108	48	33	0.27	7.9	4.4
	200	0.92	10.8	5.7	126	65	44	0.32	9.1	5.0
	300	1.03	14.0	7.1	144	84	55	0.34	10.2	5.6
	350	1.09	15.5	7.8	152	92	61	0.39	10.8	5.9
35	100	0.91	8.5	5.1	120	52	35	0.29	9.0	5.0
	200	1.04	11.6	6.4	137	69	46	0.34	10.3	5.7
	300	1.17	14.7	7.8	155	87	57	0.36	11.6	6.4
	350	1.24	16.0	8.5	165	95	62	0.42	12.3	6.8

续表

体重（BW）kg	日增重（ADG）kg/d	干物质（DMI）kg/d	代谢能（ME）MJ/d	净能（ME）MJ/d	粗蛋白（CP）g/d	代谢蛋白（CP）g/d	净蛋白（CP）g/d	中性洗涤纤维（NDF）kg/d	钙（Ca）g/d	磷（P）g/d
40	100	1.01	9.5	6.0	133	75	39	0.37	10.0	5.5
	200	1.13	12.5	7.4	150	93	50	0.43	11.2	6.2
	300	1.26	15.4	8.8	167	114	60	0.45	12.5	6.9
	350	1.34	16.9	9.4	176	122	65	0.52	13.3	7.3
45	100	1.12	10.5	6.5	145	80	41	0.4	11.1	6.1
	200	1.24	13.4	7.9	161	99	53	0.46	12.3	6.8
	300	1.35	16.3	9.3	178	119	65	0.48	13.4	7.4
	350	1.42	17.8	9.9	188	127	69	0.56	14.1	7.7
50	100	1.24	11.6	6.9	158	85	44	0.44	12.3	6.8
	200	1.36	14.5	8.4	174	103	56	0.49	13.5	7.4
	300	1.48	17.6	9.9	190	123	68	0.51	14.7	8.1
	350	1.55	19.0	10.6	197	131	73	0.60	15.3	8.4
55	100	1.35	12.5	7.4	173	92	48	0.47	13.4	7.4
	200	1.47	15.4	9.0	190	110	61	0.59	14.6	8.0
	300	1.59	18.4	10.5	206	129	73	0.64	15.7	8.7
	350	1.66	20.0	11.3	215	136	79	0.74	16.4	9.0
60	100	1.48	13.4	8.0	184	98	52	0.50	14.7	8.1
	200	1.61	16.5	9.5	200	116	64	0.62	15.9	8.8
	300	1.73	19.4	11	217	136	76	0.67	17.1	9.4
	350	1.80	20.9	11.8	228	144	81	0.79	17.8	9.8

（五）肉羊的矿物质需要

表 3-54　　　　　　　　　育肥羊的矿物质需要量

营养	生理阶段				
	6 kg～18 kg 哺乳羔羊	20 kg～60 kg 生长育肥羊	40 kg～90 kg 妊娠母羊	40 kg～80 kg 泌乳母羊	75 kg～200 kg 种用公羊
钠(Na)/(g/d)	0.12～0.36	0.4～1.30	0.68～0.98	0.88～1.18	0.72～1.90
钾(K)/(g/d)	0.87～2.61	2.90～10.1	6.30～9.50	7.38～10.65	5.94～14.1
氯(Cl)/(g/d)	0.09～0.45	0.30～1.00	0.55～0.85	0.78～3.13	0.54～1.50
硫(S)/(g/d)	0.33～0.99	1.10～4.30	2.63～3.93	2.38－3.65	1.86～4.20
镁(Mg)/(g/d)	0.30～0.80	0.60～2.30	1.00～2.50	1.4～3.50	1.80～3.70
铜(Cu)/(g/d)	0.93～2.79	3.10～13.9	6.88～13.9	7.00～11.2	4.50～11.1
铁(Fe)/(g/d)	9.60～28.8	16.0～48.0	38.0～78.3	24.0～47.0	45.0～120.0
锰(Mn)/(g/d)	3.60～10.8	12.0～51.0	37.3～48.0	16.5～29.0	18.0～44.0
锌(Zn)/(g/d)	3.90～11.7	13.0～91.0	39.0～68.5	47.8～73.8	34.8～86.0
碘(I)/(g/d)	0.09～0.27	0.30～1.20	0.75～1.08	1.20～1.83	0.60～1.30
钴(Co)/(g/d)	0.04～0.12	0.13～0.47	0.15～0.22	0.31－0.69	0.23～0.53
硒(Se)/(g/d)	0.05～0.16	0.18～1.04	0.15～0.41	0.36～0.54	0.10～0.23
维生素 A(VA)/(IU/d)	2000～6000	6600～16500	4600～9800	6800～11500	6200～22500
维生素 D(VD)/(U/d)	34～490	112～658	252～577	465～1225	336～1110
维生素 E(VE)/(IU/d)	60～180	200～500	200～450	252～364	318～840

三、日粮配方

日粮配制的目的就是要满足夏洛来羊在不同生理阶段、生产目的和生产水平等条件下对各种营养物质的需求，以保证最大限度地发挥其生产性能及得到较高的产品品质。因此，日粮配置要兼顾营养水平、适口性、成本经济合理，以及确保羊健康、对环境污染最低。

（一）配方基本原则

1. 科学性原则

（1）选用合适的饲养标准

饲养标准是科学饲养的依据。因此，经济合理的饲料配方必须根据饲养标准规定的营养物质需要量的指标进行设计。并且，在饲养标准的基础上，可根据实践中羊的生长或生产性能等情况作适当调整。

配制饲料首先要关注羊对能量的需求，只有在满足能量需要的基础上才能考虑蛋白质、氨基酸、维生素等养分的需要。其次，能量与其他各种营养物质之间的比例应符合饲养标准的要求，如果比例失调、营养不平衡会导致不良后果。

（2）合理选择饲料原料

设计日粮配方应熟悉本地区的饲料资源现状，因地制宜地选择饲料原料品种，尽可能达到饲料本地化，能满足全年均衡供给。还要特别关注饲料品质、适口性、饲料容重等。

（3）处理好配方设计值与保证值的关系

饲料原料价值表中的养分含量与其真实值间存在差异。因为在饲料加工过程中操作偏差等因素将使饲料的真实值发生变化，所以为保证日粮配方能够满足生产需要通常配方设计值应略大于保证值。

2. 安全性与合法性原则

配制饲料的要求是对动物安全，发霉、酸败污染和未经处理的含毒素的饲料原料不能使用；饲料添加剂的使用量和使用期限应符合安全法规；禁止适用违禁药物。此外，日粮配方设计还要考虑对环境生态和其他生物的影响，应尽量提高营养物质的利用效率，降低动物废弃物中氮、磷、药物及其他对人类、生态系统的污染及不利影响。

3. 经济性和市场性原则

日粮成本在养殖企业的生产成本构成中的占比在40％以上。因此，在设计日粮配方时，要求达到高效益低成本。饲料原料应因地制异、因时而异，配方设计应选用营养价值高而价格低的原料，原料应多样化、质量稳定。

4. 可行性原则

配方在生产上要方便、可操作。且应与企业条件相匹配，配方种类与阶段划分应符合养殖场的生产要求，加工工艺应具有可行性。

（二）配方设计方法

日粮配方设计主要是规划计算各种饲料原料的用量及比例。设计配方时采用的计算方法有两大类。一类是手工计算法，包括交叉法、方程组法、试差法。另一类是计算机规划法，其主要是根据有关数学模型编制专门的程序软件进行配方的优化设计，涉及的数学模型主要包括线性规划、多目标规划、模糊规划、概率规划、灵敏度分析、多配方技术等。配方设计过程的计算应按照动物营养学和饲料学的科技水平，数学运算的数字规律，生产实践中可行的原则，科学、准确计算及数字舍入。

1. 人工计算法

（1）交叉法

又称方块法、对角线法、四角法或图解法。在饲料种类及营养指标少的情况下，采用此法，较为简便。在采用多种类饲料及复合营养指标的情况下，亦可采用此法。但由于计算要采用两两组合，比较麻烦，而且不能使配合饲粮同时满足多项营养指标。该方法的具体步骤如下。

第一步：画一长方形方框，把选定的营养素需要标准数据放在方框内两对角交叉点上。

第二步：在方框左边两角外侧分别写上两种饲料原料的相应含量。

第三步：对角线交叉点上的数与左边角外侧的数相减（大数减小数），减后的结果数写在相应对角线的另一角外侧。

第四步：将右边两角外侧的数相加后分别去除这两个角外侧的数，结果便是对应左边角外侧数据代表饲料的配合比例。

注意：左边角外侧两数不能同时大于或小于对角线交叉点上的数，否则配合无意义。若同时相等则表示这两种饲料可以任意配合。方框仅起着指示计算过程和数据摆放位置的作用。熟悉以后，方框可以不画出来。

例1：玉米与棉籽粕配制蛋白质含量为16％的精补料，玉米含粗蛋白质9％，棉籽粕含粗蛋白质40％，具体计算：①画一个长方形，将欲配含量写于长方形中央；②左上角写玉米含量，左下角写棉籽粕含量；③对角线进行计算，大数减小数，结果写在对应角上，右上角为所需玉米份数，右下角为所需棉籽粕份数；④把24份与7份相加得31份，然后换算成百分数（％）即：

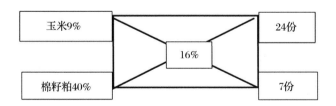

玉米＝24/31×100％＝77.4％　　棉籽粕＝7/31×100％＝22.6％

例2：假设需要使用玉米、高粱、小麦麸、豆粕、棉仁粕、菜籽粕和矿物质饲料（骨粉和食盐），为体重 55～60 千克的生长育肥羊设计含粗蛋白（以下简称"CP"）为 14％的精补料。计算步骤如下：

①查营养成分价值表。各种饲料原料的 CP 含量玉米 8.0％，高粱 8.5％，小麦麸 13.5％，豆粕 45.0％，棉仁粕 41.5％，菜籽粕 36.4％，矿物质饲料 0。

②根据经验和养分含量把以上饲料分成三组，即混合能量饲料、混合蛋白质饲料、矿物质料。分别给混合能量饲料、混合蛋白质饲料、矿物质料中的各原料赋予权重值，例如，混合能量饲料中玉米占 60％、高粱占 20％、小麦麸 20％。然后分别计算出能量和蛋白质饲料组 CP 的平均含量。

混合能量饲料的粗蛋白含量为：玉米 60％×8.0％＋高粱 20％×8.5％＋小麦麸 20％×13.5％＝9.2％

混合蛋白质饲料的粗蛋白含量为：豆粕 70％×45.0％＋棉仁粕 20％×41.5％＋菜籽粕 10％×36.4％＝43.4％

根据生产经验，矿物质饲料一般占混合料的 2％，其成分为骨粉和食盐，按饲养标准食盐宜占混合料的 0.3％，则食盐在矿物质中应占 25％，骨粉则占 75％。

③算出未加矿物质料前混合料中 CP 的应有含量。

因为在配合好的混合料再掺入矿物质料，等于混合料被稀释。其中 CP 就不足 14％了，所以要先将矿物质料用量从总量中扣除，以便按 2％添加混合料的 CP 仍为 14％。100％－2％＝98％，那么未加矿物质料前，混合料的 CP 应为 14/98＝14.3％

④将混合能量料和混合蛋白质料当做两种料，做交叉。

混合能量饲料：

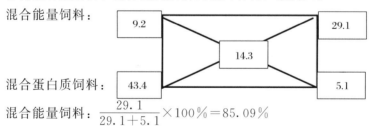

混合蛋白质饲料：

混合能量饲料：$\dfrac{29.1}{29.1+5.1}×100\%＝85.09\%$

混合蛋白质饲料：$\dfrac{5.1}{29.1+5.1}×100\%＝14.91\%$

⑤计算出混合料中各成分应占的比例：

玉米占比：60％×85.09％×98％＝50.0％，以此类推，高粱占 16.7％，小麦麸占 16.7％，豆粕占 10.2％，棉仁粕占 2.9％，菜籽粕占 1.5％，骨粉 1.7％，食盐 0.3％，合计 100％。

⑥列出饲料配方。

（2）方程组法

方程组法又称线性代数法，是根据已知条件列出方程组，然后求解的方法。其结果即为配制饲料配方的配合比例。原则上说，方程组法可用于任意种饲料配合的配方计算，但是饲料种数越多，手算的工作量越大，甚至不可能用手算。并且求解结果可能出现负值，无实际意义。所以常用两种饲料的代数法求解方法。具体步骤如下。

第一步：选择一种营养需要中最重要的指标作为配方计算的标准，如粗蛋白。基于方程组法求解的特点，N 种饲料的配方求解，必须建立 N 个方程。其中一个方程代表配合比例，另外 N－1 个方程代表配合的营养指标要求。因此，两种饲料求解，只有一个方程代表营养素，所以只能选择一个营养指标。

第二步：确定所选两种饲料的相应营养素含量。

第三步：根据已知条件列出二元一次方程组，方程组的解即为饲料的配合比例。

例 3：试用玉米和菜籽饼配合 40～55 千克育肥公羊精补料。

第一步：选粗蛋白作为配合标准。40～55 公斤阶段育肥公羊的粗蛋白需要约为 13％。

第二步：所用饲料原料中，玉米中的粗蛋白为 9％，菜籽饼中的粗蛋白为 38％。

第三步：列出二元一次方程组：设玉米在配方中的比例为 X；菜籽饼在配方中的比例为 Y。则方程组为：

$$\begin{cases} 9X+38Y=13 \\ X+Y=1 \end{cases}$$

解方程组，结果为：X＝0.8621；Y＝0.1379。结果表明：玉米在配方中的比例占 86.21％，菜籽饼的比例占 13.79％。

（3）试差法

试差法又称凑数法。这种方法首先根据经验初步拟出各种饲料原料的大致比例，然后用各自的比例去乘该原料所含的各种养分的百分含量，再将各种原料的同种养分之积相加，即得到该配方的每种养分的总量。将所得结果与饲养标准进行对照，若某养分超过或不足时，可通过增加或减少相应原料的比例进行调整和重新计算，直至所有的营养指标都基本上满足要求为止。

此方法简单，应用面广，特别是在已有基本配方的基础上，用此方法做局部调整很适用。缺点是计算量大，十分繁琐，盲目性较大，不易筛选出最佳配方，相对成本可能较高。此方法具体步骤如下。

第一步：查饲养标准表，列出饲养对象对各种营养物质的需要量。

第二步：查饲料营养成分及营养价值表，列出所用各种饲料的营养成分及含量。

第三步：初配，即初步确定出所用各种原料在配方中的大致比例，并进行计算、得出初配饲料计算结果。

第四步：将计算结果与饲养标准比较，依其差异程度调整原料配方比例，再进行计算、调整，直至与饲养标准接近一致为止（一般控制在高出2％以内）。

第五步：描述饲料配方。

例4：为体重30千克、日增重100克的育肥公羊配制日粮，现存原料有：玉米青贮料、羊草干草、玉米籽实、大豆饼、小麦麸、脱胶骨粉、石粉、食盐。

第一步：计算出育肥公羊营养需要总量

表3－55　　　　　　　　　育肥公羊每日营养需要量

体重 (BW)	日增重 (ADG)	干物质 (DMI)	代谢能 (ME)	粗蛋白 (CP)	钙 (Ca)	磷 (P)
kg	kg/d	kg/d	MJ/d	g/d	g/d	g/d
30	100	1.02	7.4	143	9.2	5.1

第二步：列出所用原料的营养成分

原料	干物质DM (％)	代谢能 (MJ/kg)	CP (％)	钙 (％)	磷 (％)
玉米青贮	25.6	1.81	2.8	0.18	0.05
羊草干草	91.6	7.2	7.4	0.37	0.18
玉米	86	11.7	8.6	0.02	0.27
小麦麸	87	9.92	14.3	0.10	0.93
大豆粕	89	11.7	44	0.33	0.62
磷酸氢钙	100	—	—	29.6	22.77
石粉	100	—	—	35.84	—

第三步：根据肉羊的饲养习惯试配。通常在肉羊育肥前期日粮精粗比为4：6，再利用查得的干物质需要量1.02千克可算出粗饲料用量为0.60千克，

一般 3 千克青贮料相当于 1 千克干草,在育肥羊日粮中全株青贮用量不超过粗料总量的 50%。

按这一原则确定给予羊草干草 3 千克/0.4,玉米青贮料 15 千克/0.6。计算如下:

原料	重量 kg	干物质 DM（%）	代谢能 （MJ/kg）	CP （%）	钙 （%）	磷 （%）
羊草	0.6	0.15	1.09	0.02	1.08	0.30
玉米青贮	0.4	0.55	4.32	0.04	2.22	1.08
合计	1.0	0.70	5.41	61.2	3.30	1.38
饲养标准值		1.02	7.4	143	9.2	5.1
与标准的差		−0.32	−1.99	−81.80	−5.90	−3.72

第四步:根据干物质差值,拟使用玉米 0.11 千克、小麦麸 0.12 千克、大豆粕 0.14 千克,经计算,干物质、代谢能、粗蛋白均略超过饲养标准值。此时,钙尚缺 5.37 克,由于使用了小麦麸,磷的需要已经得到满足,只需用 0.01 千克石粉补足钙的需要即可。

通过以上步骤可得结果为:每日每只羊需要羊草干草 0.6 千克、玉米青贮料 0.4 千克、玉米 0.11 千克、大豆饼 0.14 千克、小麦麸 0.12 千克、石粉 0.01 千克、食盐按每天 3.5 克。

四、TMR 加工调制及饲喂技术规程

本规程适用于全舍饲育肥羊 TMR 加工调制及饲喂。

（一）粗饲料粉碎

将粗饲料用粉碎机或揉搓机揉碎或切短成 1~2 厘米,加工时应剔除发霉株和杂物。

（二）原料的称量

根据羊场各类羊日粮配方,分别计算出所需各类原料,依次称量。

（三）精料预混合

自配精料,要先将食盐、预混剂、氢钙等微量添加成分与适量的玉米面先预混,之后再将精料中所有原料混合均匀。

（四）全混合调制

将精料和粗料依次加入 TMR 混合机中,同时加水,混合 10~15 分钟。以精料均匀地粘在粗料上,没有精料块和草团为准,同时应避免因混拌时间过

长而使精粗饲料分层。

（五）加水要点

加水量应依据饲料原料含水量而定，有青贮饲料时加水量约占总量的12%左右，没有青贮饲料时加水量约占总量的18%左右。标准是配成的日粮抓在手里成块，松开手落地后又散开。

（六）TMR 保存

TMR 要求当天调制当天饲喂。夏季放置于阴凉通风处，避免在室外暴晒；冬季放置在温暖的室内，避免冻结。

（七）TMR 饲喂

1. 分群饲喂

为了发挥 TMR 的技术优势，要对育肥羊按照体况分群配制、分群饲喂。特殊个体适当补饲。

2. 均匀上料

根据羊场日饲喂次数合理安排每次上料量，保证全天日粮分次均匀供给，避免因一次上料过多采食不净而发生酸败。

3. 清理料槽

在上料前需要清空料槽，避免因上次的剩料酸败而影响后续采食。

4. 饮水

冬季水温在 15～20℃，夏季可直接饮自来水。

5. 典型 TMR 配方

舍饲育肥羊 TMR 推荐配方如表 3－52、3－53、3－54、3－55 所示。

（1）断奶羔羊

本配方（表 3－56）适用于断奶羔羊，体重 15～20 千克，预期日增重 200～300g/d。

表 3－56　　　　　　　　　　断奶羔羊日粮配方

日粮配方		营养水平	
原料	比例%	指标	水平
玉米	22.80	DM%	86.35
豆粕	24.14	CP%	19.29
发酵豆粕	5.04	ME MJ/kg	10.49
玉米胚芽粕	4.32	Ca%	1.02
磷酸钙	1.80	有效 P%	0.56

续表

日粮配方		营养水平	
原料	比例％	指标	水平
食盐	0.30	钙磷比	1.82
预混剂	0.60	CF％	12.19
花生秸	14.00	NDF％	27.47
苜蓿草	17.00	ADF％	17.52
玉米秸	10.00	精粗比	60：40
合计	100.00		

（2）育成母羊

本配方适用于育成母羊，体重 25～50 千克，预期日增重 600～800g/d。分 2 段，详见表 3－57、3－58。

表 3－57　　　　　　　　育成母羊日粮 1 段配方

日粮配方		营养水平	
原料	比例％	指标	水平
玉米	22.71	DM％	89.99
豆粕	22.71	CP％	18.03
发酵豆粕	2.20	ME MJ/kg	9.21
玉米胚芽粕	4.78	Ca％	1.04
磷酸钙	1.79	有效 P％	0.55
食盐	0.26	钙磷比	1.89
预混剂	0.55	CF％	13.30
花生秸	14.00	NDF％	30.86
苜蓿草	17.00	ADF％	19.48
玉米秸	14.00	精粗比	55：45
合计	100.00		

表 3－58　　　　　　　　　育成母羊第 2 段日粮配方

日粮配方		营养水平	
原料	比例%	指标	水平
玉米	20.75	DM%	90.09
豆粕	20.75	CP%	17.23
发酵豆粕	1.00	ME MJ/kg	9.00
玉米胚芽粕	5.00	Ca%	1.11
磷酸钙	1.75	有效 P%	0.54
食盐	0.25	钙磷比	2.04
预混剂	0.50	CF%	14.52
花生秸	15.00	NDF%	33.14
苜蓿草	20.00	ADF%	21.17
玉米秸	15.00	精粗比	50：50
合计	100.00		

（3）育成公羊

本配方适用于育成公羊，体重 25～70 千克，预期日增重 600～900g/d。分 2 段，详见表 3－59、3－60。

表 3－59　　　　　　　　　育成公羊第 1 段日粮配方

日粮配方		营养水平	
原料	比例%	指标	水平
玉米	23.95	DM%	87.14
豆粕	22.70	CP%	17.86
发酵豆粕	2.30	ME MJ/kg	10.05
玉米胚芽粕	3.27	Ca%	1.08
磷酸钙	1.79	有效 P%	0.55
食盐	0.44	钙磷比	1.96
预混剂	0.55	CF%	13.32
花生秸	14.00	NDF%	29.71
苜蓿草	20.00	ADF%	19.27
玉米秸	11.00	精粗比	55：45
合计	100.00		

表3-60　　　　　　　　　　育成公羊第2段日粮配方

日粮配方		营养水平	
原料	比例%	指标	水平
玉米	21.00	DM%	88.77
豆粕	20.00	CP%	16.87
发酵豆粕	1.50	ME MJ/kg	9.34
玉米胚芽粕	5.00	Ca%	1.11
磷酸钙	1.75	有效P%	0.54
食盐	0.25	钙磷比	2.04
预混剂	0.50	CF%	14.49
花生秸	15.00	NDF%	32.99
苜蓿草	20.00	ADF%	21.09
玉米秸	15.00	精粗比	50：50
合计	100.00		

（4）空怀期和妊娠前期

本配方（表3-61）适用于空怀母羊和妊娠前3个月母羊，体重50～70千克。

表3-61　　　　　　　　空怀、妊娠前3个月母羊日粮配方

日粮配方		营养水平	
原料	比例%	指标	水平
玉米	18.20	DM%	90.44
豆粕	12.25	CP%	14.58
玉米胚芽粕	1.75	ME MJ/kg	8.33
磷酸钙	2.28	Ca%	1.40
食盐	0.18	有效P%	0.66
预混剂	0.35	钙磷比	2.11
花生秸	18.00	CF%	18.04
苜蓿草	28.77	NDF%	38.87
玉米秸	18.22	ADF%	25.91
合计	100.00	精粗比	35：65

（5）妊娠后期母羊

本配方（表3—62）适用于妊娠后2个月母羊，体重50～70千克。

表3—62 妊娠后2个月母羊日粮配方

日粮配方		营养水平	
原料	比例%	指标	水平
玉米	19.20	DM%	89.25
豆粕	14.00	CP%	15.00
玉米胚芽粕	2.22	ME MJ/kg	8.41
磷酸钙	2.60	Ca%	1.40
食盐	0.28	有效 P%	0.73
预混剂	0.40	钙磷比	1.93
复合过瘤胃添加剂[1]	1.30	CF%	16.89
花生秸	17.00	NDF%	36.41
苜蓿草	28.00	ADF%	24.27
玉米秸	15.00	精粗比	40：60
合计	100.00		

注：1号过瘤胃添加剂含过瘤胃葡萄糖66.67%，过瘤胃 VA、VD、VE1.67%；乳酸钙10.67%；载体（麸皮）21%。

（6）泌乳期母羊（双羔）

本配方（表3—63）适用于泌乳期母羊，体重60～70千克，泌乳量1.2～1.8千克。

表3—63 妊娠后2个月母羊日粮配方

日粮配方		营养水平	
原料	比例%	指标	水平
玉米	21.60	DM%	88.54
豆粕	15.75	CP%	15.39
发酵豆粕	0.68	ME MJ/kg	8.85
玉米胚芽粕	2.84	Ca%	1.24
磷酸钙	2.07	有效 P%	0.61
食盐	0.36	钙磷比	2.04

续表

日粮配方		营养水平	
原料	比例%	指标	水平
预混剂	0.45	CF%	15.70
复合过瘤胃添加剂[1]	1.25	NDF%	34.33
花生秸	15.00	ADF%	22.69
苜蓿草	26.00	精粗比	45:55
玉米秸	14.00		
合计	100.00		

注：1号过瘤胃添加剂含过瘤胃葡萄糖66.67%，过瘤胃VA VD VE1.67%；乳酸钙10.67%；载体（麸皮）21%。

（7）配种期公羊

本配方（表3—64）适用于配种期公羊，体重60～70千克。

表 3—64　　　　　　　　　配种公羊日粮配方

日粮配方		营养水平	
原料	比例%	指标	水平
玉米	20.00	DM%	90.02
豆粕	14.00	CP%	15.15
玉米胚芽粕	3.06	ME MJ/kg	8.70
磷酸钙	2.22	Ca%	1.34
食盐	0.32	有效P%	0.65
预混剂	0.40	钙磷比	2.08
花生秸	17.00	CF%	16.93
苜蓿草	28.00	NDF%	36.66
玉米秸	15.00	ADF%	24.36
合计	100.00	精粗比	40:60

第四章 夏洛来羊饲养管理技术

第一节 各类羊的饲养管理

一、种公羊饲养管理

夏洛来种公羊在纯种扩繁和杂交育种中起着至关重要的作用，所以种公羊的饲养管理工作是夏洛来羊饲养管理工作中的重中之重。

夏洛来种公羊必须长年保持中上等膘情，体质健壮、精神活泼、精力充沛、性欲旺盛、配种能力强、精液品质好。种公羊精液的数量和品质，取决于日粮的全价性和饲养管理的科学性与合理性。据研究，种公羊1次射精量为1毫升，需要可消化蛋白质50克。因此，在饲养管理时，应根据饲养标准配合营养全面、充足的日粮，种公羊每天要保证两次运动，以提高精子的活力和健康体质。

（一）配种期的饲养管理

配种期可分为配种预备期和配种期。配种预备期是指配种前1.5个月至配种。

1. 配种预备期

（1）种公羊的体检

检查种公羊的性欲情况，性欲旺盛的公羊应两眼有神、行动敏捷、活泼好动。检查种公羊是否健康，选留体格健壮、膘情好的种公羊备用。检查种公羊蹄部是否平整，若蹄过长或不平整要进行修蹄，若蹄弱，需适当补钙和微量元素以达到配种要求。检查种公羊是否有寄生虫，若有，需用0.1%浓度除癞灵进行体表喷浴，用丙硫苯咪唑进行体内驱虫，用量为每5千克体重一片。检查羊是否有其他疾病。检查种公羊精液品质，每周两次，做好记录，对精液密度差（中等以下）、活力低（40%以下）的种公羊加强运动和营养，若经过2周的加强，其精液品质仍未有提高，则要考虑弃用此羊。

（2）种公羊饲养

种公羊日粮的营养价值要高、品质优良、易消化、体积较小、适口性好，且为保证多样化，精料至少应两种以上，粗料应保证三种以上。日粮中优质蛋白质、维生素 A、维生素 D、维生素 E 含量要充足，微量元素要充足，钙、磷比例要合理。种公羊在配种预备期比非配种期在蛋白质、矿物质、维生素等上都要增加。因为精子的形成大约需 40～50 天，所以该期的日粮应达到配种期的 70％～80％，并逐渐增加至配种期的精料供给量。具体见配种期日粮。

（3）运动

种公羊的运动有利于提高其体质、精子活力和射精量。该期每天要保证种公羊运动 2 次，上、下午各 1 次，每次运动 1 小时，运动距离达到 2～3 千米路程。

（4）配种预备期管理日程

5：30～7：30　运动、放牧饮水、早饲；

8：00～10：00　采精；

15：00～19：00　运动、放牧饮水；

20：00～21：00　晚饲、休息。

2. 配种期

（1）分群饲养

种公羊应合现组群，每群 20～30 只，每只羊占地面积 3～4 平方米，饲养密度要合理，防止顶伤。对于放牧饲养的夏洛来羊，在配种期禁止种公羊与母羊混在一起，随意交配，否则易造成羊群系谱混乱，不利于选种选配；对人工授精的采精公羊，易引起采精困难。

（2）配种期的饲养

精料供给量为 1.2～1.5 千克/只/天，组成种类有玉米、豆粕、麸皮、石粉等，精料具体比例为：玉米 65％、豆粕 25％、麸皮 5％、石粉 1％、食盐 1％、鸡蛋 2.5％、微量元素 0.2％、多种维生素 0.3％。

种公羊所用粗饲料要营养丰富，含能量、粗蛋白较多，种类有苜蓿草、羊草、杂花草、玉米秸秆、花生秸秆、地瓜秧、各种树叶等，饲料切勿发霉变质。种公羊每日每只需粗料 2～3.5 千克，其中苜蓿草应占 30％～40％。枯草期每天每只应补充胡萝卜、萝卜 0.3～0.5 千克，有条件可以补青贮饲料0.5～0.75 千克。在青草期应以青草为主，每日每头 3～4 千克。钙、磷比例要合理，一般应控制在 1.5：2 为宜，同时保证充足、洁净的饮水，以防发生尿结石。

（3）运动

在配种期应保持种公羊有足够的运动量，为保证体力、精力，种公羊配种前 2 小时运动 40～50 分钟，路程 2～3 千米，配种后其自由运动，运动应选择地势平坦、道路较宽的地点。对较老、弱的种公羊要做特殊运动。

（4）采精

种公羊采精前剪去尿道口周围的污毛，采精人员要固定，对不适应人工采精的羊要及时调教。种公羊在配种前 2 周每天排精 1 次，配种开始时可以每天采精 1～2 次，连续采精 3～4 天休息 1 天。具体操作要根据种公羊和参配母羊情况做好采精计划。若自由交配可按 1：30 或 1：50 的比例投放种公羊。

种公羊使用要合理，根据配种实际情况，制定配种计划，勿造成过度使用或浪费种公羊。负责管理种公羊的人员，要保持相对固定，切忌经常更换。

（5）配种阶段管理日程

5：30～7：30　运动放牧、饮水、早饲；

8：00～10：00　采精；

13：00～15：00　运动；

15：00～17：00　补饲、休息；

17：00～18：00　采精；

18：00～20：00　放牧、饮水；

20：00～21：00　晚饲、休息。

（6）种公羊的生殖保健技术

生殖保健是保证公羊繁殖功能的重要技术，只有保持种公羊的性欲正常，精液品质优良，才能保证繁殖生产正常进行。生殖保健技术是依据公羊性欲和精液品质的情况，对其实施合理的饲养管理和激素处理。

①精液检查

将参加配种的种公羊逐一进行采精和精液品质检查，挑选出符合人工授精需要的种公羊，单独管理，加强运动与营养。

②性欲差的公羊激素调整

对性欲低下、精液品质正常的公羊，采用促黄体素＋低剂量睾酮处理。具体方法是：每只公羊每天注射丙酸睾丸素 50 毫克，连续 7～10 天，同时隔天肌注 1 次 C 克 1000～2000 单位，LRH－A3100 微克，共 3 次。每天 2 次用热毛巾按摩睾丸，每次 10～15 分钟，连续 7～10 天。并在进行以上处理的同时，每天将处理公羊与母羊混群 1～2 次，或按正常采精程序训练 2 次，让性欲低下的公羊观摩性欲正常公羊的采精活动；或用发情母羊的尿液涂于公羊头部，诱导公羊性欲恢复。

③精液品质差的公羊激素调整

对性欲正常，精液品质较差的公羊，采用 FSH＋低剂量睾丸酮处理。具体方法是：每只公羊每天肌注丙酸睾丸素 50 毫克，连续 7～10 天，同时隔天肌注 1 次 FSH100 单位或 PMSG300 单位；按摩睾丸每天 2 次，具体方法同上。公羊经 8～10 天可以恢复到正常生殖功能。

④避免公羊性抑制

为保证公羊性欲正常，应特别注意正确使用种公羊，避免公羊性抑制出现。给公羊补饲二氢吡啶和注射十一酸睾丸素，具有较好的效果。另外，几种中草药制剂对于保障公羊的生殖功能，也有较好的作用。

（二）非配种期的饲养管理

保持种公羊的健康体况，中上等膘情，每天要保持上、下午各运动 1 次，每次 1 小时。非配种期日粮：精料 0.5～0.7 千克，粗料 1～1.5 千克，食盐 10～15 克，矿物质、维生素、微量元素按需要添加。因为种公羊配种后恢复到配种前状况大约需 30 天，所以此时仍需按配种期日粮要求饲养，之后逐渐过渡到非配种期日粮标准。

夏洛来种公羊可常年配种，由于季节不同，发情母羊各季节数量不均衡，所以不同季节对具有不同生理负担的夏洛来种公羊在饲养管理方面应有相应的要求。

1. 春季

我国北方的 3－5 月份正值枯草季节，饲养上应多补充维生素类饲草料。在管理上，春季易发病，应及时驱虫和防疫，勤观察，及时处理。

2. 夏季

夏季里青绿的鲜草多，维生素充足，但青草的水分含量较高，在饲喂前应将青草晾晒一会再喂防止公羊由于吃青草过多而肚腹过大，影响采精，蛋白质饲料和优质干草不低于 15％。夏季还应防暑降温，降低圈舍湿度。由于气温过高，采精一定要在早晚进行。当气温超过 39℃时，应在中午用凉毛巾敷睾丸并按摩，以提高性欲、防止精子热伤害。

3. 秋季

秋季天气凉爽，是夏洛来种公羊采精的黄金季节。母羊发情的数量也较多，夏洛来种公羊配种任务繁重。秋季应尽量多喂鲜牧草，采精高峰时，每日还需加入 1～2 枚鸡蛋。

4. 冬季

夏洛来羊的毛较短，有的仅长 2.5 厘米左右，在严寒的季节里甚至缩成一团。冬季要多补充能量饲料，饮温水；保证舍温达到 0℃以上，适量多通风，勤垫圈。冬季易感呼吸道疾病，应提前做好各项预防性的工作。夏洛来种公羊在冬季性欲略差，因此在采精时可每周安排本交 1 次，以提高性欲。

（三）试情公羊的饲养管理

试情公羊的饲养管理直接影响到人工授精的各个指标的完成，所以必须选用身体健壮，性欲旺盛、无疾病的优良公羊试情。被选用的试情公羊应经常检查健康情况，发现疾病及争斗伤，应及时处理。

人工授精期间，对试情公羊必须予以单独饲养，每天可给予 0.5～1 千克的精料，食盐可自由采食。应加强试情公羊的运动以提高试情公羊性欲，可定期采精，并注意轮换使用试情公羊。

二、母羊饲养管理

夏洛来母羊是整个羊群的基础，母羊的饲养管理对羔羊的发育、生长和成活有很大的影响。种母羊的饲养管理包括空怀期、妊娠期和泌乳期 3 个不同生理阶段。夏洛来种母羊全年应保持良好的体况。

（一）空怀期

空怀期的母羊已停止泌乳，所需要的营养供应量是全年中的最低的，尽管如此，仍要保持夏洛来母羊的中等膘情。要在发情季节来临的前半个月增加营养，在原有日粮精料＋粉碎的干饲草＋适量的青饲草的基础上，增加精饲料，达到 0.75 千克/天，加紫花苜蓿鲜草 1.5 千克/天，同时肌注亚硒酸钠维生素 E 注射液来提高体内维生素 E 水平，促进同期发情。

配种前的空怀母羊要加强运动，尽快复壮，必须满膘配种。如果夏洛来母羊配种时期的营养较差，就易造成在临产前半个月妊娠羊迅速消瘦，个别的甚至发展到生产瘫痪。空怀期的日粮为：青贮饲料 1 千克，苜蓿干草 0.5 千克，玉米秸秆 0.5 千克，碎鲜草 4～5 千克，精料 0.3 千克（配方为碎玉米 55%，豆粕 18%，麸皮 15%，谷糠 8%，营养平衡料 4%）。

（二）妊娠期

妊娠母羊的饲养任务是使营养全面、丰富，满足胎羔生长和母羊本身的需要；管理的任务是保胎。妊娠期可分为妊娠前期、妊娠后期这两个阶段。

1. 妊娠前期

受胎以后的前三个月为妊娠前期，这一阶段胎羔的生长发育比较缓慢，仅有胎儿出生时体重的 10% 是在此阶段完成的，因此所需营养和空怀期基本相同，日粮配方可参考空怀期使用。秋季配种以后，牧草籽实饱满，营养丰富，故应多喂牧草。若配种季节较晚，牧草已经枯黄，则应补喂豆科牧草。

2. 妊娠后期

妊娠期的后 2 个月为妊娠后期，这一阶段胎儿的生长非常迅速，增重占初生重的 90％。据研究，妊娠后期的母羊和胎儿一般共增重 7～8 千克以上，能量代谢比空怀母羊提高 15％～20％。

(1) 放牧母羊的饲养

对于放牧母羊来说，若正值严冬枯草期，一旦缺乏补饲条件，就会造成胎儿发育不良，母羊产后缺奶，羔羊成活率低的问题。因此，一般每天补饲精料0.5～0.8 千克，优质干草 1.5～2.0 千克，青贮饲料 1.0～2.0 千克，禁喂发霉变质和冰冻饲料。在管理上，仍要坚持放牧，每天放牧游走路程为 5 千米以上。母羊临产前 1 周，不得远牧，以便分娩时能回到羊舍，但不要把临近分娩的母羊整天关在羊舍内。在放牧时，做到慢赶、不打、不惊吓、不跳沟、不走冰滑地和出入圈不拥挤。饮水时应注意饮用清洁的温水。

(2) 舍饲母羊的饲养

母羊的日粮需要增加，精料要增加 30％～40％，钙、磷要增加 1 倍以上，维生素 A、D、E 要满足需要。饲喂一定比例的青贮饲料或萝卜、胡萝卜等青绿多汁的饲料对泌乳准备十分有益。日粮组成为：干草、秸秆 0.75～1 千克，苜蓿干草 0.2～0.5 千克，胡萝卜 0.25 千克，混合精料 0.5～0.7 千克。如果在日粮中使用了全株青贮玉米，建议用量不超过 0.25 千克，同时应添加碳酸氢钠 5 克。

(3) 妊娠期管理要点

①保证充分运动，运动有利于胎儿生长，产羔时不易难产，每天上下午各运动一次，每次 1.5 小时，路程在 2 千米以上。

②保证饲草、饲料质量，切勿饲喂发霉、变质饲料，否则易造成母羊流产。

③做好防流保胎。每天密切注意羊只状态，饲草、饲料要保持相对稳定，且不可经常突然变化，以免产生应激反应而造成流产。

④杜绝暴力赶羊。赶羊出入圈要平稳，抓羊、堵羊和其他操作要轻、慢，不可急赶、恐吓羊群，避免炸群。

⑤羊圈面积要适宜，以每只羊 2～2.5 平方米为宜，防止由于过于拥挤或由于争斗而产生的顶伤、挤伤等机械伤害而造成流产。

⑥饮水要充足，切勿饮冰渣水、变质水和污染水，最好饮井水。还可在水槽中撒些玉米面、豆面以增加羊只饮欲。

⑦做好防寒保暖。要及时封好羊舍的门、窗和排风洞等位置以防止贼风侵入，降低能量消耗。

⑧免疫接种。母羊在妊娠后期不宜进行预防注射，但可以接种四联四防疫苗，以便羔羊出生后可以获得被动免疫。

3. 哺乳期

夏洛来母羊的哺乳期是养殖场最重要的生产时期，此时既要保证新生羔羊高效接产、成活，又要快速恢复母羊体况。哺乳期管理工作的效率直接影响羔羊育成率的高低。夏洛来羊的哺乳期一般为 2 个月，可分为哺乳前期（0—1.5个月）和哺乳后期（1.5—2 个月）。母羊的补饲重点应在哺乳前期。

（1）哺乳前期

在产羔前后几天应减少精料。夏洛来种母羊在产羔的前两天、产羔的后三天应减精料至 0.2 千克/天或停料，并在产后 10 天内每天逐渐增加 100 克精料。因为羔羊出生后食量较小，如多加精料易造成多余的羊奶残留在乳房内时间过长，将诱发母羊患乳腺炎。

母乳是羔羊主要的营养物质来源，尤其是出生后 15～20 天内，几乎是羔羊唯一的营养物质来源。因此，要保证提供给母羊全价日粮，增加粗蛋白、青绿多汁饲料的供应。日粮可参照妊娠后期标准，另增加苜蓿干草 0.25 千克，全株青贮玉米 0.25 千克。据研究，羊羔每增重 100 克需要 500 克的母乳，而生产 500 克羊乳，需要 0.3 千克的风干饲料，即 33 克蛋白质，1.2 克的磷和1.8 克的钙。哺乳前期日粮标准为：产单羔的母羊每天应补给精料 0.5～0.8千克；产双羔的母羊每天应补给精料 0.7～1.2 千克，胡萝卜 1.5 千克。参考精料配方：碎玉米 55%，麸子 10%，豆饼 15%，香油饼 16%，营养平衡料 4%。

（2）哺乳后期

后期母羊的泌乳量逐渐减少，在羔羊断奶的前几天应适量减少或停喂精料、多汁料和青贮料，并适量加入维生素 E，以防止发生乳腺炎。此时，羔羊已逐步具备了采食植物性饲料的能力，因此可以对羔羊补饲精料。

（3）哺乳期的管理

①运动有助于增进血液循环，增加母羊泌乳量，增强母羊体质。每天必须保证 2 个小时以上的运动。

②对双羔或一胎多羔的母羊，应给予母羊单独补饲，保证羔羊哺乳。同时，要让弱羔先吃足奶，或使两只羔羊分开吃两个乳头，防止两只羔争吃一侧乳头而另一侧患乳腺炎。

③注意哺乳卫生，防止发生乳腺炎。哺乳后期随着羔羊采食量的增加，羔羊已逐渐具备采食植物性饲料的能力，此时，母羊泌乳能力下降。因此，日粮中精料供给量可调整为哺乳前期的 70%，根据母羊体况酌情补饲精料。

（三）围产期母羊的饲养管理

1. 产前

（1）饲养

围产期的日粮应是营养水平高、体积小、易消化的。为保证胎儿正常发育和母羊产后泌乳充足、体况尽快恢复，饲料的饲喂量应以自由采食为宜。禁止饮冰水、饲喂霉变的饲草、饲料。

（2）合理分群

母羊应有详细的配种记录和早期妊娠检查记录，以此来确定母羊是否妊娠。母羊应按配种日期将产羔日期相近的母羊编为一组，以便于管理和投入。

（3）管理

对母羊的管理要细心，防止其流产。母羊进出羊舍严禁拥挤，放牧时避免距离过远，不暴力追赶、恐吓。

（4）乳房按摩

对于初产母羊或乳房发育不良的母羊，除在母羊产前或产后加强喂养外，可采用乳房温敷和乳房按摩的方法促进乳房发育，以有利于乳汁的分泌。

2. 产后

（1）减料

母羊产后1～7天应加强管理，3天内喂给优质、易消化的饲料，减少精料喂量；3天以后逐渐转变为饲喂正常饲料。

（2）饮盐水麸皮汤

母羊分娩后体质虚弱，且体内的水分、盐分和糖分损失较大，为缓解母羊分娩后的虚弱，产后1小时左右应补充水分、盐分和糖分。为有利于母羊泌乳，应及时喂饮盐水麸皮汤，可将麸皮200～500克、食盐10～20克、红糖100～200克，加适量的温水调匀，给母羊一般饮用1～1.5升。同时，母羊分娩后应饲喂质量优良且容易消化的草料，如优质的青干草和青绿多汁饲料，但也要适量，以免引起母羊发生消化道疾病，一般经过5～7天的过渡，母羊即可逐渐恢复正常饲养。

（3）清除胎衣

母羊分娩后1时左右，胎盘会自然排出，应及时取走胎衣，防止被母羊吞食养成恶习。若产后2～3时母羊胎衣仍未排出，应及时采取措施。为防止母羊产后发生胎衣不下的问题，可在母羊分娩时接留部分羊水给分娩后的母羊饮用，帮助胎衣的排出。天气晴朗时，应让母羊和羔羊在室外适当地晒太阳、自由活动。

（4）防止生殖道感染

母羊产后，应及时清除羊舍内的污物，换以干净柔软的垫草，保持羊舍内清洁、干燥，并让母羊得到充分休息。注意母羊恶露排出情况，对母羊外阴部要及时清洗消毒，母羊产后几天排出恶露是正常现象，一般产后第一天排出的恶露呈血样，此后由于母体子宫自身的净化能力，3～5 天后即逐渐转变为透明样的黏液，10～15 天后恶露即会排净，并恢复正常。在正常情况下，不必采取治疗措施，如母羊排出的恶露呈灰褐色，气味恶臭，且超过 20 天仍恶露排不净，则有必要进行阴道检查，追查病因，并用消炎药液对母羊子宫进行冲洗，如母羊伴有体温升高、食欲减弱和不食等症状，则应给予全身治疗，从而有效地消除恶露，促进母羊恢复正常。

（5）护理乳房

母羊分娩后，羔羊吮乳前，应剪去母羊乳房周围的长毛，并用温水洗涤乳房，擦干后，挤出一些乳汁，帮助羔羊吸食初乳。检查母羊乳房有无异常或硬块。

如母羊产前饲养管理条件良好，产前 1～3 天乳房肿胀过大，应适当地减少母羊的精饲料和青绿多汁饲料的投喂量，防止母羊因乳腺肿胀过度发生乳腺炎或回乳。如母羊产后体质瘦弱、乳房干瘪，应再适当地补喂母羊精饲料和青绿多汁饲料，在加强母羊饲养管理的前提下，适时对母羊的乳房进行热敷，促进母羊下乳。

（6）乳腺炎防治

如母羊的乳房局部发生红肿，且乳量减少，拒绝给羔羊哺乳，用手触摸母羊的乳房不仅发热而且感觉内有肿块，且母羊感觉有疼痛感，拒绝触摸，挤出的乳汁稀薄，内含絮状物凝块，有时含有脓汁甚至含有血液，严重病例除以上局部症状外，母羊还伴有体温升高，食欲减弱等全身症状，则可判断母羊患了乳腺炎，应及时给予治疗。母羊乳腺炎的治疗方法是：先将乳房内的乳汁挤净，然后经乳头孔给每个患叶内注入青霉素（40 万单位）和链霉素（0.5 克）混合液。如乳房内挤出的乳汁中含有较多的脓汁，可用低浓度消毒液（0.1%雷佛奴尔或 0.02%呋喃西林溶液等）注入患叶，轻轻揉压，然后给予挤净，再注入青、链霉素混合液，每日两次，直到炎症消失，乳汁正常为止。

（7）加强管理

产后母羊还应注意保暖、防潮、避风、预防感冒和休息。1 周内母仔合群，母羊应与羔羊同圈舍饲养。

三、羔羊饲养管理

（一）羔羊的饲养

1. 尽早吃足初乳

羔羊出生后，首先应尽早使其吃足初乳（图4-1）。因为初乳中含有丰富的免疫球蛋白，蛋白质含量达到17％～23％、脂肪含量达到9％～16％，含有的矿物质、多种维生素，具有抗病与缓泻的作用，所以羔羊出生后半小时内必须吃到初乳。这对于增强羔羊体质，抵抗疾病和排出胎粪具有极其重要的作用。

图 4-1　羔羊初乳

弱羔需要人工辅助哺乳。轻轻向前托住羔羊臀部，把羔羊推到母羊的乳房前，羔羊就会吸乳，当羔羊含住乳头后，用手指轻轻点触羔羊尾根部，以鼓励其吸乳。辅助吸乳要有耐心，辅助吸乳失败的，可用手轻轻地挤出少量初乳放至羔羊嘴角，然后将初乳挤到50毫升左右的塑料注射器中，注射器前端用细胶管套牢，将细胶管伸到羔羊口腔舌根部刺激几下后，轻轻地注入乳汁，注意乳汁温度应是40℃左右，辅助几次，便能自己吸乳了。

2. 代乳

当母羊一胎产羔过多、体质瘦弱、患病，其所产羔羊应尽早由产羔日龄相近的母羊对羔羊进行抚养或人工哺乳。在选择寄养保姆羊时，应选择营养状况良好、健康、泌乳性能好、产单羔的母羊。由于母羊的嗅觉灵敏，拒绝性强，所以将保姆羊的乳汁涂在羔羊身上，使母羊难于辨认，有利于寄养。寄养工作最好安排在夜间进行。

若羊场找不到合适的保姆羊，须进行人工哺乳。哺乳初期也应该先给予足够的初乳3～5天，后期可以使用鲜奶或代乳粉。人工哺乳要求定时、定温、定质，奶温35～39℃，初生羔羊每天哺乳4～5次，每次喂100～150毫升，此后酌情决定哺乳量，并逐渐减少哺乳次数。

可以采用有乳嘴的奶瓶哺乳，防止乳汁进入瘤胃异常发酵而引起疾病，同时严格控制哺乳卫生条件。

3. 吃好常乳

乳汁是羔羊哺乳期营养物质的主要来源，尤其是羔羊出生后的第一个月，营养几乎全靠母乳供应，只有让羔羊吃好常乳才能保证羔羊生长发育得好，在长势上表现为背腰直、腿粗、毛光亮、精神好、眼有神、生长发育快。羔羊如吃不饱，表现为被毛蓬松、无精打采、拱腰、鸣叫等。

对于放牧生产中实行母仔分群饲养的，母羊在早晨、午间出牧前，应给羔羊喂足奶水，晚上让母仔合群过夜，以利于羔羊随时吸吮母乳。

4. 开食

出生后7～10天即可训练吃草料。羔羊早开食可促进消化器官和消化腺的发育，使咀嚼肌发达；羔羊补饲迟，会使消化器官生长发育受阻，消化腺的内分泌功能受影响，从而影响到羔羊以后的生长发育。1月龄以内的羔羊应补饲开食料颗粒50克以内，用吊草把等方法训练其吃草，以促进其胃的发育。

2月龄以后的羔羊逐渐以采食为主、哺乳为辅。2月龄开食料约补100克。补饲的饲草料要求多样化，饲草类有青干花生秧、苜蓿草、玉米叶、沙打旺，饲喂胡萝卜时要切成细丁。补饲要定时定量，分散采食不易上膘。

（二）适量运动和放牧

羔羊的习性爱动，早期训练运动可使羔羊减少疾病，身体健康。出生后1周，当天气暖和、晴朗时，羔羊可在室外自由活动，晒晒太阳。生后1个月羔羊可随群放牧，但要慢赶慢行，随日龄的增加逐渐过渡到大运动场去运动。

（三）优化生活环境

羔羊对疾病的抵抗力弱，易生病。忽冷忽热、潮湿寒冷、肮脏、空气污浊等不良生活环境都可引起羔羊的各种疾病。因此，产房及圈舍均应勤起勤垫、保持干燥和清洁卫生，从而消除环境的不利影响，以保障羔羊的正常生长和发育。

（四）断奶

1. 断奶时间

羔羊断奶时间应根据其消化系统、免疫系统的成熟程度（采食和发病情况）、生长发育情况和羊场具体条件而定。国外有8周龄断奶，我国现代舍饲养羊生产体系中常采用2月龄早期断奶。中小规模的养殖场户断奶稍晚，最晚到4月龄大时必须断乳。早期断奶必须给羔羊提供符合其消化特点和营养需要的代乳料，否则，会影响羔羊成活率，造成损失。

2. 断奶方法

羔羊断奶常用一次性断奶法。但若为双羔或多羔，且发育不整齐时，可采用分次断奶法，先将发育好的羔羊断奶，发育较差的留下继续哺乳一段时期再断奶。

断奶时，将羔羊与母羊分开，不再合群。断乳后，将羔羊仍留在原羊舍饲养，将母羊分出去，尽量给羔羊保持原来的环境。

（五）防止下痢

下痢是羔羊阶段对其健康影响较大的疾病之一，特别是在羔羊出生后一周内最容易发生。此时应注意搞好圈舍、草料和料槽等的卫生，并注意观察，一旦发现患病应及时隔离治疗。

四、育成羊饲养管理

断乳后到第一次配种前这一阶段是育成阶段。

（一）育成羊的饲养

羔羊断乳后，按强弱公母分群。由于育成羊生长很快，所需营养物质很多，所以必须注意草料的补饲。如果育成羊饲养管理（图4-2）不善，就会影响其一生的生产性能，如体躯狭小、生产性能低等。特别是育成羊6月龄时，如果营养不良就会使生长发育受阻，出现体长不足，体宽、体深不够，四肢比例相对偏高，体质弱，体重小及生产水平低等问题。因此，检查全群育成羊的发育情况，要按月抽测称重。

图4-2　育成羊管理

放牧饲养时应安排在较好的草场，保证采食量，根据季节的不同补饲营养丰富的精料。冬季除有足够的干草、青贮饲料外，留做种用的羊必须保证每天0.3～0.5千克或以上的全价混合精饲料。前期精料可以参考比例：玉米45％，豆饼15％，麸皮20％，苜蓿15％，骨粉2％，食盐1％，维生素、微量元素1％，磷酸氢钙1％。育成后期适当增加优质干草、秸秆0.25～0.5千克，精料每日0.3～0.5千克。

在配种前对体质较差的个体应进行短期优饲，适当提高精料喂量。

（二）育成羊的管理

1. 组群

断奶之后应根据性别单独组群，如育成羊数量较大，可以在相同性别的大群中，再根据体重大小分群。分群越精细，饲养管理越方便。

2. 运动

放牧时要注意训练头羊，控制好羊群，放牧距离与成年羊群相同，保证足够的运动量。舍饲养殖也要加强运动，这有利于羊的生长发育。

3. 采精调教

育成公羊配种前还应进行采精调教。当羔羊体重达到成年羊体重的 70% 左右时可开始参加配种。

第二节　一般管理技术

一、编号

编号在育种、生产管理等方面具有十分重要的意义，是一项不可缺少的技术环节。编号有利于记录、识别羊的血统、遗传、生长发育、生产性能等。编号可分为临时性编号和永久性编号。临时性编号一般在出生后进行，作为临时性识别。永久性编号在断奶后或经过鉴定后进行。

夏洛来羊的编号方法常用耳标法和印模法。

（一）耳标法

1. 耳标材质

耳标材质一般是专用塑料，能使写入的字迹渗透到耳标里面而不掉色，质量好且实用，能够长久保存。耳标有方形、长条形和梯形等形状。实际操作中可以用不同颜色的耳标或代码（如字母）区别标记不同的品种或性别。

2. 编号规则

我国一般采用 5 位数字编号法。左起第一个数字表示羊出生的年份尾号，如 2000 年出生者为 0；第二个数字表示羊所在的场别或等级群别；后三位数字则为该羊本身的个体编号。一般人们常采用公羊编奇数号、母羊编偶数的编号法。例如：2000 年种畜场养羊 8 组出生的第一只公羔，其编号则为 08001，第五只母羔的编号则为 08010。当养殖场的羊只数量规模超过千只的，个体号用 4 位数字；超过万只，个体号用 5 位数字。

将耳标用消毒液浸泡消毒半小时后，晾干。然后用专用耳号笔写号，字迹要清晰工整、易于辨认，干燥 10 分钟后再打耳标。

3. 打耳标方法

首先用碘酒对耳廓内外和耳号钳钉彻底消毒，然后用专用耳标钳安装上耳标和底钉。位置应在略靠近耳根部上三分之一中间位置，无血管的部位为宜，如过于靠近耳外缘易造成耳下垂。打耳标（图 4-3）前要认真消毒耳部内外侧，打耳标时要快、准，羔羊保定要稳。

羔羊应在 2~3 月龄打耳标，过早易造成夏洛来羔羊耳下垂。在此之前可用印模法在羔羊身上印号以区别记录。

（二）印模法

印模法适用于未标号前的羔羊做标记和大群胚胎移植时供、受体羊的标号。其特点是便于操作和识别、不造成外伤、经济实用。但 3 个月后需重新标记。这是当前普遍应用的一种方法。

图 4—3　打耳标操作

1. 制作印模

用 12 号钢筋制成长 12～15 厘米，宽 6～8 厘米的印模字码九个：0、1、2、3、4、5、6、7、8，其中 6 和 9 共用，在字码中间横向焊接手柄，用棉线均匀缠绕字码至 0.1 厘米厚，制成印模。

2. 印模操作

先用普通染发剂按要求调匀颜色，然后用印模蘸满，最后按在羊的背部或一侧即可。在生产中，应注意防止印模字迹脱落，或因剪毛等操作使编号丢失。

二、组群

规模化的羊场分工较细，一般按种公羊、种母羊（妊娠、泌乳、空怀）、育成公羊、育成母羊、断乳羔羊、育肥羊和病羊等分别组群。小型的羊场按公母、大小、病患分群即可。

种羊场各类羊的比例一般为：可繁殖母羊 60%、后备母羊 25%、种公羊 4%后备公羊 11%。在以杂交为主的育肥羊场中，种公羊的比例占 2%最为合适。

三、抓羊和保定

夏洛来羊个头较大，但是胆小易惊，所以抓羊很费力。特别是在种羊场，凡是检疫治疗、采精配种、鉴定测重时均需要抓羊保定。

（一）抓羊

利用分羊栏或活动栅栏把羊集中赶到墙一边去，从外向里，逐个抓羊。正面抓单只羊时，最好先把羊放入大群中或赶到墙角，然后操作员两手张开，身体左右晃动，快速出击抱住羊头。抓羊的动作，一是要快，二是要准。

最好是抓羊的软肋部或关节上部。不要抓后肢下部，以免造成脱臼，最忌抓被毛。不正确的抓羊方法容易使孕羊流产，或造成羔羊肠套叠、肠扭转等问题。

（二）导羊前进

抓住羊后，就要把羊移到鉴定和测重等操作处。方法是用一手扶在羊的颈下部，以控制羊前进的方向；另一手放在羊尾根处搔痒，如此，羊便能按人的要求前进。不能抓住羊角、羊头或后肢硬拉，其原因一是很难拉得动，二是容易拖坏羊或造成羊毛污染。

（三）保定羊

操作人员站在羊的左侧，左手轻托住羊的下颌，右手扶羊的右后臀或扶住羊头枕部，右腿膝盖顶住羊体侧。也可以用两手抱住羊头，或用两腿夹住羊颈的办法保定。给羊口服灌药时，人站在羊的左侧，两手分别从上下的方向抱住羊头，右臂压住羊头，使其呈水平状态，防止灌呛。左侧颈静脉注射时，人站在羊体右侧，两手向右上方略抬羊头，便于注射。在羊后躯进行药物注射时，用双腿夹住羊颈，手固定住头部即可。

（四）放倒羊

人站在羊的左侧稍前方，面向羊用左手按住羊右肩端，右手从腹下向两后肢间插入，扳住羊后肢关节上端，然后两手向自己的方向同时用力拉，羊即可卧倒地。放倒夏洛来成年公羊应由助手一起完成，由助手在对侧托住羊的脊部，防止摔伤。

四、断尾

羊断尾有 3 个目的，一是避免污染羊毛，保证羊的清洁；二是可防止尾的破伤和化脓生蛆，减少羊群管理的麻烦；三是断尾后的夏洛来羊（图 4—4）更能显示出矩形的肉用羊体型，后躯较宽和较丰满，断尾羊的体型显得比较宽厚美观。

（一）断尾时间

羊断尾的最佳时间是在生后的 5～14 天内。羔羊太小或者天气过冷，还应

图 4—4　断尾夏洛来羊

适当延迟。在现代舍饲养羊生产中，7～10 日龄或者单羔初生重超 5 千克的，最早 4 日龄可以断尾。要选择在晴天的早晨，阴天断尾容易感染，早上断尾可降低应激反应。母性不好多胎的羔，在断尾时要单圈饲养 1～2 天。

（二）断尾方法

羊断尾的方法有烧烙法、止血钳法、胶圈法。

胶圈法使用的是专用的、弹性较强的橡皮圈（图4－5）。公羊断尾处在第2～第3尾椎（图4－6）之间，母羊在第3～第4尾椎之间。首先将尾巴外层皮肤尽量向尾巴根部撸起来，用胶圈扎紧系牢，外皮肤会包住伤处，减少感染。10天左右羊尾便自行脱落。

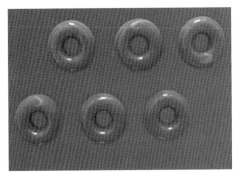

图4－5　断尾胶圈

图4－6　断尾操作

（三）断尾后管理

羔羊断尾时，要与大母羊同圈，防止母性不好的羊不寻找羔羊而造成损失。羔羊尾部结扎后，应立即将羔羊放在大母羊跟前促进其吃奶，特别是双羔羊的更应如此，防止羔羊由于疼痛卧地不起找不到大母羊而吃不到奶。

羔羊尾脱落后，用碘酊或磺胺粉涂抹患部，防止棒状杆菌、坏死杆菌入侵造成脊髓炎，使后躯瘫痪。

成年羊断尾也可采用结扎法。用双股的弹性橡皮圈扎紧，部位与羔羊相同，15～20天自行脱落，若未脱落可用快刀切除，然后止血消炎即可。

五、去势

去势主要是对于大于8月龄，不符合种用，只能用于育肥的公羊而言的。去势羊性情温顺、管理方便、容易育肥、节省饲料、肉无膻味且较细嫩。另外，劣质公羊去势后不能交配，以免影响羊群的改良。

（一）去势方法

1. 去势钳法

用无血去势钳在阴囊上部夹紧，将精索夹断，睾丸便会逐渐萎缩。

2. 手术法

手术前先用3%的石炭酸或碘酊消毒术部，然后用消毒后的一手握住阴囊上方，另一手用消毒过的刀在阴囊下方切开，开口长度为阴囊长度的 1/3，以能挤出睾丸为度。切开后把睾丸连同精索一起捻断，并先涂碘酊，再撒上磺胺粉（消炎粉）。在夏季去势，还要在伤口涂些柏油，以防蝇产卵。

3. 结扎法

出生后 3～5 天的羔羊，将公羔阴囊上方用橡胶圈勒紧系牢，5～10 天阴囊自行脱落。

六、阴茎移位和输精管切除

不能作为种用但适于作为试情用的公羊，进行阴茎移位或输精管切除，既能防止劣种羊的偷配，又可直接用于试情。成年羊手术操作的时间以春季为最佳，小公羊在断乳后较方便，具体的时间应选择在晴天的早晨。

（一）阴茎移位的方法

首先，使羊在手术台上仰卧，将阴茎周围毛剪净，同时把阴茎移向部位的毛也剪净，用酒精、碘酊消毒。其次，用刀将阴茎周围及阴茎要移向部位的皮肤切开，切口越整齐越好。最后，把阴茎从龟头起一直到根部逐渐剥离下来，并把它移到目的部位，将阴茎周围皮肤缝好。

术后用碘酊把术部充分消毒，再在创口上撒上消炎粉。阴茎移向的部位为羊体的右侧较好。移位的角度，以大于 45°为适宜。

（二）输精管切除方法

将羊仰卧，在两乳头中间消毒，用刀切开 3～4 厘米的切口，把一边的精索挤到切口上来，用刀挑精索外边的 2～3 层组织鞘膜，即可看到一条白色的输精管。用钩针把它钩出来，剪去 5～6 厘米，用同样办法剪去另一边的输精管。

剪完之后，用碘酊充分消毒，并在切口上涂上消炎粉。切口可用线缝合，不缝合也可以。

七、修蹄

修蹄对于舍饲的夏洛来羊十分重要。一般每 2～3 个月要进行一次修蹄，每年在春季剪毛后要修蹄 1 次，以免发生蹄病，影响羊的运动和采食的能力。修蹄对种公羊尤为重要，因为蹄不好会影响运动，从而减少精液量和降低精液品质。

修蹄最好是用果园整枝用剪刀，先把较长的蹄角质剪掉，然后再用利刀把蹄子周围的蹄角质修整成与蹄底接近平齐。对于蹄形十分不正的，每隔 10～15 天就要修整 1 次，连修 2～3 次。

八、去角

(一) 烙铁法

用 300 瓦的手枪式电烙铁或丁字形烙铁在角突部位烧烙 (图 4—7)。烙掉皮肤，再烧烙骨质角突，直至破坏角芽细胞的生长。烧烙时应注意保定，固定头部时，用手握住嘴部，以羊不能摆动且发出叫声为宜，防止用力过度而使羊窒息。有些羊场用羔羊保定箱进行保定，防止因羔羊挣扎而烙伤头部其他部位。每次烧烙一般以 10 秒左右为宜，全部完成约需要 3～5 分钟。

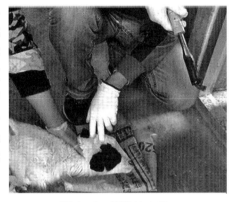

图 4—7 烙铁法去角

(二) 化学法

首先剪掉角突周围羊毛，然后在角突周围涂一圈凡士林，以防药液流入眼睛或损伤周围其他组织。再用苛性钾棒在两个角芽处轮流涂擦，以去掉皮肤，破坏角芽细胞的生长。

(三) 锯断法

对于幼龄时未去角或没有去净的羊只，可用去角锯将其角顶端锯断。锯断后涂消炎药物，用纱布包扎，防止出血过多。

九、剪毛

(一) 剪毛时间

夏洛来羊每年剪毛 1 次，在 5 月下旬到 6 月中旬进行。具体的时间最好在晴天的早晨。当年产的冬羔羊要在 6 月下旬剪毛，否则会由于气温过热而影响羔羊生长发育。

(二) 剪毛方法

1. 剪毛准备

剪毛一定要在羊空腹的状态下进行，以防发生胃破裂、肠扭转和肠套叠等病患。剪毛前先清理被毛上的杂物，不必捆绑夏洛来羊，操作人员用一条腿压住羊的头部即可保定，当个别羊只挣扎时，可把左后腿留出来，将右后腿夹在两前肢中间一起捆绑。

2. 剪毛操作

剪羊毛时，首先从后驱背部沿着体长方向剪开一条通道，再从通道依次向背部和腹部按顺序扩展。剪毛剪要紧贴皮肤，毛茬一定要短，尽量避免二刀毛。

（三）注意事项

剪毛时，避免剪伤公羊的阴茎和母羊的乳头，出现皮肤剪伤，要及时处理好并涂碘酊消毒。

十、药浴

药浴是预防和治疗羊体外寄生虫的一种最有效的措施。特别是发生过疥癣等体外寄生虫病的羊群，除了彻底地清舍消毒外，必须进行药浴。

（一）药浴时间

夏洛来羊药浴的时间以在剪毛后的 10～15 天为宜。在体外寄生虫病较严重的地区，可每年进行 2 次，一次在春季，另一次在夏末秋初。选择在晴朗无风的天气进行。

（二）常用药物

药浴常用的药物有双甲脒、除癞灵、辛硫磷乳油、溴氰菊酯、螨净等。

（三）药浴方法

药浴的方法有喷淋法（图 4－8）、药浴池法（图 4－9）和机器浴法（图 4－10）等。

图 4－8　喷淋药浴法　　　图 4－9　药浴池法　　　图 4－10　机器药浴法

1. 喷淋药浴

喷淋法有利于喷雾器或高压喷淋枪将配置好的药液喷淋到羊体，浸透被毛。

2. 药浴池法

在药浴中放入 70～80 厘米深的水，待中午水温上升至 25℃ 左右时，放入适量的药液，后混匀备用。药液的深度以能淹没羊全身为宜。

3. 机器药浴

在现代养羊产业中，有专门药浴技术服务组织开展药浴服务。该服务利用大型药浴车（如图4－8）进行药浴。

（四）药浴流程

以药浴池法为例。

1. 夏洛来羊准备

药浴前2小时停止饲喂，保证羊空腹；让羊充分饮水并刷拭其体表。先选体质较差的3～5只羊试浴。若无中毒现象，才可按计划组织药浴。

2. 药浴操作

将羊从药浴池的入口处赶入池中，沿药浴池通道向前驱赶。在药浴池的两侧各站1名饲养员看守，防止羊向回走及误饮药液，同时用竹竿迅速按羊头入药液中1～2次，使头部完全药浴。药浴后的羊在出口处稍做停留，使羊身上的药液充分回流，以减少浪费。

3. 药浴后管理

药浴后的羊只严禁在药浴池附近吃草，防止中毒。更不要暴晒，应在遮阴的地方晾晒至干。

（五）药浴的顺序

顺序是先浴健康羊，后浴有体外寄生虫的羊。2月龄以下羔羊、妊娠2个月以上的羊不进行药浴。

（六）药量控制

对有体外寄生虫的羊要适量加大药液浓度，并且先用药液局部涂擦后再药浴。有体外寄生虫的群体必须间隔5～7天再药浴1次，同时对圈舍彻底清扫、消毒（用4%～10%的热火碱水或汽油喷灯消毒）。药浴前必须先计算好药浴所用药液的浓度和剂量，同时备好相应的解毒药物，按经济羊群—种羊群—羔羊群的顺序进行。

（七）药浴时间

药浴的持续时间以药液能完全浸透被毛、达到皮肤为准，一般治疗性药浴为2～3分钟，预防性药浴为1分钟。药浴时间过长，会导致药液残留过多，易造成羊慢性中毒。

（八）其他注意事项

剪毛后进行药浴，时间不宜过早，由于被毛较短，故残留药液的时间短，影响驱虫效果。

采用喷淋药浴时，不能正对羊只的面部，以免因药液直接喷入口鼻和眼睛引起中毒。

第五章　夏洛来羊圈舍环境及配套设施

随着我国养羊业向舍饲方向的转变，对羊舍的建筑和配套设施也提出了新的要求。特别是在养殖比较集中的地区，还专门为饲养肉用种羊和经济效益较高的肥羔羊，兴建了规模化的羊场和专业化的小区。圈舍的建设应该以保证羊的生产性能充分发挥为前提，其建筑及设施应尽量满足羊的生物学要求。

第一节　场址选择与羊舍建筑

一、场址选择的原则

（一）科学性

夏洛来羊个体较大，但是胆小易惊。因此，羊场选址要有适合于肉羊的生物学习性，具备肉羊生长繁育的自然资源条件。

（二）实用性

羊场选址应根据各地的自然气候、饲养规模及自身的经济实力等规划、选择。规模化、专业化的羊场侧重于具有完善的现代化设施并立足于长远发展。

二、场址的选择

（一）地形地势

依据羊的生活习性，应选择地势高、气候环境干燥、地下水位在2米以下、有1%～3%的坡度、在寒冷地区为背风向阳的地方。切忌在低洼涝地、山洪水道、冬季风口等地修建羊舍。

地形要求开阔整齐，并预留有一定的发展余地。如果是为引入品种修建羊场，场址地域的自然生态条件应与原品种产地的自然生态条件一致或接近。

（二）保证防疫安全

羊舍地址必须符合以下要求：在历史上从未发生过羊的任何传染病；距主要的交通线（铁路和主要公路）300米以上，并且要在已知污染源的上坡上风方向；羊场或兽医室、病畜隔离室、贮粪池、尸体坑等应位于羊舍的下坡下风方向，以避免场内疾病传播。

（三）水源与水质

水量：能保证场内人员用水、羊饮水和消毒用水。羊的需水量一般舍饲大于放牧，夏季大于冬季。成年母羊和羔羊舍饲需水量分别为 10 升/只/天和 5 升/只/天，放牧相应为 5 升/只/天和 3 升/只/天。水质必须符合畜禽饮用水的水质卫生标准。同时，应注意保护水源不受污染。

（四）交通与供电

交通应比较方便，便于运输。具备供电条件。

（五）引种羊舍要求

如果是为引进新品种建羊舍，要从生态适应性角度考虑选址。所选择的地址自然生态和经济条件要尽可能地满足引入品种的要求。

三、羊舍建筑

（一）羊舍设计基本参数

1. 羊舍及运动场面积

羊舍面积大小根据饲养羊的数量和饲养方式而定。面积过大，浪费土地和建筑材料；面积过小，羊在舍内过于拥挤，环境质量差，有碍于羊体健康。表 5—1 列出各类羊只羊舍所需面积，供参考。产羔室面积可按基础母羊数的 20%～25% 计算。

运动场面积一般为羊舍面积的 2～2.5 倍。成年羊运动场面积可按 4 平方米/只计算，如表 5—1。

表 5—1　　　　　　　各类羊只羊舍所需面积（m²/只）

项目	种公羊	种母羊		育成羊		泌乳羊
		空怀	妊娠	断奶后	12 月龄	
圈舍面积	3～5	2	2.5～3.0	1～1.2	2	2～2.5（产羔室）
运动场面积	8～10	4	6～8	3～4	5	1.5～2（小羔羊）

2. 羊舍温度

由于夏洛来羊出生后，毛非常短，耐寒性差，所以产羔室室温要略高，冬季产羔舍温度最低应保持在 10℃ 以上，一般羊舍在 5℃ 以上；夏季舍温不超过 30℃，如果高于 30℃，就必须采取通风、洒水等相应的措施。

3. 羊舍湿度

羊舍保持干燥，地面不能太潮湿，空气相对湿度以 50%～70% 为宜。一般空气相对湿度应在 60% 左右。

4. 通风换气

通风的目的是降温，换气的目的是排出舍内污浊空气，保持舍内空气新鲜。通风换气参数如下：

冬季：成年羊 0.6～0.7 m³/min/只，肥育羔羊 0.3 m³/min/只。

夏季：成年羊 1.1～1.5 m³/min/只，肥育羔羊 0.65 m³/min/只。

如果采用有管道通风，舍内排气管横断面积为 50～60 cm²/只。

5. 采光

羊舍要求光线充足。采光系数：成年羊舍 1：15～1：25，高产羊舍 1：10～1：12，羔羊舍 1：15～1：20，产羔室可小些。

（二）羊舍类型

1. 根据墙壁封闭性分类

根据羊舍四周墙壁的封闭程度，可将其划分为封闭舍、开放舍与半开放舍和棚舍三种。封闭舍，四周墙壁完整，保温性能好，适合较寒冷的地区采用；开放与半开放舍，三面有墙，开放舍一面无长墙，半开放舍一面有半截长墙，保温性能较差，通风采光好，适合于温暖地区。夏洛来羊引入我国后，主要饲养区域分布在北方，因此采用封闭和半开放羊舍的情况比较普遍。棚舍是只有屋顶而没有墙壁的，仅可防止太阳辐射，适合于炎热地区，在东北地区一般用做夏季运动场，遮阴避暑。

现代养羊的发展趋势是将羊舍建成组装式类型，即墙、门窗可根据一年内气候的变化进行拆卸和安装，组装成不同类型的羊舍。

2. 根据羊舍屋顶的形式

羊舍可划分为单坡式、双坡式、拱式、钟楼式、双折式等类型。

单坡式羊舍，跨度小，自然采光好，适用于小规模羊群和简易羊舍；双坡式羊舍，跨度大，保暖能力强，但自然采光、通风差，适合于寒冷地区，是夏洛来羊饲养中最常用的一种类型。另外，在寒冷地区还可选用拱式、双折式、平屋顶等类型；在炎热地区可选用钟楼式羊舍。

3. 根据羊舍长墙与端墙排列形式

可分为"一"字形，"厂"字形或"凵"字形等。其中，"一"字形羊舍采光好、均匀、温差不大，经济适用，是较常用的一种类型。

（三）羊舍基本结构

1. 地面

地面的保暖与卫生状况很重要。羊舍地面有实地面和漏缝地面两种类型，实地面又因建筑材料不同分为夯实黏土、三合土（石灰∶碎石∶黏土比例为1∶2∶4）、石地、混凝土、砖地、水泥地、木质地面等类型。夯实黏土和三合土面保温性能好，但是不易清洁卫生。石地面和水泥地面不保温、太硬，但便于清扫和消毒。砖地面和木质地面，既保暖，也便于清扫与消毒，但成本较高，适合于寒冷地区。饲料间、人工输精室、产羔室可用水泥或砖铺地面，以便消毒。

目前，在北方地区饲养的夏洛来羊，小规模养殖户的圈舍一般以三合土地面较多，有的在羊趴卧处铺设一部分木板；中等规模的养殖场户以砖地面和木制地面较多；规范化的大型养殖场，一般采用漏缝地板。漏缝地面能给羊提供干燥的卧地，常用材料有木条或竹条，木条宽 32 毫米，厚 36 毫米，缝隙宽15 毫米，适宜成年羊和 10 周龄以上羔羊使用。

2. 墙

墙在畜舍保温上起着重要的作用。我国多采用土墙、砖墙、石墙、苯板和彩钢板夹心墙等。土墙造价低，导热小，保温好，但易湿，不易消毒，小规模简易羊舍可采用。砖墙是最常用的一种，墙越厚，保暖性能越强。石墙，坚固耐久，但导热性强，寒冷地区效果差。我国北方地区现代化养殖场目前常采用彩钢板夹心保温材料建成的保温隔热墙，效果很好。

3. 门和窗

一般圈舍的门宽 2.5～3.0 米，高 1.8～2.0 米，可设为双扇门，便于大车进出运送草料和清扫羊粪。门的数量按 200 只羊设一大门设计。寒冷地区在保证采光和通风的前提下可少设门，也可在大门外添设套门。

一般窗宽 1.0～1.2 米，高 0.7～0.9 米，窗台距地面高 1.3～1.5 米。

4. 屋顶与天棚

屋顶具有防雨水和保温隔热的作用。其材料为陶瓦、石棉瓦、木板、塑料薄膜、油毡等，国外也有采用金属板的。在寒冷地区可加天棚，其上可贮冬草，能增强羊舍保温性能。羊舍一般高 2.2～2.5 米。在寒冷地区舍内可适当降低净高。单坡式羊舍一般前高 2.2～2.5 米，后高 1.7～2.0 米，屋顶斜面呈 45°。

四、运动场

呈"一"字排列的羊舍，运动场一般设在羊舍的南面，低于羊舍地面 60

厘米，向南缓缓倾斜，以砂质壤土为好，便于排水和保持干燥。周围设围栏，围栏高度1.3～1.5米。

五、舍饲生产典型羊舍

（一）开放及半开放结合的单坡式羊舍

这种羊舍由开放舍和半开放舍两部分组成（图5－1），羊舍排列成"厂"字形，羊可以在两种羊舍中自由活动。在半开放羊舍中，可用活动围栏临时隔出或分隔出固定的母羊分娩栏。这种羊舍，适合于炎热地区和当前经济较落后的地区。

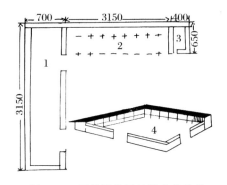 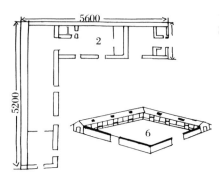

图5－1　开放及半开放结合的单坡　　　图5－2　半开放的双坡式羊舍
　　　式羊舍（单位 cm）　　　　　　　　　　　（单位：cm）
1. 半开放羊舍　2. 开放羊舍　3. 工作室　　1. 人工授精室　2. 普通羊舍　3. 分娩栏室
　　　　4. 运动场　　　　　　　　　4. 值班室　5. 饲料间　6. 运动场

（二）半开放的双坡式羊舍

这种羊舍（图5－2），可排列成"一"字形，但长度会增长。这种羊舍适合于比较温暖的地区和半农半牧区。

（三）封闭双坡式羊舍

这种类型羊舍（图5－3），四周墙壁封闭严密，屋顶为双坡，跨度大，排列成"一"字形，保温性能好。适合寒冷地区，可作冬季产羔舍。其长度可根据羊的数量适当加以延长或缩短。

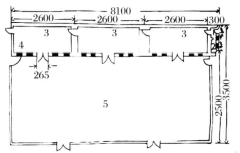

图 5-3　封闭双坡式羊舍

（单位：cm）

1. 值班室　2. 饲料间　3. 羊圈

4. 通气管　5. 运动场

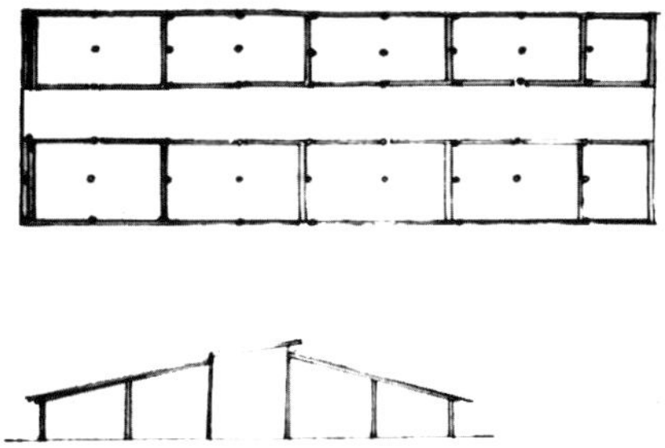

图 5-4　封闭双坡式双列式羊舍

（单位：cm）

1. 值班室　2. 饲料间　3. 羊圈

4. 通气管　5. 运动场

1. 长方形双列对头式羊舍

这种羊舍适合在较为宽阔平坦的地方建筑，跨度为 10 米左右。为充分利用羊舍内的有效面积，将中间设为走廊，走廊的两侧各修建一排固定饲槽，固定饲槽的上方用横杆或竖杆做栅栏，防止羊采食时踩进饲槽。前后墙均为 2.5 米高，两侧门窗设置与运动场相同。一般将产仔间设在阳面，靠近饲养员舍，便于观察。育成羊舍在阴面。这种羊舍便于添加饲草料和观察羊只采食情况（图 5-4）。

2. 单列羊舍

适合于有坡度的地方建羊舍，跨度 6～7 米，在距后墙 0.7～1 米的地方留出走廊，用固定的饲槽及饲槽上的栅栏将走廊和羊舍隔开（图 5-5）。

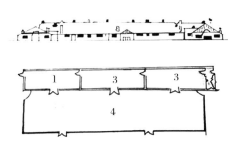

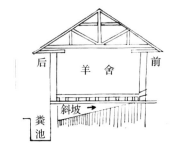

图 5-5　单列式羊舍正面（上）和平面

1. 工人室　2. 饲料间　3. 羊圈　4. 运动场

图 5-6　吊楼式羊舍（单位：cm）

（四）吊楼式羊舍

这种类型羊舍（图 5-6），在高出地面 1～2 米处安装吊楼，吊楼上为羊舍，吊楼下为接粪斜坡，后与粪池相连。楼面为木条漏缝地面。双坡式屋顶，用小青瓦或茅草覆盖。后墙与端墙为片石，前墙柱与柱之间为木栅栏。这种羊舍的特点是距离地面有一定的高度，防潮、通风透气性好，结构简单，适合于南方炎热、潮湿地区。

（五）漏缝地面羊舍

国外典型的漏缝地面羊舍（图 5－7）为封闭的双坡式，跨度为 6.0 米，地面漏缝木宽 50 毫米，厚 25 毫米，缝隙 15 毫米。双列食槽通道宽 50 厘米，可为产羔母羊提供相当适宜的环境条件。

（六）塑料棚舍

近年来，我国北方冬季流行塑料暖棚养羊。这种羊舍，一般是利用农村现有的简易敞圈及简

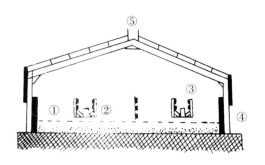

图 5－7　漏缝地面羊舍（单位：cm）
1. 羊栏　2. 漏缝地板　3. 饲槽通道　4. 进气口

易开放式羊舍的运动场，先用材料做好骨架，再扣上密闭的塑料膜搭建而成。骨架材料选材因地制宜，如木杆、竹片、钢材、铅丝、铁丝等均可，塑料薄膜常为 0.2～0.5 毫米白色透明透光好、拉力强度大的膜。棚顶类型分为单坡式单层或双层膜棚、拱式或弧式单层或双层膜棚，其中单坡式单层膜棚结构最简单、最经济实用。

1. 暖棚的设计

（1）设计原则

设计暖棚时，暖棚及运动场面积、温度和湿度的要求、通风换气参数、门的大小与个数，可参考羊舍设计主要参数。

暖棚养羊是在日照时间短、光线弱、气候严寒的冬、春季进行。因此，对暖棚的基本要求是结构合理，采光、保温、通风换气性能良好。显然，在暖棚设计时，应首先考虑暖棚的温热特性。

（2）方位

在冬季，为使阳光最大限度地照射棚内，应采用坐北朝南、东西延长的方位。早晨寒冷、大气污染严重及阳光透光率低的地区，方位以偏西为好，这样可延长午后照射时间，有利于夜间保温。早晨不太冷、大气透明度高的地区，方位以偏东为宜，以便于早晨采光，偏东和偏西以 5° 为宜，不宜超过 10°。

（3）塑料面角度和后屋顶仰角

单坡型暖棚膜面与地面夹角以 25°～40° 为宜。后屋顶仰角以 30°～35° 为宜

（图 5-8，图 5-9）。

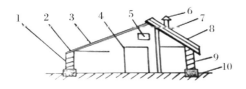

图 5-8 单坡型暖棚

1. 前墙 2. 棚架 3. 薄膜 4. 门

5. 进气孔 6. 排气孔 7. 支柱

8. 后屋顶 9. 后墙 10. 房基

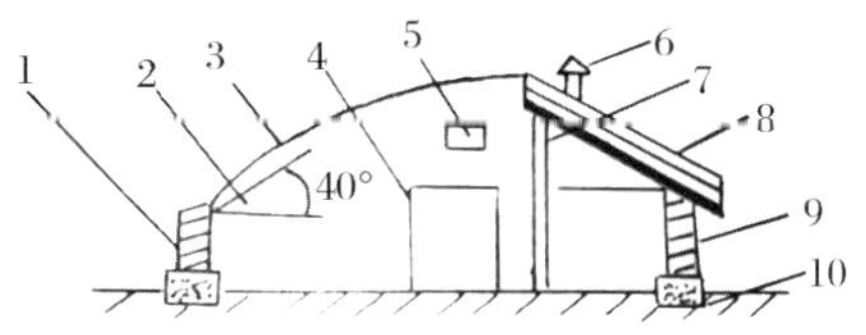

图 5-9 半拱形暖棚

1. 前墙 2. 棚架 3. 薄膜 4. 门

5. 进气孔 6. 排气孔 7. 支柱

8. 后屋顶 9. 后墙 10. 房基

（4）长度、跨度和高度

依各地条件灵活设计。一般单座暖棚面积宜超过 150 平方米；长度不宜超过 130 米，跨度 5～6 米；后屋顶宽 2～3 米；前墙高 1.1～1.3 米，后墙高 1.6～1.8 米。

（5）通风换气

暖棚采用自然通风换气。一般在端墙设进气孔，西端墙可少设进气孔。进气孔面积大小为 20 厘米×20 厘米，个数依进气孔占排气孔面积的 70% 设计。排气孔设在后屋顶，面积大小为 50 厘米×50 厘米，个数按每只羊 0.05～0.06 平方米设计。排气孔应加风帽，应均匀排列。

2. 暖棚的修造

棚址确定后，建好墙体，将棚架支好，并与墙体牢固结合。在架设棚架时，尽量使坡面或拱面高度一致。选择的木料或竹片要求光滑平直，上覆盖保护层。木料或竹片间隔一般为 80～100 厘米。

塑料薄膜的规格众多，目前尚无专门用于营造养羊塑料暖棚的薄膜。因此，目前仍是应用聚氯乙烯膜、聚乙烯膜和无滴膜等塑料薄膜。实践证明，选择适宜膜的具体要求有：①对太阳光具有较高的透光率，以获得较好的增温效果；②对地面和羊体散发的红外线的透光率要低，以增强保温效果；③具有较强的耐老化性能，对水分子的亲和力要低。这样既可降低建筑成本，又可以长时间地保持较高的透光率。兼顾以上 3 点要求，无滴聚氯乙烯薄膜更适合一些。选定薄膜品种，按需要规格黏合，然后覆盖。塑料薄膜黏合的方法有 2 种。一是热粘，可用 1000～2000 瓦的电熨斗或普通电烙铁黏接。一般情况下，聚氯乙烯膜的热温度为 130℃，聚乙烯膜的热粘温度为 110℃。二是胶粘，首先将特殊的黏合剂均匀地涂在将要连接的薄膜边缘（需先擦干净），然后将其粘连在一起。这种方法适合于修补薄膜的漏洞。补修时，不同薄膜要使用不同的黏合剂，聚氯乙烯膜应用软质聚氯乙烯黏合剂，聚乙烯薄膜可选用聚氨酯黏合剂进行黏接。覆盖薄膜时，应选择晴朗天气进行。首先将膜展开，待晒热后再拉直，为使薄膜拉紧、绷展，在薄膜的两端缠上小竹竿以便操作。

修造暖棚的具体操作为：先将塑料薄膜的一头越过端墙的外部，在下面 $10\sim20$ 厘米处固定，然后再将另一头拉紧固定，最后用草泥在端墙顶堆压薄膜。薄膜固定好后，用同样的方法固定上下端。

3. 暖棚的管理

（1）扣棚和揭棚

一般情况下，北方适宜扣棚时间为每年的 10 月末至 11 月初。扣棚可随气温的下降由上向下逐步增加面积。揭棚的适宜时间为每年的 4 月初，应随气温的升高逐步增加揭棚面积，直至将薄膜全部揭掉。

（2）防风雨

要将薄膜固定牢固，以防大风天气风将薄膜全部刮掉。下雪时，要注意观察，并及时清除薄膜表面的积雪。

（3）防严寒

修建暖棚时，应备有足够数量的厚纸和草帘。在特别寒冷的时节或寒流侵袭时，将厚纸和草帘盖在塑膜上，以增强保温效果。

（4）适时通风换气

不论是多么寒冷的季节，都应进行通风换气。通风换气应在午前或午后进行，每次以 $0.5\sim1$ 个小时为宜。依饲养羊头数的多少、不同羊对寒冷的耐受力及气温情况，灵活增减通风换气次数和换气时间。

（5）定期擦拭薄膜

及时除掉薄膜表面的冰霜，以免影响薄膜的透光性。发现某一局部出现漏洞时，应及时修补。

第二节　羊场规划和配套设施

一、羊场规划

规模化的羊场要有合理的布局、完善的功能设施及分区规划，尽量少占地，配置紧凑，养殖场地要统筹安排、整体规划、因地制宜与科学实用。

（一）养殖场分区

规模化的养羊场区域划分详细，一般分为生活管理区、生产区、辅助生产区、粪污处理区。生活管理区应略靠近交通干线，在上风向和上坡位；辅助生产区位于生活管理区卜位，靠近生产区；生产区是养殖场的核心，一般位于生活管理区的下位；粪污处理区在最下风向和地势最低处。

（二）小区布局原则

种公羊舍应离人工授精室较近；种母羊用草料多，应靠近饲草料调制间；产羔舍侧重于保暖且应离饲养人员居住室较近；种羊舍要比商品羊舍更远离粪污处理区。

粪污、羊尸处理区在下风向和下坡位。病羊、死羊处置室要与外界隔绝，设单独通道和出入口。粪便存放、堆积、发酵的地点要便于运到田间，但要避免与羊只和饲草料的运输同道。各区之间应有 100～200 米的安全防火、防疫距离。

二、配套设施

（一）饲草贮藏设施

青贮饲料贮藏设施包括青贮塔、青贮窖和青贮壕等；干草贮藏设施主要是草库或草棚；牧草收割设备包括割草机、搂草机、打捆机、草捆搬运与堆垛机、铡草机和、精料混合机、TMR 混合机等（详见第 3 章）。

（二）饲槽和饮水设备

1. 饲槽

饲槽主要用来饲喂精料、颗粒料、青贮料、青草或干草。根据建造方式主要可分为固定式和移动式两种。

固定式饲槽：依墙或在场中央用砖、石、水泥等砌成的一行或几行固定式饲槽，要求上宽下窄，槽底呈弧形，如图 5－10 所示。

移动式饲槽：多用木料或铁皮制作。具有移动方便、存放灵活的特点。常见的几种移动式饲槽，见图 5－11。

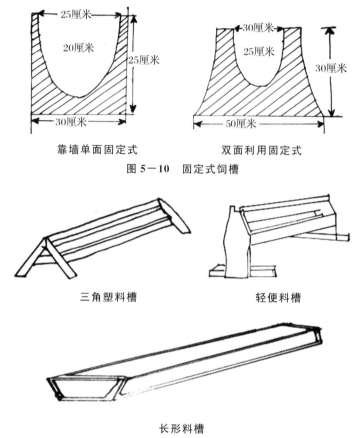

靠墙单面固定式　　　　　双面利用固定式

图 5－10　固定式饲槽

三角塑料槽　　　　　　　轻便料槽

长形料槽

图 5－11　移动式饲槽

2. 草架

草架是喂粗饲料、青绿饲草的专用设备。它可以减少饲草浪费，减少疾病。各地草架的形状及尺寸不尽相同，常见的草架有 3 种。

靠墙固定平面草架：草架设置长度以成年羊每只按 30～50 厘米，羔羊20～30 厘米计算为宜。两竖棍间的间距，一般为 10～15 厘米，如图 5－12所示。

两面联合草架：先制作一个高 1.5 米，长 2～3 米的长方形立体框，再用1.5 米的木条制成间隔 10～15 厘米的"V"字形草架，最后将草架固定在立体框之间即成，如图 5－12 所示。

简易木棍草架：用木棍或木板做成"V"形的栅栏，间隙距离 10～15 厘米，如图 5－12 所示。

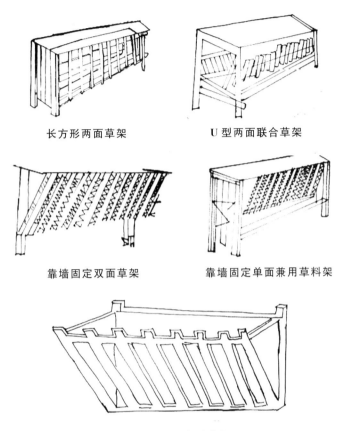

长方形两面草架 　　　　　　　 U 型两面联合草架

靠墙固定双面草架 　　　　 靠墙固定单面兼用草料架

图 5-12　羊用各种草架示

3. 水井及供水设施

如果羊场无自来水，应自打水井或修建水塔、贮水池等，并通过管道引入羊舍或运动场。为保护水源不受污染，水井应距离羊舍 50 米以上，并设在羊场污染源的上坡上风向位置。井口应加盖并高出地平面，周围修建井台和护栏。运动场或羊舍内应设可移动的木制、铁制水槽或用砖、水泥砌成的固定水槽，水槽应有护栏，防止羊只踏入污染水质。

（三）盐槽

给羊群供给盐和其他矿物质时，如果不在室内或混在饲料中饲喂，可设计一个有顶盐槽，任羊自由舔食。该设计可以防止盐被雨淋潮化。

（四）分羊栏

分羊栏（图 5-13）可供羊分群、鉴定、防疫、驱虫、称重、打号等生产技术性活动使用。分羊栏由许多栅板联结而成。在羊群的入口处为喇叭形，中

间部为一小通道，只容许绵羊单行前进，不
准转身。沿通道一侧或两侧，可根据需要设
置3～4个可以向两边开门的小圈，利用这一
设备就可以把羊群分成所需要的若干小群。

（五）活动围栏

活动围栏可供随时分隔羊群之用。在产
羔时，可以将活动围栏临时间隔为母子小圈、
中圈等。在进行羔羊补饲时，可利用多个栅
栏、栅板或网栏，在羊舍或补饲场靠墙位置

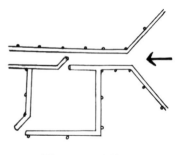

图5-13　分羊栏

围成足够面积的围栏，并在栏间插入一个能使羔羊自由进出而成年羊不能进入
的采食栏门，即围成羔羊补饲栏（图5-14）。活动围栏通常有重叠围栏（图
5-15）、折叠围栏（图5-16）和三角架围栏几种类型。

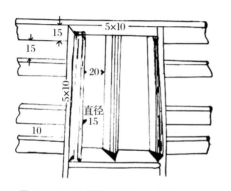

图5-14　羔羊补饲栅门（单位：cm）

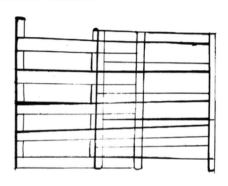

图5-15　重叠围栏

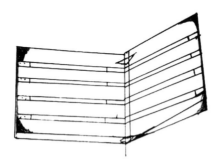

图5-16　折叠围栏

（六）药浴设备

1. 大型药浴池

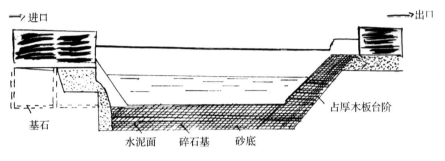

图 5－17　大型药浴池纵剖面

　　大型药浴池可供大型羊场或养羊较集中的乡村药浴使用。药浴池可用水泥、砖、石等材料砌成长方形（图 5－17），似狭长而深的水沟。药浴池长10～12 米，池顶宽 0.6～0.8 米，池底宽 0.4～0.6 米，以羊能通过而不能转身为准，深 1.0～1.2 米。入口处设漏斗形围栏，使羊能依顺序进入药浴池。药浴池入口呈陡坡，羊走入时可迅速没入池中。出口也有一定坡度，斜坡上有小台阶或横木条，其作用一是不使羊滑倒；二是羊在斜坡上停留一些时间，使身上余存的药液流回药浴池。

　　2. 小型药浴槽、浴桶或浴缸

　　小型药浴槽液量约为 1400 升，可同时容纳两只成年羊（或 3～4 只小羊）一起药浴，并可用门的开闭来调节入浴时间（图 5－18）。这种类型的浴槽适宜小型羊场使用。

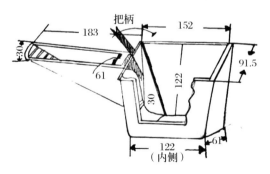

图 5－18　小型药浴槽

　　3. 帆布药浴池

　　帆布药浴池用防水性能良好的帆布加工制作。药浴池为直角梯形，上边长

3.0米，下边长2.0米，深1.2米，宽0.7米，外侧固定套环。安装前按浴池的大小形状挖一土坑，然后放入帆布药浴池，四边的套环用铁钉固定，加入药液即可进行药浴。用后洗净、晒干，以便以后再用。这种设备体积小、轻便，可以循环使用。

（七）消毒室

规模化的羊场一般将消毒室设在生产区的入口处，小规模的羊场因为生活管理区和生产区无明显的分界，所以一般将消毒室设在靠近羊场门卫房的一侧，常与接待室相连接。

消毒室的面积为20～40平方米。消毒室内，在墙壁的两侧距地面1.2～1.5米高处各安装1盏紫外线灯，也有的在棚顶增设2盏紫外线灯。一般按2～2.5瓦/立方米设计，在有人在室内的情况下，按1瓦/立方米设计。消毒室要能密闭遮光，配备包括30套左右的防护眼镜、防护服及靴子等。外来人员消毒后换上靴子和衣服方可入场。消毒室内温度保持在20℃以上，相对湿度维持在50％～60％，灯管表面需经常用酒精棉球擦拭干净，整个室内保持清洁、卫生、无灰尘。

消毒室出入口处设有消毒槽，消毒槽内放消毒垫和消毒液，消毒液常用来苏尔或4％火碱等，以踩过刚好浸湿全部鞋底为宜。车辆的消毒一般是在消毒室旁大门下设有消毒槽，消毒槽内常年有4％～10％火碱等消毒液，消毒槽长度为3米左右。

（八）供水、供电与供暖

保证人员、羊饮水清洁、充足，保障旱季浇灌饲草料地用水。电力供应能够满足场内肉羊生产。供暖设施完备。

第三节　羊场环境监测与保护

一、环境监测

环境监测是指对环境中某些有害因素进行调查和度量。通过监测及时了解羊舍及羊场内环境的状况，掌握环境温度、污染物及污染范围、污染程度等带来的影响；根据环境监测结果与环境卫生标准、畜体健康状况、生产状况对比，进行环境质量评价，及时采取措施解决存在的问题，确保生产正常进行。

（一）环境监测分类

羊场环境监测一般分为经常性监测、定期监测、临时性监测三类。

（二）环境监测的基本内容

羊场环境监测的内容和指标应选择被监测环境中较为重要的、有代表性的内容和指标进行监测。一般情况下，对羊场、羊舍以及场内舍内的空气、水质、土质、饲料及畜产品的品质应给予全面监测。但在适度规模经营的饲养条件下，家畜的环境大都局限于圈舍内，其环境范围较小，因此应着重监测空气环境的理化指标和生物学指标。由于水体和土壤质量相对稳定，特别是土质很少对羊只发生直接作用，因此可放在次要地位。

1. 空气监测的内容

温热环境主要监测气温、气湿、气流和畜舍通风换气量；光环境主要监测光照强度、光照时间和畜舍采光系数；空气卫生监测主要是对畜牧场空气中污染物质和可能存在的大气污染物进行监测，主要为恶臭气体、有害气体（氨气、硫化氢、二氧化碳等）、细菌、灰尘、噪声、总悬浮微粒、飘尘、二氧化硫、氮氧化物、一氧化碳、光化学氧化剂（O_3）等。

温度、湿度的测定，一般采用普通干湿球温度表或通风干湿球温度表以及自记温、湿度计等仪器测定。测量时，应在舍内选择多个测点，可均匀分布或沿对角线交叉分布。观测点的高度原则上应与羊的头部高度等高。按常规要求以一天中的 2：00 时、8：00 时、14：00 时和 20：00 时四次观测的平均值为平均温度和平均湿度值。如果凌晨 2：00 时测定有困难则可以用 8：00 时的观测值代替，即将 8：00 时的观测值计算两次。

气流速度测定可用卡他温度计、热球式电风速计等仪器测定。测点应根据测定目的，选择有代表性的位置，如通风口处、门窗附近、畜床附近等。

畜舍内有害气体的监测，可根据大气污染状况监测结果并结合饲养管理情况，在不同季节、不同气候条件下进行测定。

2. 水质监测的内容

水质监测包括对羊场水源的监测和羊场周围水体污染状况的监测。

水源水质的监测项目包括：感官性状和一般化学指标、细菌学指标、毒理学指标、放射性指标四个方面。

（1）感官性状指标包括：温度、颜色、浑浊度、嗅和味、悬浮物（SS）等。

（2）化学指标包括：溶解氧（DO）、化学耗氧量（COD）、生化需氧量（BOD）、氨氮、亚硝酸盐氮、硝酸盐氮、氯化物、磷、pH 值等。

（3）细菌学指标包括：细菌总数、大肠菌群、致病菌、粪大肠菌群、沙门氏菌、粪链球菌等。

（4）毒理学指标包括：氟化物、氰化物、汞化物、砷等。

(5) 放射性指标包括：总 α 放射性、总 β 放射性等。

对水质情况监测，可根据水源种类等具体情况决定。如羊场水源为深层地下水，因其水质较稳定，一年测 1～2 次即可；如是河流等地面水，每季或每月应定时监测一次。此外，在枯水期和丰水期也应进行调查测定。

3. 土壤监测的内容

土壤监测主要是对土壤生物和农产品有害的化学物质的监测，包括氟化物、硫化物、有机农药、酚、氰化物、汞、砷、六价铬等。由于羊场废弃物对土壤的污染主要是有机物和病原体的污染，所以就羊场本身的污染而言，主要监测项目为土壤肥力指标和卫生指标。

土壤肥力指标主要包括有机质、氮、磷、钾等；土壤卫生指标主要包括大肠菌群数、蛔虫卵等。

二、羊舍有害气体的监测与控制

舍内空气中的有害气体主要为氨、硫化氢和二氧化碳等，它们是由有机物质（饲料、垫料及粪尿等）分解和动物呼吸产生的，其直接危害是导致动物生产力和防疫机能降低。

（一）畜舍有害气体的来源与危害

1. 氨（NH_3）

氨是具有刺激性臭味，极易溶于水的气体。常温下 1 体积的水可以溶解 700 体积的氨；0℃时 1 升水可以溶解 907 mL 氨。

畜舍内空气中的氨的来源，主要是由各种含氮有机物（饲料、垫料、粪尿等）分解形成的。氨气浓度的高低，取决于羊的密集程度、地面结构、通风换气和管理水平等。氨产生于地面，愈靠近地面，浓度愈高，故对动物的危害极大。

氨极易溶于水，常溶解或吸附在动物呼吸道黏膜、眼结膜上，并对其产生刺激作用。其可以导致眼结膜和呼吸道黏膜充血、水肿，分泌物增多，喉头水肿，严重者可以引起支气管炎、肺水肿、肺出血等。氨在肺部被吸收后进入机体，与血红蛋白结合形成碱性高铁血红素，使血液运氧功能降低，导致动物机体缺氧。动物在低浓度氨的长期作用下，对疾病的抵抗力下降，采食量、日增重、生产力都降低。

我国畜禽场环境质量标准（NY/T 388—1999）对羊舍内氨的最高浓度没有具体规定，可参考牛舍 20 mg/m³ 的参数。

2. 硫化氢（H_2S）

硫化氢是一种无色、有腐蛋臭味的刺激性气体，易挥发且易溶于水。在

0℃时，1体积的水可以溶解4.65体积的硫化氢。

羊舍内空气中的硫化氢，主要是由含硫有机物分解产生。当动物采食富含蛋白质的饲料而消化不良时，它可以从肠道排出大量的硫化氢。由于硫化氢产生于地面且比空气重，故愈接近地面，浓度愈高。羊舍内硫化氢浓度一般较低。

硫化氢易溶于动物的呼吸道黏膜和眼结膜上的水分中，对黏膜和结膜产生刺激作用，可以引起眼结膜炎，表现为流泪、角膜混浊、畏光等症状，同时可以导致呼吸道问题，如鼻炎、气管炎、喉部灼伤、肺水肿。长期处于低浓度硫化氢环境中，可以出现植物性神经紊乱，偶尔发生多发性神经炎，并可以导致抗病力下降，动物易发生胃肠病、心脏衰弱等。高浓度的硫化氢可以直接抑制呼吸中枢，引起动物窒息和死亡。

我国畜禽场环境质量标准（NY/T 388—1999）对羊舍内硫化氢的最高浓度没有具体规定，可参考牛舍 8 mg/m³ 的参数。

3. 二氧化碳（CO_2）

二氧化碳为无色、无臭气体，难溶于水。

畜舍内空气中的二氧化碳，主要是由动物自身呼出的。

二氧化碳对动物机体没有毒害作用，其在羊舍内空气中浓度高表明舍内缺氧。动物长期生活在缺氧的环境中，易引起精神萎靡、食欲降低、体质下降、生产力降低、抗病力减弱。

二氧化碳浓度的卫生学意义在于：它可以表明畜舍内空气的污浊程度，同时也可以表明舍内空气中很可能有其它有害气体存在。因此，二氧化碳浓度的增减可以作为畜舍内卫生评定的一项间接指标。

我国畜禽场环境质量标准（NY/T388—1999）规定，各类畜舍内二氧化碳的最高浓度为 1500 mg/m³。

4. 一氧化碳（CO）

一氧化碳是无色、无臭、无味的气体，难溶于水。

畜舍空气中一般没有一氧化碳。含碳物质在燃烧不完全时，会产生一氧化碳。冬季舍内生火供暖、排烟不良时，舍内一氧化碳的含量会急剧增加。

吸入少量一氧化碳就可引起中毒。一氧化碳被吸入肺泡后，通过肺泡进入血液循环，其与血红蛋白有巨大的亲和力，比氧与血红蛋白的亲和力大200～300倍。因此，一氧化碳一经交换进入血液循环，即与氧结合形成碳氧血红蛋白（COHb）。该物质不易分离且阻碍氧合血红蛋白的解离，使血液的带氧功能严重受阻，造成机体急性缺氧症，引发血液及神经细胞机能障碍、机体各部脏器功能失调，出现呼吸、循环和神经系统的病变。中枢神经系统对缺氧最敏感，缺氧后可发生血管壁细胞变性，由于其渗透性增高，因此严重者会有脑水肿，大脑及脊髓会出现不同程度地充血、出血甚至形成血栓。碳氧血红蛋白的解离比氧合血红蛋白慢 3600 倍，故中毒后具有持久的毒害作用。

我国卫生标准规定一氧化碳一次最高允许浓度为 3.0 mg/m³，日平均最高容许浓度 1.0 mg/m³。

（二）有害气体的控制措施

消除羊舍中的有害气体是改善畜舍空气环境的一项重要工作。由于造成畜舍内高浓度有害气体的原因是多方面的，因此消除舍内有害气体必须采取多方面的综合措施。

1. 及时清除粪尿污水

粪尿是氨和硫化氢的主要来源，将它们及时清除，不让它们在舍内分解腐烂。一些畜牧场每天定时将羊赶到舍外去排粪尿，可防止舍内空气恶化。最好设计合理的畜舍内排水系统，使污水、尿液自动流出舍外。

2. 防止畜舍潮湿

氨气和硫化氢都易溶于水，当舍温在露点以下时，水汽能够凝结在墙壁、天棚上，此时，氨、硫化氢就吸附在墙壁、天棚上；当舍温升高后，氨、硫化氢又逸散到舍内空气中，故舍内在低温季节应采取升高舍温和合理的换气措施。

3. 使用垫料

在畜床上铺以垫料可吸收一定量的有害气体，吸收能力的大小与垫料的种类有关。麦秸、稻草和干草等对有害气体有良好的吸收能力。

4. 合理设计地面

畜舍地面应有一定的坡度且地面材料应不透水，以避免粪尿积存造成腐败分解。因此，采用漏缝地板时，应特别注意。

若采用上述各种措施还未能降低畜舍内的氨浓度，应在畜舍地面上撒过磷酸钙，或在家畜日粮中添加丝兰属植物提取物或沸石，以此降低畜舍内的氨浓度。

三、羊场水质监测

在养羊生产中，动物舍内冲洗、用具的清洗、动物体表的清洁和改善环境等方面都需要大量的水。水质不良或水体受到污染，可以导致羊发生介水性传染病和某些寄生虫病、地方病和化学性中毒。为保证羊的健康、提高生产力，必须在水的质和量上充分满足羊的需要。

（一）水质卫生评定指标

1. 物理性状指标

水质的物理性状包括水的色、浑浊度、臭、味和温度等。当水体被污染时，其物理性状常常恶化。水质的物理性状可以作为水是否被污染的参考指标（表5-2）：

表5-2　　　　　　　　　　　　　水质物理性状评定

性状	清洁水	污染水	中国饮水卫生标准
色	无色	呈棕色或棕黄色：表明含有腐殖质；呈绿色或黄绿色：表明含大量藻类；深层地下水放置后呈黄褐色：表明含有较多的 Fe^{3+}。	水色度不超过15度
浑浊度	透明	浑浊度增加，说明其中混有泥沙、有机物、矿物、生活污水和工业废水等。	散射浑浊度单位不超过1NTU
臭	无异臭	当水受到污染时，会产生异臭味。一般分无、微弱、弱、明显、强、很强六个水臭强度等级。	不能有异臭
味	适口而无味	当水受到污染时，会产生异味。呈现咸、涩、苦等味时，说明水中含有的盐类较多。水味强度的描述，同水臭强度的描述一样，分为六个等级。	不能有异味

2. 化学性状指标

（1）pH值　一般天然水的pH值为7.2～8.5。在水源受到有机物及各种酸碱性废水污染时，pH值能发生明显变化。水的pH值过高，可以导致水中溶解盐类析出，从而恶化水的物理性状，降低氯化消毒效果。水的pH值过低，能增强水对金属的溶解作用。我国生活饮用水卫生标准（GB 5749—2006）规定，生活饮用水的pH值为6.5～8.5。

（2）硬度　水的硬度是指溶于水中的钙、镁等盐类的总含量。可以分为暂时硬度和永久硬度。经过煮沸生成沉淀、能被除去的碳酸盐的硬度称为暂时硬度；煮沸后不能除去的非碳酸盐的硬度称为永久硬度，二者之和称为总硬度。

水的硬度以"度"表示。我国规定：1升水中含有相当于10毫克氧化钙的钙、镁离子量称为1度。小于8度的称为软水，8～16度的称为中等硬水，17～30度的称为硬水，大于30度的称为极硬水。地面水一般比地下水硬度低。地面水被生活污水和工业废水污染，可以引起硬度增高。

我国生活饮用水卫生标准（GB 5749—2006）规定，总硬度（以 $CaCO_3$

计）的限值为 450 mg/L。

（3）铁　地下水含铁量比地面水高。铁对动物机体没有毒害作用，但是水含铁量过高时具有特殊气味，影响饮用。水中含重碳酸亚铁量超过 0.3 mg/L 时，易被氧化为黄褐色的氢氧化铁，使水混浊。我国生活饮用水卫生标准（GB 5749—2006）规定，饮用水中含铁量不可超过 0.3 mg/L。

（4）锰　微量的锰可以使水呈现颜色，并有异味；锰含量过高可使水呈现黑色。锰的慢性中毒，可以导致肝脏脂肪变性、其他脏器充血。我国生活饮用水卫生标准（GB 5749—2006）规定，饮用水中锰含量不可以超过 0.1 mg/L。

（5）铜　天然水中含铜量很少，只有流经含铜地层或被工业废水污染的水，铜的含量才会增高。水中含铜量达到 1.5 mg/L 以上时，水有金属异味。长期饮用高铜量的水，可以导致肝脏病变。我国生活饮用水卫生标准（GB 5749—2006）规定，饮用水中含铜量不可以超过 1.0 mg/L。

（6）锌　水中含锌量超过 5 mg/L 时，水呈现金属异味；水中含锌量达到 10 mg/L 时，可以引起水浑浊。我国生活饮用水卫生标准（GB 5749—2006）规定，饮用水中含锌量不可以超过 1.0 mg/L。

（7）挥发性酚类　其主要来自工业废水，可以使水呈现臭味。挥发性酚类可以导致动物慢性中毒，如神经衰弱、消化紊乱和贫血。长期摄入，影响生长发育。我国生活饮用水卫生标准（GB 5749—2006）规定，饮用水中挥发性酚类（以苯酚计）含量不可以超过 0.002 mg/L。

（8）阴离子合成洗涤剂　主要来自生活污水和工业废水。其化学性质稳定、难以分解，可以使水产生异臭、异味和泡沫，并影响水的净化处理。我国生活饮用水卫生标准（GB 5749—2006）规定，饮用水中阴离子合成洗涤剂含量不可以超过 0.3 mg/L。

（9）含氮化合物　当天然水被动物粪便污染时，其中的含氮化合物在水中微生物分解作用下，逐渐转化为简单的化学物质。氨是无氧分解的终产物，若有氧存在，氨可以进一步被微生物转化为亚硝酸盐、硝酸盐。在含氮有机物逐渐转化为氨氮、亚硝酸盐氮和硝酸盐氮（简称"三氮"）的过程中，水中有机物不断减少，随动物粪便进入水中的病原微生物也逐渐消失。因此，"三氮"的测定有助于了解水体污染和自净的情况。"三氮"在水中出现的卫生学意义如表 5—3。

表 5-3　　　　　　　　　　"三氮"在水中出现的卫生学意义

氨氮	亚硝酸盐氮	硝酸盐氮	卫生学意义
+	-	-	表示水受到新近污染
+	+	-	水受到较新近污染，分解在进行中
+	+	+	一边污染、一边自净
-	+	+	污染物分解、趋向自净
-	-	+	分解，完成（或来自硝酸盐土层等）
+	-	+	过去污染已基本自净，目前又有新污染
-	+	-	水中硝酸盐被还原成亚硝酸盐
-	-	-	清洁水或已自净

（10）溶解氧（DO）　空气中的氧气溶解于水中被称为溶解氧。溶解氧的量和空气中的氧分压及水温有关。正常情况下，清洁地面水的溶解氧接近饱和，地下水含氧量很少。当水体被有机物污染时，有机物的有氧分解将消耗或耗尽水中的溶解氧。有机物无氧分解可以导致水质恶化。因此，溶解氧含量的高低可以被作为判定水体是否被有机物污染的间接指标。

（11）生化需氧量（BOD）　水中有机物被需氧菌作用、分解所消耗的溶解氧量称为生化需氧量。水中有机物愈多，生化需氧量就愈大。有机物的生物氧化过程很复杂，这一过程全部完成需要较长时间。因此，在实际工作中以 $20℃$ 时培养 5 天后 1 升水中减少的溶解氧量（mg/L）表示，称其为 5 天生化需氧量（BOD_5，下同）。清洁地面水的 BOD_5 一般不超过 2 mg/L。

（12）耗氧量（COD）　指用化学方法氧化 1 升水中的有机物所消耗的氧量。它是测定水被有机物污染程度的一项间接指标，只能反映出水中易氧化的有机物含量。能被氧化的物质包括易被氧化的有机物和还原性无机物，但不包括稳定的有机物。测定 COD 时，由于完全脱离了有机物被水中微生物分解的条件，所以没有生化需氧量准确。

（13）氯化物　天然水中一般都含有氯化物，其含量高低因地区而异。在同一地区内，水中氯化物的含量一般相当稳定，若突然增加，水体很可能被动物粪便或工业废水等污染，特别是当氮化物也同时增加时，更能说明水体被污染的可能。我国生活饮用水卫生标准（GB 5749—2006）规定，氯化物的限值为 200 mg/L。

（14）硫酸盐　天然水中多数含有硫酸盐。若水中硫酸盐含量突然增加，说明水有被生活污水、工业废水等污染的可能性。我国生活饮用水卫生标准

（GB 5749—2006）规定，硫酸盐的含量不可以超过 250 mg/L。

3. 毒理学性状指标

毒理学性状是指水中所含有的某些毒物，若其含量超过标准会直接危害动物机体，引起相应的中毒症状（表 5—4）：

表 5—4　　　　　　　　　　　水质毒理学性状评定

性状	水中来源	危害	GB 5749—2006 生活饮用水 卫生标准限值
氟化物	主要来自工业废水	水中含氟量低于 0.5 mg/L 时会引起龋齿，而超过 1.5 mg/L 时可导致动物氟中毒	不可超过 1.0 mg/L，适宜浓度为 0.5～1.0 mg/L
氰化物	主要来自工业废水	长期饮用含氰化物较高的水，可以导致动物慢性中毒，表现出甲状腺机能低下的一系列症状	0.05 mg/L
砷	主要来自工业废水，其次来自地层	天然水中微量的砷对机体无害，而含量增高时，会导致动物中毒	0.01 mg/L
硒	主要来自土壤	二甲基硒可引起呼吸系统刺激和炎症。硒还对细胞呼吸酶系统有催化作用，干扰中间代谢引起中毒	0.01 mg/L
汞	主要来自工业废水，其次来源于农业生产中有机汞杀菌剂	沉积于水底淤泥中的无机汞，在厌氧微生物的作用下转化为毒性更强的甲基汞，溶于水中的甲基汞经生物富集作用，最终通过食物链对动物造成危害	0.001 mg/L
镉	主要来自锌矿和镀镉废水	是剧毒性物质，且有协同作用，可使进入体内的其它毒物的毒性增大；还有致癌、致畸、致突变作用	0.005 mg/L
铬	主要来自工业废水	除了能引起动物中毒外，还有致癌作用	0.05 mg/L（按六价铬计）
铅	主要来自含铅工业废水	可引起溶血，也可使大脑皮质兴奋和抑制的正常功能紊乱，引起一系列的神经系统症状	0.01 mg/L

4. 细菌学性状指标

饮用水要求在流行病学上安全，因此，饮水的细菌学指标应该符合要求。实际工作中，主要测定水中细菌总数和大肠菌群的数量。

（1）细菌总数　指 1 毫升水在普通琼脂培养基中，在 37℃条件下经过 24 小时培养后，所生长的各种细菌菌落的总数。其值愈大，表明水被污染的可能性愈大，水中有病原菌存在的可能性也愈大。细菌总数只能表明水中有病原菌存在的可能性，相对地评价水质状况。我国生活饮用水卫生标准（GB 5749—2006）规定，饮用水中菌落总数不可以超过 100 CFU/mL。

（2）大肠菌群　水体中大肠菌群的量，可以用以下两种指标表示。

大肠菌群指数：指 1 升水中含有大肠菌群的数目。

大肠菌群值：指含有 1 个大肠菌群的水的最小容积（毫升）。

以上两种指标的关系如下：

$$大肠菌群指数＝\frac{1000}{大肠菌群值}$$

大肠菌群是直接反映水体受到动物粪便污染的一项重要指标。我国生活饮用水卫生标准（GB 5749—2006）规定，生活饮用水中不得检出总大肠菌群。

（3）游离性余氯　饮用水氯化消毒后，水中还应该存在部分游离性余氯，以保持继续消毒的作用。饮用水中余氯是评价消毒效果的一项指标，余氯存在表明水已经消毒，可靠。我国生活饮用水卫生标准（GB 5749—2006）规定，氯化消毒 30 分钟后，水（井、消毒池等）中游离性余氯含量不低于 0.3 mg/L，自来水管网末梢水中余氯不低于 0.05 mg/L。

第六章 夏洛来羊的选育与杂交利用技术

夏洛来羊原产于法国，1974 年法国农业部正式承认该品种。20 世纪 80 年代末 90 年代初，内蒙古、河北、河南、山东、山西和辽宁先后由法国引入夏洛来羊。辽宁省分别于 1992 年和 1995 年引进 222 只原种夏洛来羊，是我国最后一批由法国原产地引入原种夏洛来羊的省份。目前，辽宁省也是我国唯一存栏原产地夏洛来羊的省份，现存栏夏洛来羊是我国仅存的由法国原产地引入的原种夏洛来羊的后裔。经过多年选育和杂交利用，夏洛来羊是辽宁省数量最多、应用最广泛的肉羊品种。

夏洛来羊自 1995 年引入我国以来，由朝阳市种畜场主导先后开展了夏洛来羊的引进驯化和杂交繁育、"双羔双脊"型选育、夏寒杂交、夏湖杂交等科学研究，完成风土驯化，初步选育出"双羔双脊"型夏洛来羊，形成夏寒杂交利用模式。经过二十余年的闭锁繁育和杂交利用，杂交后代的肉用性能明显提高。夏洛来羊与湖羊、小尾寒羊杂交，都能表现出较优秀的杂交效果，夏—寒杂交成为当地养羊户广泛认可的杂交模式。夏洛来羊作为杂交父本用于改良我国本地肉羊，选育出鲁西黑头羊等多个肉羊新品种。

第一节 夏洛来羊的主要遗传性状

一、遗传的物质基础

一切生物体遗传信息的携带者都是核酸，核酸是生物体的基本组成物质，它在生物的个体发育、生长、繁殖、遗传和变异等生命过程中起着极为重要的作用。核酸包括脱氧核糖核酸（DNA）和核糖核酸（RNA）。

在 DNA 分子上分布着许多特殊的片段，这些片段中有些是为一种或几种蛋白质的全部氨基酸编码的核苷酸序列，称为基因和基因组。基因是遗传的功能单位，它包括三方面的内容：在控制遗传性状发育上，它是作用单位；在产生变异上，它是突变单位；在杂交遗传上，它是重组和交换单位。因此，基因是遗传性状在分子水平上的物质基础。

基因型是指从亲代继承下来的全部有关决定性状发育的遗传物质基础，是由亲代传下来的基因构成。在个体发育过程中，基因型具有相对稳定的特点，是表型的内在基础。表现型（表型）是指能观察、测量或评价的性状，也可以说是人们能看得见、摸得到、测得出的所有特征的总体。表现型包括绵羊的各种性能和性状。凡可以度量的性状的表型都可以用表型值来描述。当子一代获得了某种基因型，亲子代之间就建立起了直接的遗传联系。但父母的基因型是不能遗传的，因为上下代间直接遗传传递的物质是基因，父母的基因型分配到各自的配子的基因，在形成子一代合子时要重新组合才构成下一代的基因型，这就是亲子间既相似又有差异的原因。

二、遗传与环境

在数量性状遗传上，基因型不等于表现型，例如具有优良基因型的羊只饲养在恶劣的环境中，或具有较差基因型的个体生活在优越的条件下，其表现型可能都是中等的，而中等基因型的羊饲养在中等环境中，也可能有中等的表现型。这说明基因型与表现型既有关联又不完全一致，这是因为基因型要与环境互相作用决定表现型。绵羊具有连续变异特点的表现型是由遗传因素和环境因素互相作用、共同影响的结果。绵羊群体中这类性状的个体差异一部分是来自于个体遗传素质的差异，另一部分是来自个体所处环境的差别。遗传力是群体特征，畜群作为一个整体，只有在接受环境变异影响时，才可能引起群体中个体表型变量的增加或减少。在有利的发育环境中，基因型的多样性可使性状发育得很好，表现出高的生产力；当外界环境对绵羊正常生命活动不利时，生产力的基因型变异就不能充分发挥甚至使变异减弱。现已证明，当外界环境条件变动大时，遗传力估计值要比在稳定环境条件下饲养的绵羊性状的遗传力估计值小。

三、性状的分类

从遗传学的角度，可将羊的性状分为质量性状和数量性状；从生产和育种学的角度，可将羊的性状划分为生物学性状和经济性状。羊的生物学性状是使羊群或个体能生产一种或数种可供人们利用的产品的性状；经济性状是指羊产品具备经济价值的性状，例如产毛量、产绒量、产肉量、产奶量和产羔数等，经济性状与养羊业生产的经济效益关系最为密切。

（一）质量性状

质量性状的表现型界限分明，容易区分，有明显的质的区别，变异不连续，可以用简单的计数方法测定，如羊角、耳型、毛色、羊尾型、肉的有无、母羊奶头数及某些遗传缺陷等。质量性状的表现型只受一对或少数几对基因控制，这些性状的基因表现呈非加性的，即非线性的，也就是说，给基因型增加一个基因并不使表现型增加一个相等的量。这种非加性基因的作用机制，主要表现为等位基因间的显性和隐性不完全显性、超显性以及任何非等位基因间的各种非线性的相互作用等。

（二）数量性状

数量性状大多数为具有重要经济价值的经济性状，所以数量性状又称为经济性状，其特点是性状之间变异呈连续性，界限不清，不能明确区分，不易分类，无法用简单的计数方法测量，例如羊的体重、毛长度、毛纤维细度、产奶量、产毛量、产绒量等。数量性状常常受多对基因控制，基因型之间没有明显的区别，而在两个极端之间存在着许多中间等级，它主要是受加性基因作用的结果。其特点是没有一个基因是显性或隐性，而是每个贡献基因都在某一数量性状上添加一些贡献，各个基因的作用累加在一起，故称为加性基因作用。因为许多不同的基因都可以影响这些性状，所以这些性状是多基因作用的结果。

（四）质量性状的遗传

在遗传上，质量性状受一对或几对基因控制，因此从表现型就可明显地区别出它们的基因型。控制质量性状的基因多数表现为非加性的，它们的表现绝大多数遵循孟德尔遗传规律。因此，了解和掌握质量性状的特征及遗传规律，在羊的选种、制定育种方案、预测杂交等方面都具有十分重要的意义。

（一）毛色的遗传与选择

绵羊、山羊被毛颜色种类很多，其遗传现象也十分复杂。绵羊毛、山羊绒、羔皮、裘皮等的颜色均具有重要的经济意义，例如，白色山羊绒比其他颜色的山羊绒价格高。毛色还是品种的重要标志，有些品种的毛色对适应自然环境还起着重要的作用。绵、山羊被毛纤维的颜色是由直径 $0.1 \sim 0.3$ pm 的深色素颗粒形成的。现已查明，有两种主要类型的色素，①深褐色素，或称优黑素（eumelanin），是形成褐色与黑色两种毛色的基本色素；②黄褐色素，或称脱黑素（phaeolanin），这种类型色素提供黄色及红色。被毛色调和颜色的不同是由于色素颗粒的大小、密度和分布状态的差异而引起的，例如，黑色与褐色之间的差异就是由于色素颗粒的密度不同而引起的；随年龄而变的灰色，大部分是由黑色毛纤维和白色毛纤维混合而成。引起毛色变化的三个年龄界限是初生羔羊、第一次剪毛的幼龄羊和老龄羊。绵羊毛色的表现型主要有三种：白色、黑色和褐色。从遗传学角度讲，Roberts 和 White 认为，绵羊存在六种毛色基因型：显性黑色（亚洲品种、威尔士山地品种）、隐性黑色（多数欧洲绵羊品种）、显性褐色（亚洲品种）、隐性褐色（挪威古老的"红色绵羊"）、显性白色（英国长毛种、美利奴等）、隐性白色（具有隐性毛色基因的双亲间杂交而产生的个体）。Rea 指出，由于人们往往把白色看作是标准毛色，因此对"显性""隐性"的理解，则取决于同白色绵羊杂交时所生的杂合体的毛色表现。绵羊有 5 个主要的基因座（A、B、C、E 和 S）控制色素的形成。基因座 A 上有 6 个等位基因系列，在这个系列中存在着下列顺序的显性系列关系：$A_1=A^{wh}$（白色）、$A_2=A^g$（灰色）、$A_3=A^b$（黑色獾脸）、$A_4=A^w$（摩弗仑型）、$A_5=a$（单一色型）、$A_6=A^{gw}$（（灰色摩弗仑型）。最高位的显性基因（A^{wh}）产生全白毛色，它抑制所有深褐色素的产生，而处于低下位的隐性基因（a）产生单一色，允许深褐色素充分产生，可能与全黑毛色表型有关。A^{gw}基因则是 A^g 和 A^w 两个基因影响的总和。A^g、A^b、A^w、A^{gw} 为 4 个处于中间位置的等位基因，控制黑色和灰色，并抑制"獾脸"型毛色出现。Adalsteinsson（1970）将 A 基因座上等位基因的关系进行概括，如表 6−1 所示。

表 6−1　　　　　　　　　　A 位点等位基因的表现型和支配关系

等位基因[1]	产生的毛色类型	主要作用	对其他基因的显性关系 显性关系	对其他基因的隐性关系 显性关系
A^{wh}（A_1）	白色	抑制所有深色素形成，允许产生黄色	全部	没有
A^{gw}（A_6）	灰色摩弗仑	抑制底层毛和腹毛的深色素形成	A^g、A^w	A^{wh}
A^g（A_2）	灰色	抑制底层毛深色素形成	a	A^{wh}、A^{gw}
A^w（A_4）	摩弗仑型	抑制腹毛深色素形成	a	A^{wh}，A^{gw}
A^b（A_3）	獾型	抑制体上部深色素形成	a	A^{wh}
A^{re}	红眼圈	眼睛周围产生红斑块	a	A^{wh}，A^b
a（A_5）	单一毛色	不抑制深褐色素、不产生黄褐色素	没有	全部

注：①括号内字为 Adalsteinsson（1970）用的名称。

Adalsteinsson（1960，1970）还指出，A 系列基因对于另一条染色体上的黑色（B）和褐色（b）基因起上位作用，黑色优势于褐色。E 基因座上有两个等位基因，较广泛地分布在培育品种中，其中 E^d－显性黑色，E－隐性黑色。在 E^d 基因存在下，产生 BB 和 Bb 显性黑色，并抑制了 A 位点上所有基因的影响；等位基因 E 是隐性的，它可允许 A 位点上的基因充分表现。S 基因座上同样有两个等位基因，S－显性，控制个体被毛的整体着色，产生全色绵羊；s－隐性，产生斑点毛色，即当 S 基因在纯合状态时，便产生白色斑块毛被，但其表现程度因受修饰基因的影响变化很大。现代绵羊育种工作中，人们可以利用毛色遗传的规律，培育和生产毛色符合理想要求的品种或个体。例如，Adalsteinsson 在对北方短尾羊——罗曼诺夫羊的毛色遗传研究中发现，A^gA^g 纯合体绵羊是淡灰色，其毛皮质量没有具有深灰色毛皮的 A^ga 绵羊价值高，因此他提出繁殖 A^ga 基因型绵羊的方法。

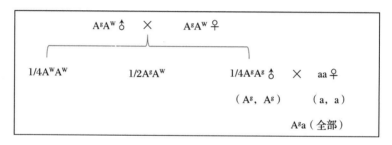

图 6—1　A^ga 基因型绵羊繁殖方法

在绵羊改良与育种工作时，对毛色的选择可以概括为两个方面：①保持或者消除与直接经济意义相关的毛色；②根据毛色与性状间的联系进行选择。

（二）畸形的遗传与选择

遗传缺陷由致死基因或非致死有害基因引起。携带有遗传缺陷基因的个体，严重者在早期或生后未发育成熟前就会死亡，即使未死亡也会发生各种遗传疾病，或者由于正常的生理功能遭到破坏而导致生产性能下降，造成严重的经济损失。因此，辨别和预测由遗传缺陷基因导致的各种各样的遗传畸形，对于羊的改良育种和生产都是十分重要的。

常见的遗传畸形有以下几种：

1. 隐睾

隐睾，即公羊的一侧或两侧睾丸留在腹腔内，这种公羊不可留作种用。根据对有角陶赛特与无角美利奴杂种的研究，隐睾是受一个隐性基因或一个不完全的显性基因控制的。

2. 上颌过短或下颌过短，上下颌不能吻合

这种羊采食困难，影响放牧。对特克塞尔品种的研究表明，凡是上颌短的个体几乎都伴随有羔羊体重小、头短，以及心脏间壁不全等缺陷。上颌短受隐

性基因控制。

3. 肌肉挛缩

羔羊出生时四肢僵硬地处在多种不正常方位上，许多关节不能活动或仅能做少量的活动，因此常常造成分娩困难，导致羔羊经常在出生时死亡。肌肉挛缩受隐性基因控制，属隐性致死基因。

4. 肢端缺损

新生羔羊在球关节以下缺损，遗传模式尚未确定。

5. 阳光过敏症

受影响的羔羊，肝脏不能正常活动，不能分解叶绿胆紫素（叶绿素新陈代谢的最后产物），从而造成血液中该物质过剩，导致感光性提高。由于这种产物在血液和皮肤的某些部位积累，在那里被日光激化，所以通常引起面部和耳部湿疹。如果对羔羊不防护白天的光线，经 2～3 周即可死亡；但如果把它们放在室内，并在晚上放牧，症状就不会发展。对南丘羊的研究表明，这种遗传畸形是由隐性基因控制的。

6. 侏儒症

鹦鹉嘴侏儒症已在南丘羊的品系中发现过，所有得病羔羊在出生后一个月内死亡。侏儒症受隐性基因控制，属隐性半致死基因。

7. 灰色致死

纯合灰色个体死于胚胎期或生后早期，这种灰色的出现是由于部分显性基因所造成的。

8. 小眼

新生羔羊眼球缩小，巩膜增厚，角膜、晶状体不正常，视神经发育弱。对特克塞尔品种的研究表明，该畸形遗传受隐性基因控制。

9. 运动失调

受损羔羊四肢运动不协调，并常伴随体重轻小，这种遗传缺陷可能还受加性遗传基因的影响。

10. 痒疹

受损个体的某些皮肤部位上出现斑疹，因而不时地用嘴啃或抓搔大腿、体侧和头部的皮肤。这种羊的体质比较虚弱，甚至会死亡。这一遗传缺陷是受控制疾病因素的显性基因支配的。

11. 毛发减退症

受损个体羊毛覆盖密度降低，头和四肢部位的被毛覆盖缺乏品种所具有的特征。对无角陶赛特品种的研究表明，这一遗传缺陷是受隐性基因控制的。绵、山羊的遗传畸形多数为隐性遗传，表型正常的种羊也可能携带某种隐性有害基因。因此，在组织绵、山羊繁育时，应仔细观察研究，当发现畸形遗传现象时，要通过系谱和后裔审查，坚决把那些带有有害隐性基因的个体从羊群中淘汰，从而不断地降低羊群的隐性有害基因机率，提高羊群的整体遗传素质。

（三）角的遗传与选择

角是绵羊品种外形特征之一，可分成有角羊和无角羊两大类。有角羊中，角的长短、宽窄、扭曲方向、形态和大小，角纹等会因品种和性别不同而产生差异。羊角的长短，短的只有几厘米，而长的可达几十厘米或更长；角的重量，有的只有几十克，有的可达几千克；角的形状有从直角到弯曲成螺旋状的，有从扁平状到圆锥状的；角的方向有向前的、向后的、朝向两侧的和向上的，等等。控制羊角有无的遗传基因，是具有显隐性性质的复等位基因。

据研究，绵羊角的遗传由三个复等位基因控制，即无角基因 p、有角基因 P′和在雄性激素作用下表现有角的基因 P，它们之间的遗传关系是，p 对 P′和 P 呈显性，P′对 P 呈不完全显性，因其杂种有时表现为角痕。根据显性原则，按照角的有无，各种羊的基因型如下：

有角母羊的基因型有：P′P′，P′P；

无角母羊的基因型有：pp，pP′，pP；

有角公羊的基因型有：P′P′，P′P，PP；

无角公羊的基因型有：pp，pP′，pP。

因此，纯合无角基因型公羊的后代不可能有角，杂合无角基因型公羊则可产生有角后代。如果要消除羊群中的有角羊只，就必须选择纯合无角公羊作种。选择可以通过测交方法进行，即用无角公羊与有角母羊交配，若所生公母羔羊均为无角者，则证明被测公羊是纯合无角基因型的公羊，因为有角母羊的基因型只有两种，即 P′P′、P′P，所以无论哪一种与杂合公羊 pP′或 pP 交配，所得无角羔羊的概率都是 1/2。如果从所得的无角后代的概率上还不能判定公羊的基因型，那么究竟要配多少只有角母羊或与某只有角母羊配多少胎次才能判定公羊的基因型呢？在实践中，常常以 P＞0.05 或 P＞0.01 的显著水平来判断。就是说，当取显著水平 P＞0.05 时，只要连续 5 胎次产无角羔羊，或与10 只有角母羊配种产 5 只无角公羔即可；当取显著水平 P＞0.01 时，则要有5～7 只公羔无一有角。如果有角母羊少，可用 30 只无角母羊与其交配，若所得 11～16 只公羔无一有角，也可证明该无角公羊是纯合的。

五、数量性状的遗传

绵羊数量性状的遗传比质量性状的遗传要复杂得多。数量性状的遗传通常受许多对基因控制，而且在这些基因中除主要以加性方式表现外，有些还可能以非加性方式，或加与非加性二者兼备的方式影响数量性状的表现。例如，胴体品质和重量主要受基因加性作用的影响，繁殖率和存活率则主要受基因的非加性作用影响，断奶重等则受加性和非加性基因共同作用的影响。几乎所有的受许多对基因控制的数量性状都可能在某种程度上兼受加性和非加性基因共同作用的影响，只是在某一具体数量性状上其表现程度不同而已。

从遗传角度上讲，在绵羊杂交改良和育种过程中，由于所应用的选择方式和选配程序的不同，受多对基因控制的数量性状在其表型表现上所受的加性基因作用、非加性基因作用以及二者兼备的基因作用的类型是不同的，所以知道哪一种基因类型影响某一性状是十分重要的，如表 6－2 所示。

表 6－2　　　　　　　　　　影响数量性状的基因作用类型

特性	基因表型表现的类型		
	加性	非加性	兼有加性和非加性
遗传力	高	低	中
杂种优势量	没有	相当大	有些
近交衰退	没有	相当大	有些
性别差异	大	小	很小

表 6－2 表明，遗传力高及性别差别大的数量性状受加性基因作用影响大，而受非加性基因作用影响较小，也就是说，受加性基因作用影响大的经济性状是高度可遗传的，很少或没有杂种优势和近交衰退；与杂种优势和近交衰退相关的数量性状，则主要受非加性基因的影响大，与单一加性基因无关，但在一定程度上还受加性和非加性二者兼备的基因的影响。

（一）性状遗传参数的估计

在近代绵羊的改良与育种工作中，为了能够正确掌握绵羊数量性状的遗传规律，加快羊群品质改良的遗传进展，常以遗传力作为参数。

遗传力是指亲代将其经济性状传递给后代的能力。它既反映了子代与亲代的相似程度，又反映了表型值和育种值之间的一致程度。绵羊数量性状表型值是受遗传因素与环境因素共同制约的，同时，遗传因素中由基因显性效应和互作效应所引起的表型变量值在传给后代时，由于基因的分离和重组很难固定，而能够固定的只是基因加性效应所造成的那部分变量，因此，我们把这部分变量称为育种值变量。在养羊业育种实践中，把育种值变量（V_A）与表型值变量（V_p）的比率（V_A/V_p）定为遗传力。由于育种值变量不是直接变量，所以常用亲属间性状表型值的相似程度来间接地估计遗传力。估计遗传力的方法有两种，即子亲相关法和半同胞相关法。

1. 子亲相关法

该法是采用公羊内母女相关法，即以女儿对母亲在某一性状上的表型值相关系数或回归系数的 2 倍来估计该性状的遗传力。公式是：

$h^2 = 2r$ 或 $h^2 = 2b$

因此，此法估计遗传力，必须估算母女对的相关系数或回归系数。其公式为：

$$r = \frac{\sum\sum_{xy} - \sum\sum C_{xy}}{\sqrt{\left(\sum\sum_y^2 - \sum C_y\right)\left(\sum\sum_x^2 - \sum C_x\right)}}$$

式中：r－母女对的相关系数；

X－母亲该性状表型值；

Y－女儿同一性状表型值；

$C_y - \left(\sum_y\right)^2 / n$

$C_x - \left(\sum_x\right)^2 / n$

$C_{xy} - \sum_x \cdot \sum_y / n$

N－公羊内母女对数。

在随机交配的羊群中，当母女两代性状表型变量和标准差基本相同时，则 $r = 6$。为计算方便，可用母女回归代替母女相关，否则，还是以母女相关计算结果准确。母女回归计算公式是：

$$b_{xy} = \frac{\sum(x - \bar{x})(y - \bar{y})}{\sum(x - \bar{x})^2}$$

$$b_{yx} = \frac{n\sum xy - \sum x \sum y}{n\sum x^2 - \left(\sum x\right)^2}$$

用子亲相关法计算遗传力，方法比较简单，但因为母女两代处于不同年代，环境差异大，所以影响遗传力的精确性。

2. 半同胞相关法

该法是利用同年度生的同父异母半同胞资料估计遗传力，即以某一性状的半同胞表型值资料计算出相关系数（r_{HS}），再乘以 4，即为该性状的遗传力。

公式是：

$$h^2 = 4r_{HS}$$

$$r_{HS} = \frac{MS_B - MS_W}{MS_B + (n-1)MS_W}$$

$$MS_B(\text{公羊间均方}) = \frac{SS_B}{Df_B}$$

$$MS_W(\text{公羊内间均方}) = \frac{SS_W}{df_W}$$

$$SS_B(\text{公羊间均方和}) = \sum C_y - \frac{\sum \sum_{y^2}}{\sum n}$$

$$SS_W(\text{公羊内均方和}) = \sum \sum_{y^2} - \sum C_y$$

$$df_B(\text{公羊间自由度}) = \text{组数} - 1$$

$$df_W(\text{公羊内自由度}) = \sum n - \text{组数}$$

$$n = \frac{1}{df_B}(\sum n - \frac{\sum n^2}{\sum n})$$

公式中：n 各公羊加权平均女儿数。

用半同胞资料计算遗传力的过程较为复杂，但因半同胞数量一般较多，而且出生年度相同，环境差异较小，故所求得的遗传力较为准确。用以上方法估计遗传力值的特点：①品种内性状的遗传力值不是一个固定不变的常数，它受性状本身特性、群体遗传结构及环境等因素的影响而变化。但对同一环境条件的同一群羊来讲，其性状遗传力值则是相对稳定的。②从理论上讲，当遗传力值在 0～1 之间变动时表明它既没有与环境无关的性状（$h^2 = 1$），也没有与遗传无关的性状（$h^2 = 0$）。当遗传力值出现负数，则毫无意义，应检查试验设计是否正确、资料是否可靠。③性状遗传力值高低的分界是：0.4 以上属高遗传力，0.2～0.4 属中遗传力，0.2 以下属低遗传力。绵羊主要性状间的遗传相关值，如表 6－3 所示。

表 6－3　　　　　绵羊经济性状间的遗传相关

性状	遗传相关
初生重－断奶重	0.34
初生重－初生至断奶时增重	0.30
初生重－120 日龄重	0.33
断奶重－平均日增重	0.53
断奶重－每增重 0.45 千克饲料消耗量	0.55

续表

性状	遗传相关
断奶重－原毛量	0.06
断奶重－毛丛长度	−0.15
断奶重－毛被等级	−0.24
平均日增重－每磅增重饲料消耗量	−0.73
平均日增重－毛丛长度	−0.20
平均日增重－原毛量	0.17
平均日增重－毛被等级	0.16
胴体等级－活体脂肪厚度	0.31
胴体等级－腰部眼肌面积	−0.28

注：表中数值为许多研究报告的平均数。

Turner 和 Young 对澳洲美利奴羊重要经济性状遗传相关的研究结果，如表 6－4 所示。

表 6－4 澳洲美利奴羊重要经济性状遗传性状间的遗传相关

性状	遗传相关
原毛重－净毛重	＋0.65～＋0.82
原毛重－体重	＋0.11～＋0.26
原毛重－皱褶评分	＋0.42
原毛重－每 1 mm² 毛纤维数	＋0.20
原毛重－产羔数	＋0.34（−0.52）
原毛重－断奶羔数	＋0.34（−0.85）
体重－产羔数	＋0.23（＋0.20）
体重－断奶羔数	＋0.47（＋0.06）
皱褶评分－产羔数	−0.21
皱褶评分－断奶羔数	−0.34
皱褶评分－毛纤维直径	＋0.18～＋0.19
皱褶评分－毛丛长度	−0.52～−0.45
毛纤维直径－产羔数	−0.38
毛纤维直径－断奶羔羊数	−0.33

第二节　夏洛来羊的选种技术

一、选种的意义

选种也称为选择，具体地讲，就是把那些符合标准的个体从现有羊群中选出来，让它们组成新的繁育群再繁殖下一代，或者从别的羊群中选择那些符合要求的个体加入现有的繁育群中来。经过这样反复地、多个世代的选择工作，不断地选优去劣，实现最终的两个目标：一是使羊群的整体生产水平不断提高，二是把羊群变成一个全新的群体或品种。因此，选种是养羊业中最基本的改良育种技术，是一项富有创造性的工作。

二、选种的方法

在现阶段我国的养羊业中，选种的主要对象是种公羊。农谚说，"公羊好好一坡，母羊好好一窝"。选择的主要性状多为有重要经济价值的数量性状和质量性状，例如夏洛来羊的体重、产肉量、屠宰率、胴体重、生长速度、繁殖力等。种公羊的选择一般从以下五个方面着手：①根据个体本身的表型表现——个体表型选择；②根据个体祖先的成绩——系谱选择；③根据旁系成绩——半同胞测验成绩选择；④根据后代品质——后裔测验成绩选择。⑤采用分子生物技术，利用分子标记辅助选择。上述几种选择方法是相辅相成、互有联系的，应将不同时期所掌握的资料合理利用，以提高选择的准确性。

（一）根据个体表型选择

个体表型值的高低，主要通过个体品质鉴定和生产性能测定的结果来衡量。由于表型选择就是在这一基础上进行的，因此首先要掌握个体品质鉴定的方法和生产性能测定的方法。此法标准明确、简便易行，尤其在育种工作的初期，当缺少育种记录和后裔资料时，此法是选择种羊的基本依据。个体表型选择是在夏洛来羊育种工作中应用最广泛的一种选择方法。表型选择的效果取决于表型与基因型的相关程度，以及被选性状遗传力的高低。

1. 鉴定的内容和项目

确定个体品质鉴定内容和项目的基本原则是以影响夏洛来羊代表性产品的重要经济性状为主要依据进行鉴定的。具体地讲，夏洛来羊是以肉用性状为主，因此，鉴定时应按夏洛来羊品种鉴定分级标准和鉴定方法组织实施。

2. 鉴定时间的确定

夏洛来羊的鉴定时间一般在断奶、6～8 月龄、周岁和 2.5 岁时进行。

3. 鉴定方式

根据育种工作的需要可分为个体鉴定和等级鉴定两种。两者都是根据鉴定项目逐只进行，只是等级鉴定不作个体记录，依鉴定结果综合评定等级，做出等级标记分别归入相应的等级群中，而个体鉴定要进行个体记录，并可根据育种工作需要增减某些项目，是选择种羊的依据之一。个体鉴定的羊只包括种公羊、特级和一级母羊及其所生育的成羊，以及后裔测验的母羊及其羔羊。因为这些羊只是羊群中的优秀个体，羊群质量的提高必须以这些羊只为基础。

4. 鉴定方法和技术

（1）鉴定场地准备

鉴定前要选择距离各羊群比较适中的地方，准备好鉴定圈，圈内最好装备可活动的围栏，以便能够根据羊群数量而随时调整圈羊场地的面积，便于捉羊。圈的出口处应设鉴定台，台高 60 厘米、长 100～120 厘米、宽 50 厘米；在圈出口的通道两侧挖坑，坑深 60 厘米、长 100～120 厘米、宽 50 厘米。鉴定人员和保定羊的人员站在坑内，目光正好平视被鉴定羊只的背部。坑前最好铺一块与地面相平的木板，让羊只站在木板上。鉴定场地里还应分设几个小圈，以分别圈放鉴定后的各等级的羊，待整群羊鉴定完毕，鉴定人员对各级羊进行总体复查，以随时纠正可能发生的误差。

（2）鉴定人员要求

鉴定开始前，鉴定人员要熟悉掌握夏洛来羊的品种标准，并对要鉴定羊群情况有一个全面了解，包括羊群来源和现状、饲养管理情况、选种选配情况、以往羊群鉴定等级比例和育种工作中存在的问题等，以便在鉴定中有针对性地考察。

（3）鉴定过程

鉴定开始时，要先看羊只整体结构是否匀称，外形有无严重缺陷，被毛有无花斑或杂色毛，行动是否正常。待羊接近后，再看公羊是否为单睾、隐睾，母羊乳房是否正常等，以确定该羊有无进行个体鉴定的价值。凡应进行个体鉴定的羊要按规定的鉴定项目和顺序严格进行。

个体表型选择，除按个体品质鉴定和生产性能测定结果外，随着羊群质量的提高和育种工作的深入，为选择出更优秀的个体，提高表型选择的效果，可考虑采用以下选择指标。

①性状率（T）

是指个体某一性状的表型值（Px）与其所在群体同一性状平均表型值

（$\bar{P}x$）的百分比：

$$T\% = \frac{Px}{\bar{Px}} \times 100\%$$

性状率可用于比较不同环境或同一环境中种羊个体间的差别。例如有三只后备公羊，其中两只来自特殊培育群，一只来自大群管理群，试比较其优劣。特殊培育群平均胴体重 65 千克，被选个体甲、乙分别为 80 千克和 100 千克；大群平均胴体重 50 千克，被选个体丙胴体重 65 千克，这样，甲、乙、丙三只羊的性状率为：

$T_甲（\%）= 80/65 \times 100\% = 123.0\%$

$T_乙（\%）= 100/65 \times 100\% = 153.7\%$

$T_丙（\%）= 65/50 \times 100\% = 130.0\%$

显然，根据性状率，三只公羊的性状率顺序是乙＞丙＞甲。因此，认为凡特殊培育的公羊均比大群管理的好。但情况并不完全如此。这里环境效应对表型值的影响很大，上例中甲丙二者相比，丙性状率高于甲，尽管胴体重相差 15 千克，但如丙羊在高营养水平下，其胴体重可能超过甲。

②育种值

根据被选个体某一性状的表型值与同群羊同一性状在同一时期的平均表型值和被选性状的遗传力值进行估算。其公式是：

$$\hat{A}_{xx} = （P_x - \bar{P}）h^2 + P$$

式中：$\hat{A}_x$——被选个体 x 性状的估计育种值；

$\quad\quad P_x$——被选个体 x 性状的表型值；

$\quad\quad \bar{P}$——同群羊群 x 性状的平均表型值；

$\quad\quad h^2$——x 性状的遗传力。

由此可见，个体表型值超过群体表型值越多，被选性状的遗传力值越高，则个体估计育种值越高。育种值同样可用于比较不同环境或同一环境中种羊个体之间的差别。

（二）根据系谱选择

系谱是反映个体祖先生产性能和等级的重要资料，是一个十分重要的遗传信息来源。在养羊业生产实践中，常常通过系谱审查来掌握被选个体的育种价值。如果被选个体本身好并且许多主要经济性状与亲代具有共同点，则证明其遗传性稳定，可以考虑留种。当个体本身还没有表型值资料时，则可用系谱中的祖先资料来估计被选个体的育种值，从而进行早期选择，其公式是：

$$\hat{A}_x = \left[\frac{1}{2}（P_F - P_M）- \bar{P}\right]h^2 + P$$

式中：$\hat{A}_x$——个体 x 性状的估计育种值；

P_F——个体父亲 x 性状的表型值；

P_M——个体母亲 x 性状的表型值；

$\overline{P}$——与父母同期羊群 x 性状平均表型值；

h^2——x 性状的遗传力。

根据系谱选择，主要考虑影响最大的亲代，即父母代的影响。血缘关系越远，对子代的影响越小。因此，在夏洛来羊育种实践中，一般对祖父母代以上的祖先资料很少考虑。

（三）根据半同胞表型值选择

根据个体半同胞表型值进行选择，是利用同父异母的半同胞表型值资料来估算被选个体的育种值而进行的选择。这一方法在养羊业上有特殊意义：①由于人工授精繁殖技术的广泛应用，同期所生的半同胞羊数量大，资料容易获得，而且由于同年所生，环境影响相同，所以结果也较准确可靠。②可以进行早期选择，即在被选个体无后代时就可进行。根据半同胞资料估计个体育种值的公式是：

$$\hat{A}_x = (\overline{P}_{HS} - \overline{P}) h^2_{HS} + \overline{P}$$

式中：$\hat{A}_x$——个体 x 性状的估计育种值；

P_{HS}——个体半同胞 x 性状平均表型值；

$\overline{P}$——与个体同期羊群 x 性状平均表型值；

h^2_{HS}——半同胞均值遗传力。

因所选个体的半同胞数量不等，故对遗传力须作加权处理，其公式是：

$$h^2_{HS} = \frac{0.25Kh_2}{1 + (K-1)\ 0.25h^2}$$

式中：K——半同胞只数；

0.25——半同胞间遗传相关系数；

h^2——x 性状遗传力。

（四）根据后代品质——后裔成绩选择

后裔测定就是通过后代品质的优劣来评定种羊的育种价值。这是最直接、最可靠的选种方法，因为选种目的在于获得优良后代，如果被选种羊的后代好，就说明该种羊种用价值高，选种正确。后裔测定方法的不足之处是需时较长，要等到种羊有了后代，并且生长到后代品质充分表现、能够作出正确评定的时候，如夏洛来羊要在后代长到 6～8 月龄时。虽然如此，此法在养羊业中仍被广泛应用，特别是在有育种任务的羊场（企业）和规模较大的养羊专业户中。

1. 后裔测定的基本原则

（1）被测公羊应为经表型选择、系谱审查后，被认为是最优秀的并准备以后要大量使用的公羊，年龄为 1.5～2 岁。

（2）与配母羊品质整齐、优良，最好是一级母羊，年龄为 2～4 岁。

（3）每只被测公羊的与配母羊数要求为 30～50 只，配种时间尽可能一致、相对集中为好。

（4）后代出生后，应与母羊同群饲养管理，同时对不同公羊的后代，也应尽可能在同样或相似的环境中饲养管理，以排除环境因素造成的差异，从而科学客观地进行比较。

2. 后裔测定结果的评定方法

在养羊业中常用下面两种方法。

（1）母女对比法

包括母女同年龄成绩对比和母女同期成绩对比两种。前者有年度差异，特别是饲养管理水平年度波动大时，会影响结果。后者虽无年度差异且饲养管理条件相同，但需校正年龄差异。在进行母女对比时，又有以下两种指标。

①母女直接对比

母女直接对比是对母女同一性状的差（D－M）进行比较，这不能精准比较出女儿的生产性能水平。以赵有璋等在甘肃省天祝种羊场用新西兰罗姆尼周岁公羊进行试验的资料（1982）为例（表6－5）：

表6－5　　　　　　　　　　　母女直接对比表

公羊号	母女对数	剪毛量 kg			毛长 cm			体重 kg		
		母	女	母女差	母	女	母女差	母	女	母女差
9－718	29	4.27	4.64	＋0.37	13.36	14.62	＋1.26	41.76	44.17	＋2.41
9－12	17	4.17	4.44	＋0.27	13.09	13.85	＋0.76	41.12	44.97	＋3.85
9－13	21	4.36	4.83	＋0.47	13.24	14.98	＋1.74	44.29	46.38	＋2.09
9－25	23	433	4.46	＋0.13	13.39	14.20	＋0.81	43.72	44.43	＋0.71
9－36	21	4.40	4.39	－0.01	14.00	13.90	－0.10	43.05	43.71	＋0.66

从表6－5母女直接对比结果看，被测公羊中以 9－13 和 9－718 的后代最好，9－12 和 9－25 后代次之，9－36 最差。

②公羊指数对比

公羊指数是以女儿性状值在遗传来源上由父母各提供一半为依据计算得出的，即 $D=\dfrac{F+M}{2}$，公羊指数 $F=2D-M$。

式中，F——公羊指数；

D——女儿性状值；

M——母亲的性状值。

因此，公羊指数等于女儿性状值与母女同一性状值差之和，此值越大，表明该公羊后代平均值超过母代之值越大，公羊的种用价值越高，如表6－6。

表6－6 被测公羊的公羊指数

公羊号	母女对数	剪毛量 kg	毛长 cm	体重 kg
9－718	29	5.01	15.88	46.58
9－12	17	4.71	14.61	48.82
9－13	21	5.30	16.72	48.47
9－25	23	4.59	15.01	45.14
9－36	21	4.38	13.80	44.37

（2）公羊指数对比结果仍以9－718和9－13为最好，9－36最差，9－12和9－25居中。

同期同龄后代对比法

仍以上述5只罗姆尼公羊女儿的资料为例进行同龄后代对比。由于公羊女儿数不等，直接采用算术平均数进行比较难免出现偏差，为此，多采用某公羊女儿数（n_1）与被测公羊总女儿数（n_2）加权平均后的有效女儿数（W），

即：

$$W = \frac{n_1 \times (n_2 - n_1)}{n_1 + (n_2 - n_1)}$$

将被测公羊女儿性状平均表型值（x_1）与被测公羊总女儿数的同一性状平均表型值（$\overline{x}$）相比差（$x_1 - \overline{x}$）与有效女儿数相乘，得到加权平均差数（D_w）。据此计算出公羊的相对育种值（A_x）。

$$A_x = \frac{D_w + \overline{X}}{X_1} \times 100\%$$

相对值越大，公羊越好。一般以100%为界，超过100%的为初步合格的公羊，见表6－7。

表6-7			后裔测验公羊的相对育种值			
公羊号	女儿只数 n_1	平均数 $(\bar{x})$	差数 D $(x_1-\bar{x})$	有效女儿数 （W）	加权平均数差数（D_w）	相对育种值（%）
剪毛量（群体平均数 $\overline{X}=4.56$ kg，$n_2=111$）						
9-718	29	4.64	+0.08	22.99	+1.84	140.35
9-12	17	4.44	-0.12	14.74	-1.77	61.38
9-13	21	4.83	+0.27	17.66	+4.77	204.61
9-25	23	4.46	-0.10	19.05	-1.96	58.11
9-36	21	4.39	-0.17	17.66	-3.00	34.21
毛长（群体平均数 $\overline{X}=14.35$ cm，$n_2=111$）						
9-718	29	14.62	+0.27	22.99	+6.21	143.28
9-12	17	13.85	-0.50	14.74	-7.37	109.56
9-13	21	14.98	+0.63	17.66	+11.13	167.19
9-25	23	14.20	-0.15	19.05	-2.86	89.35
9-36	21	13.90	-0.45	17.66	-7.95	61.66
体重（群体平均数 $\overline{X}=44.68$ kg，$n_2=111$）						
9-718	29	44.17	-0.51	22.99	-11.72	73.77
9-12	17	44.97	+0.29	14.74	+4.27	109.56
9-13	21	46.38	+1.70	17.66	+30.02	167.19
9-25	23	44.43	-0.25	19.05	-4.76	89.35
9-36	21	43.71	-0.97	17.66	-17.13	61.66

从表6-7可看出，相对育种值在三项指标上均高的仅有9-13公羊，而9-36和9-25公羊三项育种值均在100%以下，其他公羊只在单项上合格。由此可以明确被测公羊的优劣。

用母女对比和同龄后代对比两种方法评定后裔测定，所得结果除会出现相同外，也会出现某差异，见表6-8，因此需要对资料进行进一步的统计分析处理。

表 6－8　　　应用不同方法评定罗姆尼公羊名次排序结果对照

性状	应用方法	9－718	9－12	9－13	9－25	9－36
剪毛量	母女差	2	3	1	4	5
	公羊指数	2	3	1	4	5
	同龄后代对比	2	4	1	3	5
	相对育种值	2	3	1	4	5
毛长	母女差	2	4	1	3	5
	公羊指数	2	4	1	3	5
	同龄后代对比	2	5	1	3	4
	相对育种值	2	4	1	3	5
体重	母女差	2	1	3	4	5
	公羊指数	3	1	2	4	5
	同龄后代对比	4	2	1	3	5
	相对育种值	4	2	1	3	5

在养羊业中，虽然对公羊进行后裔测定比较广泛，但是也不能忽视母羊对后代的影响。根据后代品质评定母羊的方法是当母羊与不同公羊交配，都能生产优良羔羊时，就可以认为该母羊遗传素质优良；若与不同公羊交配，连续两次都生产劣质羔羊，则该母羊就应由育种群转移到一般生产群中去。母羊的多胎性状是一个很有价值的经济性状，当其他条件相同时，应优先选择多胎母羊留种。

（五）分子标记辅助选择

绵羊的多胎性是由于常染色体上控制繁殖性状的基因发生突变所致，该基因被命名为 Fecb。Fecb 基因对排卵数具有加性效应，对产羔数具有显性效应。Fecb 基因定位在绵羊 6 号染色体的 SPPI 和 EGF 之间的区域，有研究发现，位于该区域内的骨形态发生蛋 IB 受体（BMPRIB）基因编码区 746 处 A－C 突变的发生与 Fecb 表型一致。Jia 等人（2005）发现我国多胎品种小尾寒羊群体中 BMPRIB 基因也存在 746 处 A－C 突变，其纯合的突变型和杂合的突变型母羊比野生型母羊多产 1.04 个和 0.74 个羔羊。1998 年 Lord 将 Fecb 基因精确定位在绵羊 6 号染色体着丝粒区的微卫星标记 OarAE101 和 BM1329 之间的一个 10 cm 区间内。有研究发现与多胎基因 Fecb 紧密相连的微卫星座位 OarAE101.LSCV043、300U、BMS2508、BM143 等在小尾寒羊和湖羊群体中呈高度多态性位点，已经成为多胎绵羊辅助标记选择的分子标记。

目前，羊的分子标记辅助选种已经广泛应用到夏洛来羊育种生产实际中。

三、选种的关键点

（一）体质

体质是指家畜有机体在遗传因素和外界环境条件相互作用下，所形成的内部和外部、部分和整体以及形态和机能在整个生命活动过程中的统一。它体现了有机体在结构和机能上的协调性、有机体对于生活条件的适应性以及其生产性能等特点。结实的体质是保证羊只健康，充分发挥绵羊品种所固有的生产性能和抵抗不良环境条件的基础；片面追求生产性能或某些性状指标而忽视了绵羊的体质，就有可能导致不良的后果，例如 19 世纪俄国育种家莫扎耶夫在进行绵羊育种时，由于只追求毛的长度、弯曲、细度、油汗和被毛覆盖，忽视了羊的体质和外形，结果培育出的马扎也夫品种绵羊虽然具有毛长（8～10 厘米以上）、羊毛强度大、弯曲明显、成年母羊平均体重 50 千克、剪毛量 4～5 千克等优点，但是其体质纤弱、外形不良、发病率高、死亡率大。在绵羊杂交育种过程中，随着杂交代数的增加，如果不注意选种选配和相应地改善饲养管理条件，再加上不适当的亲缘繁殖，就有可能造成杂种后代的体质纤弱、生活力下降、生产性能低和适应性差等问题。因此，在选择绵羊时应当注意选择体质结实的羊。

（二）性状遗传力的高低

性状遗传力是个相对值，最高为 1，最低为 0。遗传力接近 1，表明该性状的个体间表型值的差别几乎全部是遗传力造成的。对这类性状，选择表型优秀的个体，就等于把遗传上优秀的个体找了出来，表型选择就有效。遗传力低的性状，表示该性状的个体间表型值的差异受环境影响大，对这类性状，只靠表型值选择是无效的，应采用家系选择法。

（三）选择差的大小

选择差是指留种群某一性状的平均表型值与全群同一性状平均表型值之差。选择差的大小直接影响选择效果。选择差又直接受留种比例和所选性状标准（即羊群该性状的整齐程度）的制约。留种比例增大，选择差也就越小；性状标准差增大，则选择差也随之增大。

留种比例也直接关系到选择强度，留种比例越大，选择强度则越小，见表 6-9。选择强度就是标准差化的选择差。它们之间的关系如下：

$$R-Sh^2, \quad S=i\delta, \quad i=s/\delta_p, \quad R-i\delta_p h$$

式中：R——选择效应；

　　　　S——选择差；

i——选择强度；

6_p——性状标准差。

表 6—9 不同留种率的选择差与遗传强度

留种率（%）	选择差（S）	选择强度（i）
100	0.00	0.00
90	$0.195 6_p$	0.195
80	$0.350 6_p$	0.350
70	$0.497 6_p$	0.497
60	$0.644 6_p$	0.644
50	$0.789 6_p$	0.789
40	$0.966 6_p$	0.966
30	$1.158 6_p$	1.158
20	$1.400 6_p$	1.400
10	$1.755 6_p$	1.755
5	$2.063 6_p$	2.063
4	$2.154 6_p$	2.154
3	$2.268 6_p$	2.268
2	$2.421 6_p$	2.421
1	$2.665 6_p$	2.665

可见，在性状遗传力水平相同的情况下，选择差越大，后代提高的幅度就越大，所以在养羊业实践中，为加快选择的遗传进展，应尽可能增加淘汰数量，降低留种比例，以加大选择差。

（四）世代间隔的长短

世代间隔是指羔羊出生时双亲的平均年龄，或者说是从上代到下代所经历的时间。夏洛来羊的世代间隔一般为 4 年左右。计算公式为：

$$L_0 = P + \frac{T-1}{2} \times C$$

式中：L_0——世代间隔；

　　　P——初产年龄；

　　　T——产羔次数；

　　　C——产盖间距。

世代间隔长短是影响选择性状遗传进展的因素之一。在一个世代里，每年的遗传进展量取决于性状选择差、性状遗传力以及世代间隔的长短，如下公式所示：

$$\Delta G = sh^2/L_0$$

式中：ΔG——每年遗传进展量；

L_0——世代间隔的时间。

可见，世代间隔越长，遗传进展就越慢。因此，在羊改良和育种工作中，应当尽可能地缩短世代间隔，其主要的办法有以下几种。

一是公母羊应尽早繁殖。一般不推迟初配年龄，初配年龄通常以 1.5 岁左右为宜，饲养在生态经济条件较好时还可适当提早。

二是缩短利用年限。淘汰老龄羊，公、母羊利用年限越长，到下一代出生时双亲的平均年龄就越大，世代间隔就越长。

三是缩短产羔间距。在有条件的地区可实行两年产三胎或一年产两胎的办法，以缩短产羔间距。

第三节　夏洛来羊的选配方法

一、选配的意义和作用

选配就是在选种的基础上，根据母羊的特性，为其选择恰当的公羊与之配种，以期获得理想的后代。因此选配是选种工作的继续，它同选种结合构成在规模化改良育种工作中两个相互联系、不可分割的重要环节，是改良和提高羊群品质最基础的方法。

选配的作用在于巩固选种效果。正确的选配，使后代能够结合和发展被选择羊所固有的优良性状和特征，从而使羊群质量获得预期的遗传进展。具体来说，选配的作用主要是使亲代的固有优良性状稳定地传给下一代；把分散在双亲个体上的不同优良性状结合起来传给下一代；把细微的、不明显的优良性状累积起来传给下一代，对不良性状、缺陷性状给予削弱或淘汰。

二、选配的类型

选配可分为表型选配和亲缘选配两种类型。表型选配是以与配公、母羊个体本身的表型特征作为选配的依据，亲缘选配则是根据双方的血缘关系进行选配。这两类选配都可以分为同质选配和异质选配，其中亲缘选配的同质选配和异质选配即指近交和远交。

（一）表型选配

1. 同质选配和异质选配

表型选配即品质选配，它可分为同质选配和异质选配。

（1）同质选配

是指具有同样优良性状和特点的公、母羊之间的交配，以便使相同特点能够在后代身上得以巩固和继续提高。通常特级羊和一级羊是属于品种理想型羊只，它们之间的交配即具有同质选配的性质；或者当羊群中出现优秀公羊时，为使其优良品质和突出特点能够在后代中得以保存和发展，则可选用同羊群中具有同样品质和优点的母羊与之交配，这也属于同质选配。

例如，双羔双肌母羊选用双羔双肌的公羊相配，以便使后代的产羔数和产肉性能上得以继承和发展。这也就是"以优配优"的选配原则。

（2）异质选配

是指选择在主要性状上不同的公、母羊进行交配，目的在于使公、母羊所具备的不同的优良性状在后代身上得以结合，从而创造一个新的类型；或者是用公羊的优点纠正或克服与配母羊的缺点或不足。用特级公羊、一级公羊配二级以下母羊即具有异质选配的性质。

例如，选择体大、毛长、毛密的特级公羊、一级公羊与体小、毛短、毛密的二级母羊相配，可使其后代体格增大，毛长增加，同时羊毛密度得以继续巩固提高。在异质选配中，必须使母羊最重要的有益品质借助于公羊的优势得以补充和强化，使其缺陷和不足得以纠正和克服。这也就是"公优于母"的选配原则。

综上所述，按照选配的性质，虽然可以分为同质选配和异质选配两种，但要指出的是在羊育种实践中同质和异质往往是相对的，并非绝对的。比如，以前文列举的特级公羊与二级母羊的选配来说，按毛长和体大划分属于异质选配，但对于羊毛密度则又是同质的。因此，在实践中并不能把它们截然分开，而应根据改良育种工作的需要，分清主次，结合应用。在培育新品种的初期阶段一般多采用异质选配，以综合或者集中亲本的优良性状；当已获得理想型，进入横交固定阶段以后，则多采用亲缘的同质选配，以固定优良性状、纯合基因型、稳定遗传性。在纯种选育中，两种选配方法可交替使用，以求品种质量的不断提高。

2. 个体选配和等级选配

表型选配在养羊业中的具体应用也是十分复杂的。其选配方法也可分为个体选配和等级选配。

（1）个体选配

是为每只母羊选配合适的公羊。主要用于特级母羊，如果一级母羊为数不多时，也可以用这种选配方式。因为特级公羊、一级母羊是品种的精华、羊群的核心，对品种的进一步提高关系极大。同时，由于这些母羊达到了较高的生产水平，继续提高比较困难，所以必须根据每只母羊的特点为其精准地选配公羊。个体选配应遵循的基本原则有以下几点：

①符合品种理想型要求，并具有某些突出优点的母羊，如生长发育快、早熟、肉用性能好、产羔率高等性状良好的母羊，应为其选配具有相同特点的特级公羊、一级公羊，以期获得具有这些突出优点的后代。

②符合理想型要求的一级母羊，应选配与其同一品种、同一生产方向的特级公羊、一级公羊，以期获得较母羊更优的后代。

③对于具有某些突出优点，但同时又有些性状不够理想的母羊，如体格特大、羊毛很长，但羊毛密度欠佳的母羊，则要选择在羊毛密度上突出，体格、毛长性状上也属优良的特级公羊与之交配，以期获得既能保持其优良性状又能纠正其不足的后代。

（2）等级选配

二级以下的母羊具有各种不同的优缺点，应根据每一个等级的综合特征为其选配适合的公羊，以求等级的共同优点得以巩固，共同缺点得以改进，这种选配被称之为等级选配。

（二）亲缘选配

亲缘选配是指具有一定血缘关系的公、母羊之间的交配。按交配双方血缘关系的远近可分近交和远交两种。

近交指亲缘关系近的个体间的交配。凡所生子代的近交系数大于 0.78% 者，或交配双方到其共同祖先的代数的总和不超过 6 代者，为近交，反之则为远交。在夏洛来羊生产中采用亲缘选配方法时，要科学地、正确地掌握和应用近交的问题。

1. 近交的作用

在一个初始选育的羊群群体内，或者在品种形成的初期阶段，其群体遗传结构比较复杂，但只要通过持续地、定向地选种选配，就可以提高群体内顺向选择性状的基因频率，降低反向选择性状的基因频率，从而使羊群的群体遗传结构朝着既定的选择方向发展，达到性状比较一致的目的。采用近交办法，可以加快群体的这一纯合过程。近交的主要作用有以下几点：

（1）固定优良性状，保持优良血统

近交可以纯合优良性状基因型，并且比较稳定地遗传给后代，这是近交固定优良性状的基本效应。因此，在建立新品系过程中，当羊群中出现符合理想的优良性状以及特别优秀的个体后，必然要采用同质选配加近交的办法，来纯合和固定这些优良性状，增加纯合个体的比例，这就是优良品系（家系）的形成过程。需要指出的是，数量性状受多对基因控制，所以其近交纯合速度不如受一对或几对基因控制的质量性状快。

（2）暴露有害隐性基因

近交同样使有害隐性基因纯合配对的机会增加。在一般情况下，有害的隐性基因常被有益的显性等位基因所掩盖而很少暴露，多呈杂合体状态存在，因此，单从个体表型特征上看是很难被发现的。通过近交就可以分离杂合体基因型中的隐性基因并且形成隐性基因纯合体，即出现有遗传缺陷的个体。将其及早淘汰可以使群体遗传结构中隐性有害基因的存在机率大大降低。因此，正确的应用近交可以提高羊群的整体遗传素质。

（3）近交通常伴有羊只本身生活力下降的趋势

不适当的近亲繁殖会产生一系列不良后果，除生活力下降外，繁殖力、生长发育、生产性能都会降低，甚至产生畸形怪胎，从而导致品种或群体的退化（表 6—10）。

表 6—10 近交对绵羊各种经济性状的影响

性状	统计数	回归系数 *	
		平均	范围
断奶重（0.45 kg）	2	−0.339	−0.302～−0.375
周岁重（0.45 kg）	5	−0.381	−0.055～−0.585
体型评分	7	0.010	0.002～0.016
体况评分	7	0.007	0.002～0.013
面部盖毛评分	7	0.004	−0.004～0.016
颈部皱褶评分	7	−0.003	−0.009～−0.001
净毛重（0.45 kg）	3	−0.018	−0.008～−0.025
原毛重（0.45 kg）	5	−0.029	−0.013～−0.057
毛丛长度（cm）	7	−0.007	0.000～−0.015

2. 近交系数的计算和应用

近交系数是代表与配公、母羊间存在的亲缘关系在其子代中造成相同等位基因的机会，是表示纯合基因来自共同祖先的一个大致百分数。计算近交系数的公式如下：

$$F_x = \sum \left[\left(\frac{1}{2}\right)^{n1+n2+1} \times (1 + F_n) \right. \text{或}$$

$$F_x = \sum \left[\left(\frac{1}{2}\right)^n \times (1 + F_n) \right]$$

式中：F——个体 x 的近交系数；

$\sum$ ——表示总和，即把个体到其共同祖先的所有通路（通径链）累加起来；

1/2——常数，表示两世代配子间的通径系数；

n1＋n2——通过共同祖先把个体 x 的父亲和母亲连接起来的通径链上所有的个体数；

F_n——共同祖先的近交系数，计算方法与计算 F_x 相同，如果共同祖先不是近交个体，则计算近交系数的公式变为：

$$F_X = \sum \left(\frac{1}{2}\right) N \ \text{或} \ F_X = \sum \left(\frac{1}{2}\right)^{n1+n2+1}$$

在养羊业生产实践中应用亲缘选配时要注意以下几个问题：

①选配双方要进行严格选择，必须是体质结实，健康状况良好，生产性能高，没有缺陷的公、母羊才能进行亲缘选配。

②要为选配双方及其后代提供较好的饲养管理条件，即应给予较其他羊群更丰富的营养条件。

③所生后代必须进行仔细鉴定，选留那些体质结实、体格健壮、符合育种要求的个体继续作为种用。凡体质纤弱、生活力衰退、繁殖力降低、生产性能下降以及发育不全、有缺陷的个体要被严格淘汰（表6－11）。

表6－11　　　　　　　　　　不同亲缘关系与近交系数

近交程度	近交类型	罗马字标记法	近郊系数（%）
	亲子	Ⅰ－Ⅱ	25
	全同胞	Ⅱ Ⅱ－Ⅱ Ⅱ	25
嫡亲	半同胞	Ⅱ－Ⅱ	12.5
	祖孙	Ⅰ－Ⅲ	12.5
	叔侄	Ⅱ Ⅱ－Ⅲ Ⅲ	2.5
	堂兄妹	Ⅲ Ⅲ－Ⅲ Ⅲ	6.25
	半叔侄	Ⅱ－Ⅲ	6.25
近亲	曾祖孙	Ⅰ－Ⅳ	6.25
	半堂兄妹	Ⅲ－Ⅲ	3.125
	半堂祖孙	Ⅱ－Ⅳ	3.125

近交程度	近交类型	罗马字标记法	近郊系数（%）
中亲	半堂叔侄	Ⅲ－Ⅳ	1.562
	半曾祖孙	Ⅲ－Ⅴ	1.562
远亲	远堂兄妹	Ⅳ－Ⅳ	0.781
		Ⅲ－Ⅴ	0.781
	其他	Ⅱ－Ⅵ	0.781

三、选配应遵循的原则

（1）为母羊选配的公羊，在综合品质和等级方面必须优于母羊。

（2）为具有某些方面缺点和不足的母羊选配公羊时，必须选择在这方面有突出优点的公羊与之配种，绝对不可以用具有相同缺点的公羊与之配种。

（3）采用亲缘选配时应当特别谨慎，切忌滥用。

（4）及时总结选配效果，如果效果良好，可按原方案再次进行选配；否则，应修正原选配方案，另换公羊进行选配。

四、夏洛来羊在北方地区的选育成果

（一）选育前生产水平

夏洛来羊在 20 世纪 90 年代初引进我国时的生产性能水平已经较高，显著优于我国地方肉用绵羊水平。

1. 体尺

（1）3 月龄

公羊体长 64 厘米，体高 52 厘米，胸围 65 厘米。

母羊体长 62 厘米，体高 52 厘米，胸围 64 厘米。

（2）6 月龄

公羊体长 79～85 厘米，体高 56～63 厘米，胸围 89～96 厘米。

母羊体长 76～83 厘米，体高 53～63 厘米，胸围 85～95 厘米。

（3）24 月龄

公羊体长 97 厘米～105 厘米，体高 71 厘米～78 厘米，胸围 103 厘米～122 厘米。

母羊体长 82 厘米～98 厘米，体高 63 厘米～68 厘米，胸围 85 厘米～110 厘米。

2. 体重

（1）初生羔羊

夏洛来羊的初生公羔体重 5.0～7.0 千克，初生母羔 4.0～6.5 千克。

（2）6 月龄

公羔体重 50.5～63.8 千克，母羔 44.6～53.1 千克。

（3）12 月龄

公羊 85～101.5 千克，母羊 63.0～82.4 千克。

（4）24 月龄

公羊 100～130 千克，母羊 65.2～95.4 千克。

3 月龄羔羊体重可达 33 千克以上，一月龄内羔羊平均日增重可达 480 克以上。

3. 繁殖性能

（1）公羊

9 月龄性成熟，12 月龄后可采精或配种，射精量 0.6～1.5 毫升（指公羊一次性向体外排出的精液量），公羊可常年配种。

（2）母羊

7 月龄性成熟，8 月龄可配种。母羊季节性发情，在 9、10 月份相对集中，发情周期 14～20 天，妊娠期 147～152 天。初产母羊产羔率 130%～140%，经产母羊产羔率 172%～206%。母性好，带羔能力强。

4. 产肉性能

育肥羊屠宰率在 55% 以上，6 月龄羔羊胴体可达 25 千克。6 月龄公羊的屠宰率为 53%～55%，胴体重为 26.8～35.1 千克；母羊的屠宰率和胴体重分别为 50%～53% 和 22.3～28.1 千克。12 月龄公羊的屠宰率为 55%～56%，胴体重为 46.8～56.8 千克；母羊的屠宰率和胴体重分别为 52%～55% 和 36.5～45.3 千克。

5. 肉质

肉色鲜嫩、肉质味美、精肉多，大理石样花纹明显，膻味轻，易消化。

6. 产毛性能

被毛为同质毛。成年公羊剪毛量 2.0～2.5 千克，成年母羊剪毛量 1.8～2.5 千克，毛长度 3～5 厘米，毛细度 29～30.5 微米，油汗中等，无干毛、死毛。

（二）选育后的性能水平

夏洛来羊在辽宁省朝阳市朝牧种畜场经过 28 年的不断选育，在体尺（图 6-1）、体重、生长发育参数和生产性能等方面都获得了较大地提高。2022 年开展了完整的生产性能测定工作，获得了目前夏洛来羊比较新的各类参数，如下表 6—12、6—13、6—14、6—15、6—16。

图 6—1　夏洛来羊身高体长

1. 体尺体重参数（表 6—12）：

表 6—12　　　　　夏洛来羊成年羊体尺体重测定表（2022 年）

羊别	只数	体重（kg）	体高（cm）	体长（cm）	胸围（cm）	管围（cm）
公羊	24	138.0±7.1	75.0±2.3	103.6±1.7	118.7±3.7	10.3±0.3
母羊	60	118.9±4.4	67.8±1.6	96.3±2.1	110.3±3.6	9.0±0.4

2. 生长发育参数（表 6—13）：

表 6—13　　　　　夏洛来羊生长发育测定表（2022 年）　　　　　单位：kg

羊别	初生重	断奶重	6 月龄重	12 月龄重
公羊	6.2±0.4	33.2±1.9	61.2±3.1	88.9±4.7
母羊	5.6±0.5	31.2±1.8	50.1±2.1	75.5±3.4

3. 生产性能参数（表 6—14、6—15）：

表 6—14　　　　　夏洛来羊羊毛生产性能测定表（1）

羊别	剪毛量（g）	净毛量（g）	净毛率（%）	油汗含量	油汗颜色	羊毛颜色
公羊	2326.4±136.6	1460.7±91.7	62.8±1.3	含量适中	白色	白色
母羊	2278.8±117.1	1429.2±62.9	60.3±1.5	含量适中	白色	白色

表 6－15　　　　　　夏洛来羊羊毛生产性能测定表（2）

羊别	毛纤维直径 （cm）	伸直长度 （cm）	毛丛自然长度 （cm）	弯曲数 （个）
公羊	26.1±1.0	7.5±0.2	5.2±0.4	2.6±0.5
母羊	25.5±1.3	7.5±0.3	5.4±0.6	2.4±0.5

4. 繁殖性能参数（表 6－16）：

表 6－16　　　　　　夏洛来羊繁殖性能测定表

繁殖指标	公羊	母羊
初情期（月龄）	7～8	6～7
性成熟期（月龄）	9～12	7～8
初配年龄（月龄）	12～18	7～8
发情季节（月份）	常年配种	8～12
发情周期（天）		14～20
妊娠期（天）		147～152
初产产羔率（%）		133～145
经产产羔率（%）		176～203
采精量（mL）	0.6～1.4	
精子活率（%）	70～95	
精子密度（亿个/mL）	25～40	

第四节　夏洛来羊的纯种繁育

　　纯种繁育是指同一品种内公、母羊之间的繁殖和选育过程。当品种经长期选育，已具有优良特性，并已符合育种目标需要时，就应采用纯种繁育的方法。其目的一是增加品种内羊只数量，二是继续提高品种质量。因此，不能把纯种繁育看成是简单的复制过程，它仍然有不断选育提高的任务。

　　在实施纯种繁育的过程中，为进一步提高品种质量，在保持品种固有特性、不改变品种生产方向的前提下，可根据需要和可能分别采用下列方法。

一、品系繁育法

品系是品种内具有共同特点，由彼此有亲缘关系的个体组成的遗传性稳定的群体。品系繁育就是根据一定的育种制度，充分利用卓越种公羊及其优秀后代，建立优质高产和遗传性稳定的畜群的一种方法。它是品种内部的结构单位，通常1个品种至少应当有4个以上的品系，只有这样，才能保证品种整体质量不断提高。例如，一个夏洛来羊品种，有许多重要经济性状不断需要提高，如生长发育、多羔性、肉用性能等。在品种的繁育过程中同时考虑的性状越多，各性状的遗传进展就越慢，但若首先分别建立几个不同性状的品系，然后通过品系间杂交，最后把这几个性状结合起来的方法进行品种繁育，对提高品种质量的效果就会更加显著。因此，在现代羊育种中常常采用品系繁育这一高级的育种技术手段。品系繁育的过程基本上包括四个阶段：①选择优秀种公羊作系祖阶段，②建立品系基础群阶段，③闭锁繁育品系形成阶段，④品系间杂交阶段。

（一）选择优秀的种公羊作为系祖

系祖的选择与创造是建立品系最重要的一步。系祖应是畜群中最优秀的个体，不但一般生产性能要达到品种的一定水平，而且必须具有独特的优点。理想型系祖的产生是通过有计划、有意识的选种选配，加强定向培育产生的。凡准备选作系祖的公羊（图6—2），都必须通过综合评定，即本身性能、系谱审查和后裔测验。只有被证明能将本身优良特性遗传给后代的种公羊，才能作为系祖使用。

图6—2 夏洛来羊种公羊

（二）品系基础群的组建

图6—3 基础母羊群

组建品系基础群是进行品系繁育的第二步（图6-3）。根据羊群现状特点和育种工作的需要，确定要建立哪些品系，如在夏洛来羊的育种中可考虑建立早熟体大系、肉质特优系、高繁殖力系等，然后根据要组建的品系来组建基础群。通常采用以下两种方式组建品系基础群。

1. 按血缘关系组群

首先，分析羊群的系谱资料，查明各配种公羊及其后代的主要特点，然后，将具有拟建品系突出特点的公羊及其后代挑选出来，组成基础群。需要注意的是，虽有血缘关系，但不具备所建品系特点的个体不能选入基础群。遗传力低的性状，如产羔数、体况评分、肉品质等，按血缘关系组群效果好。当公羊配种数量大，其亲缘后代数量多时，采用此方法较好。

2. 按表型特征组群

这种方法比较简单易行，不考虑血缘关系，而是将具有拟建品系所要求的相同表型特征的羊只挑选出来组建为基础群。对夏洛来羊来讲，由于其经济性状的遗传力大多较高，加之按血缘关系组群往往受到后代数量的限制，故在育种和生产实践中，在进行品系繁育时，常常根据表型特征组建基础群。

（三）闭锁繁育阶段

品系基础群组建起来后，不能再从群外引入公羊，而只能进行群内公、母羊的"自群繁育"，即将基础群"封闭"起来进行繁育。其目的是通过这一阶段的繁育，使品系基础群所具备的品系特点得到进一步巩固和发展，从而达到品系的逐步完善和成熟。在具体实施这一阶段的繁育工作时，要坚持以下原则。

①按血缘关系组建的品系基础群，要尽量扩大群内品系性状特点，对已证明其遗传性稳定的优秀公羊即系祖要提高利用率，并从该公羊的后代中选择和培育系祖的继承者。按表型特征组建的品系基础群，从一开始就要通过后裔测验的办法发现和培养系祖。系祖一旦认定，就要尽早扩大其利用率。应当肯定，优秀的系祖在品系繁育中的重要性，但这并不意味着品系就是系祖的简单的复制品。

②要坚持不断地进行选择和淘汰，特别是要将不符合品系要求的个体坚决地从品系群中淘汰。

③为巩固品系优良特性，使基因纯合，也为选择和淘汰提供机会，近亲繁殖在此阶段不可缺少，但要有目的、有计划地控制近亲繁殖。开始时，可采用嫡亲交配，以后逐代疏远；或者连续采用三、四代近亲或中亲交配，最后控制近交系数以不超过20％为宜。

④由于品系基础群内的个体基本上是同质的，因此可采用群体选配办法，

不必采用个体选配，但最优秀的公羊应该多配一些母羊。

⑤如果闭锁繁育阶段是采用随机交配的办法，则应利用控制公羊数来掌握近交程度。其计算公式是利用微分原理推导出的一个近似公式，称为"逐代增量估计法"。

$$\Delta F = \frac{1}{8N}$$

式中：ΔF——每代近交系数的增量；

N——群内配种公羊数。

上式得出的是每代近交系数的增量，再乘以繁殖世代数就可以获得该群羊的近交系数。如，一个封闭的羊群连续 5 代没有从外面引入公羊，并始终保持 4 头配种公羊，假设该羊群开始时近交系数为 0，那么该群羊现在的近交系数是：

$$\Delta F = 5 \times \Delta F = \frac{1}{8 \times 4} = 15.625\%$$

（四）品系间杂交阶段

当品系完善成熟以后，可按育种需要组织品系间的杂交。其目的在于结合不同品系的优点，使品种整体质量得以提高。由于这时的品系都已经过较长期的同质选配或近交，遗传性能比较稳定，所以品系间杂交的目的一般容易达到。例如，甲品系早熟体大，乙品系繁殖力高，二者杂交，其后代就会集它们的优点于一身。在进行品系间杂交后应根据杂交后羊群的新特点和育种工作的需要再着手创建新的品系。周而复始，以期不断提高品种水平。

（五）确保良好的饲养管理条件

系祖的遗传性仅仅是一种可能性，能否实现取决于是否具备使这种可能性实现的外界环境条件。因此，努力创造适宜于该品系所具有的珍贵性状和特点发育的饲养管理条件，是品系繁育顺利进行的重要因素。

二、血液更新法

血液更新是指从外地引入同品种的优质公羊来更新原羊群中使用的公羊。当出现下列情况时，可采用此法。

①当羊群小，长期封闭繁殖，已出现由于亲缘繁殖而产生近交危害时。

②当羊群的整体生产性能达到一定水平，性状选择差变小，靠本群的公羊难以再提高时。

③当羊群在生产性能或体质外形等方面出现某些退化时。

三、本品种选育法

本品种选育是地方优良品种的一种繁育方式，它通过品种内的选择、淘汰，加之合理的选配和科学的培育等手段，达到提高品种整体质量的目的。

凡属地方优良品种都具有某一特殊的、突出的优良生产性能，并且往往没有合适的品种与之杂交改良，不能期望通过杂交方式来提高品种质量；另外，地方良种的另一特点是，品种内个体间、地区间的性状表型差异较大，品种类型也往往不如培育品种那样整齐一致，因此选择提高的潜力较大。只要不间断地进行本品种选育，品种质量就会得到提高和完善。

本品种选育的基本做法，可从以下方面考虑。

（1）首先要全面地调查研究品种分布的区域及自然生态条件、品种内羊只数量及质量的区域分布特点、羊群饲养管理和生产经营特点以及存在的主要问题等，即首先摸清品种现状，制定品种标准。

（2）选育工作应以品种的中心产区为基地，以被选品种的代表性产品为基础，根据品种的代表性产品应具备特殊的经济性状和品种标准，制定科学的鉴定方法和鉴定分级标准。

（3）首先，严格按品种标准分阶段地（一般以五年为一阶段）制定科学合理的选育目标和任务。然后，根据不同阶段的选育目标和任务拟订切实可行的选育方案。选育方案是指导选育工作实施的依据，其基本内容包括：种羊选择标准和选留方法、羔羊培育方法、羊群饲养管理制度、生产经营制度以及选育区内地区间的协作办法、种羊调剂办法等。

（4）为加速选育进展和提高选育效果，凡进行本品种选育的地方良种，都应组建选育核心群或核心场。组建核心群（场）的数量和规模要根据品种现状和选育工作需要来定，选入核心群（场）的羊只必须是该品种中最优秀的个体。核心群（场）的基本任务是为本品种选育和提供优质种公羊。与此同时，在选育区内要严格淘汰劣质个体，杜绝不合格的公羊继续作种用。一旦发现特别优秀、遗传性稳定的种公羊，应采用人工授精等繁殖技术，尽可能地扩大其利用率。

（5）为充分调动品种产区群众对选育工作的积极参与，可以考虑成立品种协会或品种选育工作辅导站。其任务是组织和辅导选育工作，负责品种良种登记，并通过组织赛羊会、产品展销会、交易会等形式，引入市场竞争机制，搞活良种羊产品流通，这对推动本品种选育工作具有极为重要的实际意义（图6-4）。

图6—4　种羊竞卖

第五节　夏洛来羊的杂交改良

杂交就是两个或者两个以上不同品种或品系间公、母羊的交配。利用杂交可改良生产性能低的品种，创建新品种。杂交是引进外来优良遗传基因的唯一方法，是克服近交衰退的主要技术手段。杂交产生的杂种优势是生产更多更好羊产品的重要途径。此外，杂交还能将多品种的优良特性结合在一起，创造出原来亲本所不具备的新特性，增强后代的生活力。在我国鲁西黑头羊的培育过程中就使用了夏洛来羊作为杂交父本。常用的杂交方法有以下几种。

一、级进杂交

当一个品种生产性能很低，又无特殊经济价值，需要从根本上改造时，可引用另一优良品种与其进行级进杂交（图6—5）。例如将粗毛羊改变为专门化肉用羊，应用级进杂交是比较有效的方法。

级进杂交是以某一优良品种公羊连续同被改良品种母羊及其各代杂种母羊交配。一般说来，杂交进行到第4～5代时，杂种羊才接近或达到改良品种的特性及其生产性能指标，但这并不意味着级进杂交就是将被改良品种完全变成改良品种的复制品。在进行级进杂交时，仍需要创造性地应用，被改良品种的一些特性应当在杂种后代中得以保留，例如对当地生态环境的适应能力强、繁殖力高的特性等。

因此，级进杂交并不是级进代数越高越好，而是要根据杂交后代的具体表现和杂交效果，并考虑到当地生态环境和生产技术条件。当基本上达到预期目的时，这种级进杂交就应停止。进一步提高生产性能的工作则应通过其他育种手段去解决。

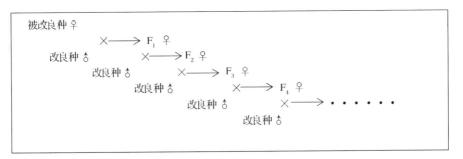

图 6－5　级进杂交模式

在组织级进杂交时要特别注意选择改良品种。当引入的改良品种对当地生态条件适应很好，并且对饲养管理条件的要求不高或是经过努力能够基本满足改良品种的要求时，则容易达到级进杂交的预期目的。否则，应考虑更换改良品种。此外，在级进杂交过程中，当级进到第 3～4 代以后，同代杂种羊的各种性能并不完全一致，因此不同的杂种个体所需的杂交代数也就不同，具体应视其表现而定。

二、育成杂交

当原有品种不能满足市场经济发展需要时，则利用两个或两个以上品种的羊进行杂交，最终育成一个新品种。用两个品种杂交育成新品种，称为简单育成杂交；用三个或三个以上品种杂交育成新品种，称为复杂育成杂交。在复杂育成杂交中，各品种在育成新品种时的作用并不相等，其所占比重和作用必然有主次之分，这需要根据育种目标和在杂交过程中杂种后代的具体表现而定。育成杂交的基本出发点就是要把参与杂交品种的优良特性集中在杂种后代身上，使缺点得以克服，从而创造出新品种。

应用育成杂交创造新品种时一般要经历三个阶段，即杂交改良阶段、横交固定阶段和发展提高阶段。这三个阶段有时也是交错进行的，很难被截然分开。当杂交改良进行到一定阶段时，可能出现符合育种目标的理想型杂种个体，这样就有可能开始进入第二阶段，即横交固定阶段，但第一阶段的杂交改良仍在继续。应当做到杂种理想型个体出现一批，横交固定一批。因此在实施育成杂交过程中，当进行前一阶段的工作时，就要为下一阶段准备条件。这样可以加快育种进程、提高育种工作效率。

（一）杂交改良阶段

主要任务是以培育新品种为目标，选择参与育种的品种和个体，大规模地开展杂交工作，以便获得大量的杂种个体。在杂交起始阶段，选择较好的基础母羊，可以缩短杂交过程。

（二）横交固定阶段（自群繁育阶段）

主要任务是选择理想型杂种公、母羊互相交配，即通过杂种羊自群繁育，固定理想特性。此阶段的关键在于发现和培育优秀的理想杂种公羊，个别接触的公羊在品种的形成过程中起着十分重要的作用。

横交初期，后代性状分离比较大，需严格选择。凡不符合育种要求的个体，则应将其归到杂交改良群里继续用纯种公羊或理想型杂种公羊配种。有严重缺陷的个体，则应淘汰出育种群。在横交固定阶段，为尽快固定杂种优良特性，可以采用同质选配或一定程度的亲缘交配。横交固定时间的长短，应根据育种方向、横交后代的效果而定。

（三）发展提高阶段

该阶段品种形成和继续提高的阶段，主要任务是建立品种内结构、增加新品种羊数量、提高新品种羊品质和扩大新品种分布区。杂种羊经横交固定阶段后，遗传性已较稳定，并已形成独特的品种类型，只是在数量、产品品质和品种结构上还不完全符合品种标准。因此，此阶段可根据具体情况组织品系繁育，以丰富品种结构。并通过品系间杂交和不断组建新品系，提高品种的整体水平。

新品种应具备以下条件：

1. 基本条件

（1）血统来源基本相同，有明确的育种方案，至少经过 4 个世代的连续选育，并有系谱记录。

（2）体型、外貌基本一致，遗传性比较一致和稳定。

（3）经中间试验增产效果明显或者品质、繁殖力和抗病力等方面有一项或多项突出。

（4）提供由具有法定资质的畜禽质量检验机构最近两年内出具的检测结果。

（5）健康水平符合有关规定。

2. 数量条件

群体数量在 15000 只以上，其中 2～5 岁的繁殖母羊 10000 只，特一级羊占繁殖母羊的 70% 以上。

3. 应提供的外貌特征和性能指标

（1）外貌特征描述：毛色、角型、尾型及肉用体型以及作为本品种特殊标志的特征。

（2）性能指标：初生、断奶、乳周岁和成年体重，周岁和成年体尺，毛（绒）量，毛（绒）长度，毛（绒）纤维直径，净毛（绒）率，6 月龄和成年公（羯）羊的体重、净肉重、净肉率，屠宰率，骨肉比，眼肌面积，肉品质，泌乳量，乳脂率，产羔率等。

三、导入杂交

当一个品种基本上符合市场经济发展的需要，但还存在个别缺点，用纯种繁育又不易克服，或者难以提高品种质量时，可采用导入杂交的方法。导入杂交的模式是用所选择的导入品种公羊配原品种母羊，所产杂种一代母羊与原种公羊交配，一代公羊中的优秀者也可配原品种母羊，所得含有 1/4 导入品种血统的第二代，就可进行横交固定；或者用第二代的公、母羊与原品种继续交配，获得含导入品种 1/8 血的杂种个体，再进行横交固定。因此，导入杂交的结果在原品种中外血含量一般为 1/4～1/8。

导入杂交时，要求所用导入品种必须与被导品种是同一生产方向。导入杂交的效果在很大程度上取决于导入品种及个体的选择、杂交中的选配及幼畜培育条件等因素。导入杂交在养羊业中应用很广。

四、经济杂交

经济杂交的目的在于生产更多更好的羊业产品，而不在于生产种羊。它是利用不同品种进行杂交，并以获得第一代杂种为目的。即利用第一代杂种所具有的生活力强、生长发育快、饲料报酬高、产肉率高等优势，在羊肉生产中普遍应用。但这种杂种优势并不总是存在的，所以经济杂交效果要通过不同品种杂交组合试验来确定，以选出最佳组合。国外为提高羊肉生产效率，发现用 3 个品种或 4 个品种的交替杂交或轮回杂交效果更好。

因此，在肥羔生产中，组织 3 个品种或 4 个品种的杂交更有利于经营效果。经济杂交提倡多品种杂交的杂种母羊留种繁殖，好处是这样既可以发挥杂交中所用高产品种的加性基因的作用，又可以尽可能发挥杂种优势。

在经济杂交过程中，优势的产生是由于非加性基因作用的结果，包括显性、不完全显性、超显性、上位以及双因子杂交遗传等因素。实践证明，采用具有杂种优势的杂种个体交配来固定杂种优势的做法都未见成功，所以固定杂种优势很困难，甚至是不可能的。在生产实践中，利用杂种优势的有效做法是形成和保留大量的各自独立的种群（品种或品系），以便能不断地组织它们之间进行杂交，只有如此，才能不断获得具有杂种优势的第一代杂种。所有经济性状并不是以同样程度受杂种优势影响的。一般来说，在个体生命早期的性状如断奶存活率、幼龄期生长速度等受的影响较大；近亲繁殖时受有害影响较大的性状，杂种优势的表现程度相应地也较大；同时杂种优势的程度还取决于进行杂交时亲代的遗传多样性的程度。

在经济杂交过程中，如何度量"杂种优势"是十分重要的。有人认为，最好的度量是 F_1 代超过其较高水平亲代的数量；而另一些人认为，杂种优势最好是通过 F_1 代平均数和双亲平均数的比较来度量，所用公式如下。

$$\Delta F = \frac{F_1 \times 性状平均数 - 双亲 \times 性状平均数}{双亲 \times 性状平均数} \times 100\%$$

五、夏洛来杂交父母本羊的选择

（一）种羊的选择

从生产性能和体型外貌两方面选择。体型外貌和生产性能都达到指标的羊才可作为种羊。理想的种羊体型，除具备夏洛来羊的品种特征外，必须全身各部位结合良好，体躯宽深，背腰平直，头颈及四肢相对较短，近似正方形或圆桶形，全身肌肉发达，特别是胸部、腰部和腿部肌肉发达，后腿间距宽，皮肤呈粉红色。

选留的种公羊要体格大、体质结实、健壮、前胸宽、背腰长；头大雄壮、眼大而有神、耳大灵敏、嘴大采食快、精神旺盛；睾丸发育匀称，性欲旺盛，生殖系统无缺陷；毛顺而有光泽，皮肤弹性好。选留的母羊要体大而结实，嘴宽采食性能好；腰长后躯宽大、乳房发育良好、产仔多、母性好；头大而适中、眼睛有神、耳朵灵敏、精神旺盛；毛色一致，皮肤有弹性。另外，选种羊时还要对其亲代或上三代及后代进行考察测定，若其生产性能都好，方可种用。

1. 自繁夏洛来羊留种程序

（1）1月龄羔羊的鉴定和选择

1月龄羔羊品质鉴定和选择，是以后选种的基础。

①初生重测定

羔羊出生毛干以后立即称重。夏洛来羊出生重达 4.5 千克以上者方可留种用。

②1月龄测重

羔羊1月龄体重是测算母羊泌乳能力的重要数据。夏洛来羊1月龄体重公羔为 15.5～18.5 千克，母羔为 14.5～16.5 千克。

③平均日增重及选择标准

1 月龄羔羊平均日增重，既可反映产羔母羊泌乳能力的高低，又可表明其生产能力的强弱。夏洛来羊产单公羔日增重达 300 克以上，单母羔达 287 克以上；双生羔公羔达 253 克以上，母羔达 236 克以上；三羔及三羔以上者，公羔日增重达 234 克以上，母羔 225 克以上。

（2）70 日龄羔羊测重

此时期的日增重可判定出羔羊的采食和消化能力。夏洛来羊公羔日增重单羔为 313 克以上，双羔为 260 克以上；母羔单羔为 297 克以上，双羔为 243 克以上，达不到以上标准者不做种用。

（3）4 月龄羔羊测重

肉用种羊 4 月龄的鉴定是每个种羊场选留后备种羊的重要依据之一。夏洛来羊公羔体重应在 37 千克以上，母羔应在 34 千克以上。

2. 成年夏洛来羊体型外貌评定

体型外貌评分满分为 100 分，50 分为及格，65 分为良好，80 分为优秀。

（1）总体评定

最理想者满分记 34 分。

①羊体大小的评定

据品种和月（年）龄应达到的体格和体重的标准，达标者记满分 6 分，较差者酌情扣分。

②体型结构的评定

羊体低身广躯，长、宽比例协调，各部位结合良好和配组相称者记满分 10 分，较差者酌情扣分。

③骨、皮、毛表现的评定

凡骨骼相对较细，皮肤较薄，被毛着生良好，毛相对较细和较好者记满分 8 分，较差者酌情扣分。

④肌肉分布和附着状态评定

凡臀部、尾部和后腿丰满，各有价值部位肌肉分布多者，记满分 10 分，较差者酌情扣分。

（2）头、颈部的评定

最理想者满分记 7 分。即按品种的要求，口大而唇薄者记 1 分；面部短而细致者记 1 分；额宽且丰满，长宽比例适当者记 1 分；耳纤细且灵活者记 1 分；颈长度适中，颈、肩结合良好者记 3 分。不足者酌情扣分。

（3）体躯的评定

最理想者满分记 27 分。即按品种要求，胸宽深和胸围大者记 5 分；背宽、平、长度中等且肌肉发达者记 8 分；腰宽长且肌肉丰满者记 9 分；肋展开且长而紧密者记 3 分；肋腰部低厚并在腹下成直线者记 2 分。以上 5 点不足者酌情扣分。

（4）前躯的评定

最理想者满分记 7 分。即按品种要求，肩部丰满、紧凑、厚实者记 4 分；前胸较宽、丰满厚实、肌肉直达前肢者记 2 分；前肢直立、腱短、距离较宽且胫较细者记 1 分。以上 3 点不足者酌情扣分。

（5）后躯的评定

最理想者满分记 16 分。即按品种要求，显得腰光滑、平直，腰骶结合良好而展开者记 2 分；臀部长、平且宽直达尾根者记 5 分；大腿肌肉丰厚和后裆开阔者记 5 分；小腿肥厚成大弧形者记 3 分；后肢短直、坚强且胫相对较细者记 1 分。以上 5 点有不足者酌情扣分。

（6）被毛着生及其品质的评定

最理想者满分记 9 分。即按品种要求，被毛覆盖良好较细和较柔软者记 3 分；被毛较长者记 3 分；被毛光泽较好、油汗中等且较清洁者记 3 分。以上 3 点有不足者酌情扣分。

（二）母本的选择

可供选择的母本一般为小尾寒羊，自 2019 年业内开始有选用湖羊的。

1. 体型外貌

母本小尾寒羊最好选择经产的特一级小尾寒羊，体高在 85 厘米以上，头型清秀，鼻梁微隆。眼大而有神，以眼底微红、薄眼皮为好。嘴大而宽阔，口齿清晰。耳大下垂至两嘴角，呈阔树叶形。颈细长，颈肩结合良好，前胸较开阔，肋骨开张良好。后躯丰满，十字部较高，全身侧视呈方形，前后呈楔形。经产后，乳房大而柔软，乳头较大，最好选 4 个乳头的小尾寒羊，高产性能较好。尾呈圆扇形，以面积为 15 厘米×15 厘米或 18 厘米×18 厘米为宜，尾部有纵沟，尾尖上翘，紧贴于尾沟之中，位于飞节以上。外阴狭长松软，外阴下部向内凹者不宜选用。被毛白色，最好选用裘皮型的小尾寒羊，不宜选用黑眼圈的小尾寒羊。

2. 生产性能

体重为 60～90 千克，繁殖率 250% 以上。

（三）当地绵羊的选择

由于夏×当地 F_1 代羔羊的初生重较大，因此可以选择当地羊做母本羊，只要无繁殖疾病，体重在 40 千克以上的经产羊即可。

（四）杂交的方法

1. 杂交的方法

根据几年来的杂交效果分析，夏洛来羊与小尾寒羊采用级进杂交至 F_2 代或 F_3 代后，再用导入杂交，引入肉质好的优质肉羊做父本进行三元杂交效果较好；夏洛来羊与当地羊杂交，应在 F_1 代起开始导入杂交，引入肉质较好的肉用品种羊做终端父本。

（五）夏洛来羊杂交利用效果

夏洛来羊与优质小尾寒羊、夏洛来羊与当地羊杂交的后代的生产性能显著提高，父本效应非常明显。

1. 夏洛来羊与小尾寒羊杂交

夏洛来羊脸呈粉红色或灰色，而小尾寒羊有粗毛型、裘皮型和细毛型之分，因此，不同脸色的夏洛来公羊与不同毛型的小尾寒羊杂交后代的显性型具有很大差异。

（1）夏×小 F_1 代羊的体型外貌

公羊多数有角（92%），有的呈小螺旋形，有的呈粗干姜角。母羊无角，有的能在头部触摸到明显的角根。头部和四肢下部有褐色的斑点和短毛，颜色与头部大体相同。背毛呈白色，间有多量的粗毛。尾呈长条形，多数位于飞节以下，尾根部略宽扁。蹄质坚实。体躯较长，四肢及背部肌肉附着明显多于小尾寒羊。从整体体型和头型上看，略偏向于小尾寒羊。

①脸部呈粉红色的夏洛来羊与小尾寒羊杂交后代的体型外貌特点

与粗毛型的小尾寒羊杂交 F_1 代羊四肢粗壮，头部、四肢下部及腹下的短刺毛较多，颜色较淡，背毛中两型毛较多，毛长 5～6 厘米。

与细毛型的小尾寒羊杂交 F_1 代羊的头部、四肢下部、耳部的短刺毛颜色呈深红褐色，分布均匀，无斑点，背毛较细，毛长 11～14 厘米。

与裘皮型的小尾寒羊杂交 F_1 代羊的头部、四肢下部及耳部的短刺毛相对较少，颜色较深，多数有色毛呈斑点状，毛被较厚有花穗，毛长 7～9 厘米，体型偏向于夏洛来羊。

②脸部呈灰色的夏洛来羊与小尾寒羊杂交后代的体型外貌特点

F_1 代羊头部和四肢下部的短刺毛呈黑褐色的斑点或均匀的黑褐色。

2. 夏×小 F_2 代羊的体型外貌

公羊多数无角（87%），母羊绝大多数无角（98%），个别有角的呈短干姜角，质地均匀青黑色。头部和四肢下部有淡褐色的斑点和短刺毛（88%），有的呈接近于夏洛来羊的净脸（12%）和净腿（3%）。额宽。眼大而有神。耳直立，颜色与头部相同，被毛白色，间有少量粗毛，毛长 5～6 厘米，尾呈长条形，位于飞节以下，尾根呈方形。蹄质坚实。夏×小 F_2 代公母羊从外型上来看接近于夏洛来的原种羊。

3. 夏×小 F_3 代羊的体型外貌

公母羊绝大多数无角（97%），多数与原种夏洛来羊非常接近，但被毛仍间杂着极少量的粗毛。

4. 理想型与非理想型

①理想型

脸部粉红色的夏洛来公羊与裘皮型的小尾寒羊母羊杂交后代从体型外貌上看更接近于夏洛来羊。

②非理想型

脸部灰色的夏洛来公羊与黑眼圈的小尾寒羊杂交后代，易出现花羔羊或全身被毛为红褐色和黑色的羊；

大镰刀形角的小尾寒羊做母本时，角的遗传力较强，杂交后代出角的比例最高；

有的细毛型小尾寒羊做母本时所产 F_1、F_2 代羔羊前后躯毛长与毛细明显不一致。

5. 杂交后代羊的生产性能

（1）夏×小 F_1 代羊生产性能

成年公羊体重 100～120 千克，成年母羊 70～100 千克。初产羊繁殖率为 214%，经产羊为 242%；屠宰率为 44%；产毛量为 2.1～3.2 千克。F_1 代羊比夏洛来羊和小尾寒羊的抗逆性都要好，早期增重快。

（2）夏×小 F_2 代羊生产性能

成年公羊体重 100～140 千克，成年母羊 80～110 千克。初产羊繁殖率为 172%，经产羊为 210%；屠宰率为 50%；产毛量为 2.5～3.5 千克。早期增重快。

（3）夏×小 F_3 代羊生产性能

成年公羊体重 125 千克，成年母羊 75～95 千克。初产羊繁殖率为 152%，经产羊为 186%；屠宰率为 52%；产毛量为 3 千克。

朝牧种畜场有限公司从 1997 年开始选择夏洛来公羊和小尾寒羊母羊，开展小群杂交试验。2012 年，根据个体鉴定成绩，经过严格选择淘汰，组建出选育基础群。按照育种指标，用夏洛来公羊与基础群母羊开展大规模的级进杂交选育。2017 年，在核心群中对达到理想型的个体，开始进行横交，截至 2023 年已经完成连续四个世代的自群繁育。繁育出的群体整齐度高、遗传性能稳定，为培育肉样新品种－朝牧肉羊打下基础。

6. 夏洛来羊与当地羊杂交

夏洛来羊与当地绵羊杂交，当地羊主要品种为蒙古羊和小尾寒羊或这两个品种的高代羊，多数夏×当地 F_1 代羊用于肥羔生产。

（1）夏×当地 F_1 代羊的体型外貌

公羊多数有角，母羊多数无角。头部和四肢下部有褐色短毛。耳半立，受惊时直立，颜色与头部相同。额略宽，眼大而有神。肩宽臂厚，背腰平直，被毛同质白色，较当地羊细密，毛长为 5 厘米左右，腹毛明显变短，腿内侧少毛或无毛的部位皮肤颜色为浅粉红色。

（2）夏×当地 F_1 代羊的生产性能

成年公羊体重 75～90 千克，成年母羊体重 60～75 千克。初产羊繁殖率为 104％，经产羊为 119％；屠宰率为 47％；产毛量为 3～3.5 千克。初生重为 5.25 千克，1 月龄重为 13.37 千克，3 月龄为 29.25 千克，6 月龄为 40.24 千克。夏×当地 F_1 代羊体型外貌接近于夏洛来羊，优质肉比例提高了 46％。

第六节　育种资料的整理与应用

一、育种、生产记录的意义

生产和育种过程中的各种记录资料是羊群的重要档案，尤其对于育种场、现代养羊企业的种羊群，生产和育种记录资料更是必不可少的。它有助于养羊企业及时全面地掌握、认识和了解羊群存在的缺点及主要问题。在进行个体鉴定、选种选配和后裔测验及系谱审查，合理安排配种、产羔、剪毛、防疫驱虫、羊群的淘汰更新、补饲等日常管理时，都必须做好生产育种资料的记录。生产育种资料记录的种类较多，如种羊卡片、个体鉴定记录、种公羊精液品质检查及利用记录、羊配种记录、羊产羔记录、羔羊生长发育记录、体重及剪毛量（抓绒）记录、羊群补饲饲料消耗记录、羊群月变动记录、疫病防治记录和各种科学试验现场记录等。不同性质的羊场、企业，不同羊群、不同生产目的的记录资料不尽相同。生产育种记录应力求准确、全面，并及时整理分析，这是由于有许多方面的工作都要依靠完整的记录资料。上述记录均属手工记录，是一种比较传统的记录方式。

随着计算机信息科学的发展，在生产中应用生产管理软件对整个生产过程实行全程管理和监控变得越来越普遍。生产中的各种信息和资料随时录入计算机系统，并经过分析、处理、建立相应的数据库，可供查询、使用和长期保存。

二、种羊卡片

凡提供种用的优秀公、母羊都必须有种公羊卡片和种母羊卡片。卡片中包括种羊本身生产性能和鉴定成绩、系谱、历年配种产羔记录和后裔品质等内容。

种羊卡片

品种_____ 个体号_____ 登记号_____

初生日期_____ 性别_____ 出生时母亲月龄_____

单（多）羔_____ 初生重_____（kg）1月龄重_____（kg）

2月龄重_____（kg）4月龄重_____（kg）6月龄重_____（kg）

12月龄体况评分_____ 等级_____

指标	1岁	2岁	3岁	4岁	5岁	6岁
体高（cm）						
体长（cm）						
胸围（cm）						
宽（cm）						
体重（kg）						
繁殖成绩						

A 亲祖代品质及性能

	个体号	产自单（多）羔	等级	体高（cm）		体重（kg）			12月龄剪毛量	繁殖成绩
				12月龄	24月龄	6月龄	12月龄	24月龄		
父亲										
母亲										
祖父										
祖母										
外祖父										
外祖母										

后裔表

儿子	女儿

留（出）场日期_____年____月____日　　　技术负责人（签字）_____

B

图 6－6　种羊卡片

A. 正面　B. 背面

三、夏洛来羊个体鉴定记录

表 6－17　　　　　　　　　　夏洛来羊个体鉴定记录

序号	羊号	性别	年龄	体型外貌	体重（kg）	羊毛品质	剪毛量（kg）	失格损征	等级	备注

鉴定时间：_____年____月____日　检定员：_____　　记录员：_____

四、种公羊精液品质检查及利用记录

表 6－18　　　　　　　　　种公羊精液品质检查及利用记录

品种：_____　　　　　公羊耳号：_____

序号	采精			射精量（mL）	原精液				稀释精液			输精后品种			输精量（mL）	输精母羊数	备注
	月日	时间	次数		色泽	气味	密度	活率	种类	倍数	活率	保存时间（h）	保存温度（℃）	活率			

_____站　　　　　　　　技术员_____

五、夏洛来羊配种记录

表 6－19 夏洛来羊配种记录表

序号	配种母羊号		与配公羊号		配种日期				分娩		生产羔羊			备注
	羊号	等级	羊号	等级	第1次	第2次	第3次	第4次	预产期	实产期	单双羔	羊号	性别	

登记员：＿＿＿＿＿＿＿＿　　　　技术员：＿＿＿＿＿＿＿＿

六、夏洛来羊产羔记录

表 6－20 羊产羔记录

序号	羔羊						母羊		公羊耳号	羔羊初生鉴定					备注
	耳号		性别	单双羔	出生日期	初生重	耳号	等级		体型结构	体格大小	被毛同质性	毛色	等级	
	临时	永久													

登记员：＿＿＿＿＿＿＿＿　　　　鉴定员：＿＿＿＿＿＿＿＿

七、体重及剪毛量记录

表 6－21 夏洛来羊体重及剪毛量记录

序号	羊号	性别	年龄	体重	剪毛量	备注

称重日期：＿＿＿＿＿＿　　称重员：＿＿＿＿＿＿　　记录员：＿＿＿＿＿＿

八、羊群饲草饲料消耗记录

表 6－22　　　　　　　　夏洛来羊群补饲饲草饲料消耗记录

群别：性别：年龄：

供应日期	精饲料（kg）		粗饲料（kg）		多汁饲料（kg）		矿物质饲料（kg）		备注
		小计		小计		小计		小计	

登记员：＿＿＿＿＿＿＿＿　　　　　技术员：＿＿＿＿＿＿＿＿

九、羊群变动月统计

表 6－23　　　　　　　　　　羊群变动月统计报表

负责人	羊别	年龄	性别	上月底结存数	本月内增加				本月内减少					本月底存数	备注
					调入	购入	繁殖	小计	死亡	调出	出售	屠宰	小计		

填报日期：＿＿＿＿＿＿＿＿　　　　场长：＿＿＿＿＿＿＿　　　　技术员：＿＿＿＿＿＿＿＿

第七章　夏洛来羊生产实用新技术

第一节　早期断奶技术

羔羊是指从出生至断奶的羊羔。羔羊生长发育快、可塑性强，合理地进行羔羊的培育，既可促使其充分发挥先天的性能，又能加强其对外界条件的适应能力，有利于个体发育，提高生产力。

一、羔羊早期断奶的意义

羔羊早期断奶实质上是控制母羊哺乳期、缩短产羔间隔和控制繁殖周期，使母羊达到 2 年 3 产或 1 年 2 产、多胎多产的一项重要技术措施。羔羊早期断奶是规模化养殖场生产的重要环节，是缩短母羊繁殖周期、提高养殖场生产效率的基本措施。

（一）缩短了母羊的繁殖周期，提高繁殖效率

早期断奶可使母羊的生理机能尽早恢复，促使母羊早发情、早配种，缩短了母羊的繁殖周期。同时，母羊因不哺乳可以减少体内消耗，迅速恢复体力，为下一轮配种做好准备。早期断奶能减少母羊空怀时间，可实现母羊 1 年 2 胎或 2 年 3 胎的目标，提高母羊的繁殖率。

（二）促进羔羊瘤胃发育，提高饲料利用效率

母羊产后 2～4 周泌乳达到高峰，3 周内的泌乳量相当于泌乳周期母乳总量的 75%，此后母羊泌乳能力明显下降。当羔羊 3 月龄时，母乳仅能满足羔羊营养需要的 5%～10%，继续哺乳只是辅助供给，而且会影响羔羊正常采食饲料。早期断奶，给羔羊补饲全混合颗粒饲料，可满足其生长发育所需营养，充分发挥羔羊的生长优势及生产潜力。早期断奶使羔羊较早地采食了开食料等植物性饲料，这能够促进羔羊消化器官特别是瘤胃的发育，能够促进羔羊提早采食饲草料的能力，还能够提高羔羊在后期培育中的采食量和粗饲料的利用率。

（三）实现羔羊当年出生、当年育肥、当年出栏的目标

羔羊早期断奶可增强其瘤胃机能，增加其对纤维素的采食量。这为羔羊早期育肥奠定了良好的生理基础，使羔羊在短期内达到预期的育肥目标。有试验表明，在正常的饲养管理条件下，羔羊从出生到5月龄之间体重呈持续增长的趋势，这阶段的羔羊生长发育速度最快，羔羊育肥的料重比可以达到3.2∶1～3.5∶1，经济效益相当可观。羔羊在5～7周龄早期断奶后进行高强度育肥，可使其在4～5月龄出栏，加快了羊群的周转速度。

（四）更加适合现代化、规模化管理

现代化养羊通常采用超数排卵、诱导产羔、同期发情等繁殖新技术，使母羊在相对集中的时间内发情、配种，产羔时间也相对集中，且产羔期较短。实施早期断奶技术不仅可节约人力，更有利于现代工厂化生产的组织，实现全进全出制，便于防疫。

二、断奶的时间

羔羊早期断奶日龄也是羔羊早期断奶技术成功与否的关键环节。羔羊断奶过早，易造成应激反应明显，生长发育甚至受阻；断奶过晚，会导致羔羊不喜欢吃代乳粉或开食料，不利于母羊干奶，降低母羊利用效率。最佳的早期断奶日龄需符合羔羊和母羊的生理特点，充分发挥羔羊生长潜力，最大限度利用母乳资源和促进母羊体况恢复。

夏洛来羔羊的早期断奶，一般以平均日采食量连续3天达到150克时，以出生后5～7周龄为宜。

三、早期断奶的方式

由于不同类型生产企业的技术水平和规模化程度不同，不同技术人员实施早期断奶采用的技术也不同，因此依据母羊哺乳方式的不同分为利用固态饲料和代乳品进行早期断奶两种方式。

（一）固态饲料早期断奶

1. 断奶准备

一般在羔羊出生吃足了初乳后7日龄左右开始补饲羔羊哺乳期全混合颗粒饲料（即开食料），待羔羊平均日采食量连续3天达到150克左右则可以断奶，一般断奶日龄在羔羊出生后5～7周龄。

2. 哺乳期全混合颗粒饲料

羔羊哺乳期全混合颗粒饲料的配制要点为：符合哺乳期羔羊的营养需要，以精饲料为主，粗饲料为辅，精粗比达到8∶2以上；能量饲料以乳清粉、奶

粉、膨化玉米粉等优质能量饲料原料为主，蛋白质饲料以膨化豆粕、膨化大豆、大豆浓缩蛋白等优质蛋白质饲料原料为主，粗饲料以紫花苜蓿、初花期或盛花期饲用油菜为主。一般地，哺乳期全混合颗粒饲料的粗蛋白水平为 23％左右，粗脂肪 13％～15％，乳糖 20％～25％，氨基酸平衡（赖氨酸：蛋氨酸：苏氨酸为 100：35：63 或 100：27：67）等。羔羊开食料宜细小、酥软，颗粒太大太硬不利于羔羊采食和消化吸收，其颗粒粒径应在 4 毫米以下，压模的压缩比应在 1：6 以下。

3. 哺乳期全价颗粒饲料的使用方法

羔羊 7 日龄左右开始补饲全价颗粒料，设清洁干燥的补料区，少量多次投放饲料，引诱羔羊采食，开始几天采取每只羔羊口中强制投喂几粒开食料，每次投料时，污染的饲料必须清除。20 日龄左右开始增加羔羊断奶料，每次投喂开食料时，混入少量断奶料，逐渐增加喂量，至 30 日龄左右完全转换成羔羊断奶专用全混合颗粒饲料。

（二）代乳粉早期断奶

1. 断奶准备

在实施早期断奶措施前，羔羊应做好前期准备。羔羊出生吃足初乳后 7 日龄左右将羔羊与母羊分开，利用代乳粉饲喂羔羊一段时间，当羔羊日龄达到 15 日龄左右时开始补饲羔羊开食料，当羔羊开食料平均日采食量连续 3 天达到 150 克左右时则可以断奶，一般断奶日龄在羔羊出生后 5～7 周龄。

2. 使用代乳粉的方法

优质的羔羊代乳粉应在营养成分和免疫组分上均和母乳接近，其配方中营养素含量，乳蛋白应达到 20％以上，脂肪 12％以上，乳糖 15％以上。蛋白质饲料原料应以脱脂乳蛋白为主，优质的大豆蛋白也可以替代部分乳蛋白以降低代乳粉的成本。

为将羔羊代乳粉用温度 40℃～60℃温开水冲开，混匀，用奶瓶或奶盆喂给羔羊。一份代乳粉兑 7～8 份水。日龄在 15 天以内的羔羊，每日喂代乳粉 3～4 次，每次 10～20 克；15 日龄后每日饲喂 3 次，每次 40～50 克，实际中可根据羔羊的具体情况调整奶粉的喂量。使用代乳粉时应注意，代乳粉要即冲即喂，不能预先用水泡料。羔羊由喂羊奶转到喂代乳粉有 5 天的过渡期，逐渐用代乳粉替代羊奶。要用温开水冲泡代乳粉，冲泡时水温控制在 40～60℃，饲喂时温度应在 37.2℃。喂完代乳要用湿毛巾将羔羊口部擦净，奶瓶、奶盆用后应用开水清毒，以免传染疾病。

三、早期断奶羔羊的管理

羔羊断奶方法有一次性断奶和逐渐断奶两种。规模羊场多采用一次性断奶方法，即将母子分开后，不再合群。母羊在较远处放牧，羔羊留在原羊舍饲养。

逐渐断奶法是在预定的断奶日期前几天，把母羊赶到远离羔羊的地方，每天将母羊赶回，并逐渐减少羔羊吃奶的次数直到断奶。

断奶对羔羊是一个较大的刺激，处理不当会引起羔羊的生长缓慢。因此，尽量保持羔羊原有的生活环境，饲喂原来的饲料，减少对羔羊的不良刺激和对生长发育的影响。羔羊断奶后要加强补饲，提高高品质的饲料或优质青干草的比例。

第二节　发情调控技术

发情调控是批次化生产的关键技术，成功地人为调控母羊的发情周期，就能达到母羊繁殖的计划性和依照市场组织生产，从而达到母羊的高效繁殖和养羊生产的高效益目标。发情调控技术主要包括：母羊的诱导发情和同期发情。

一、适用范围

绵羊的发情调控是一项重要的高新技术，同时也是实现一年两产或两年三产，依市场需要调整母羊配种期的必须技术措施。发情调控技术是一项组织严密、科学严谨的技术体系，只有按技术规程正确操作，才会产生高的生产效益。发情调控技术主要适用：①依市场需求调整母羊配种期和产羔期，在工厂化、集约化绵羊生产体系中，对于批量生产商品羊、全年均衡供应和市场销售有重要作用；②减少发情鉴定时间、次数，降低劳动强度，定时计划输精，集中产羔，有利于充分合理利用气候、草场、圈舍和劳力资源；③胚胎移植技术程序中供、受体的同期化处理；④严格控制疾病，监视和控制母羊生产进程，合理安排寄养哺育、减少初生羔羊死亡率；⑤有利于一年两产、两年三产、三年五产的绵羊高效繁殖。

二、方法

发情调控方法：

①口服孕激素和促性腺激素处理；

②孕激素耳部或皮下埋植；

③肌内注射同期发情复合激素处理；

④阴道埋植孕激素和促性腺激素处理；

⑤口服中药。

三、技术规程

（一）口服甲羟孕酮（MAP）方案技术规程

第一，将所有处理母羊逐一编号。

第二，编号的同时进行首次预处理，肌注复合孕酮制剂 1 毫升，灌服甲羟孕酮 6 毫克。

第三，从第二天开始，拌入饲料饲喂或逐一灌服甲羟孕酮 6 毫克。

第四，于口服甲羟孕酮的第九天，肌注孕马血清促性腺激素（PMSG）330 单位。

第五，PMSG 处理后的第二天开始试情。发情后配种，间隔 6～8 个小时再配 1 次。首次配种的同时，肌内注射促排 2 号 5 毫克，或静脉注射人绒毛膜促性腺激素（HCG）500 单位。

第六，从第一次输精后的第十四天开始，羊群放入试情公羊，发情母羊进行第二次配种。

（二）阴道孕酮释放装置（CRID）处理规程

第一，给母羊标记，编号。

第二，编号的同时对母羊进行首次预处理，肌注复合孕酮制剂 1 毫升和埋植 CRID。

第三，埋植 CRID 前，先用 3% 灭菌土霉素溶液稍稍浸泡一下 CRID，然后将其放入羊阴道内 5～8 厘米处。

第四，埋植 CRID 后的第九至第十一天（撤栓前一天），肌注 PMSG 330 单位。

第五，撤栓。

第六，撤栓后第二天开始试情，发情配种，同时肌注促排 2 号 5 毫克，间隔 6～8 个小时第二次配种。

第七，从第一次输精后的第十四天开始，放入试情公羊试情，发情母羊进行第二次复配。

（三）复合激素制剂处理规程

对标记母羊肌内注射复合激素制剂，配种方法同上。

（四）前列腺素处理规程

对确定未孕的母羊肌注或阴唇注射氯前列烯醇 0.5～1 毫升，第二天或第三天注射 PMSG 300～400 单位，试情、发情、配种。

四、人工诱导发情

（一）技术原理

在非繁殖季节或繁殖季节，由于季节、环境、哺乳和应用等原因造成的母羊在一段时间内不表现发情，这种不发情属于生理性的乏情期。在此生理期内，母羊垂体分泌的促卵泡素（FSH）和促黄体素（LH）不足以维持卵泡发育和促使排卵，因而卵巢上既无卵泡发育，也无黄体存在。利用外源激素，如促性腺激素溶解黄体技术以及环境条件的刺激，特别是孕酮，对母羊发情具有"启动"作用，可促使发情母羊卵巢从相对静止状态转变为功能活跃状态，恢复母羊的正常发情和排卵，这就是母羊诱导发情技术的原理。

诱导发情不仅可以控制母羊的发情时间，缩短繁殖周期，增加产羔频率，而且可以调整母羊的产羔季节。羔羊按计划出栏，按市场需求供应，从而提高经济效益。

（二）方法

诱导发情的处理方法与同期发情基本相同，不同之处是诱导发情必须进行孕酮预处理，埋植海绵栓。诱导发情比同期发情长 1～4 天，PMSG 注射剂量高 100 单位。

五、方案优选及配套技术

依据母羊生殖生理特点，选择与实施有效的，使用安全、可靠、重复性高的成熟发情调控技术十分重要。从理论和实践角度看，孕激素—PMSG 法应做首选方案。

（一）孕激素—PMSG 法

在繁殖季节采用甲羟孕酮海绵栓，非繁殖季节采用氟孕酮（FGA）为最好。对不适宜埋栓的母羊，也可采用口服孕酮的方法。PMSG 的注射时间，应在撤栓前 1～2 天进行，这样可避免因突然撤栓造成的雌激素峰引起排卵障碍。这种方案非常安全可靠，若第一个全情期不受胎，还会正常出现第二、第三个全情期，不会对母羊的最终受胎造成影响。

前列腺素处理法对非繁殖季节的母羊效果较差，可用 PMSG 配合处理，以提高受胎率。这种方法也不会对母羊下一个情期造成负面影响。肌内注射三合激素、孕酮、乙烯雌酚等，虽操作简便，但效果不确定，处理后母羊很快发情但不排卵，并且第一个情期发情配种后不论受胎与否，均不再表现发情，最终造成相当比例的母羊空怀。

在进行发情调控，特别是对非繁殖母羊实施诱导发情时，必须坚持 3 个情期的正常配种。非繁殖季节母羊的诱导发情在技术上有较大的难度，原因是受母羊生殖生理的限制，母羊此时的活性很低，所以应以较大剂量孕酮刺激母羊卵巢，经过一定时间的刺激，突然撤除孕酮，配合促性腺激素，使母羊发情并排卵。母羊即使第一个全情期未妊娠，在随后出现的第二、第三个全情期也会受胎。

发情调控处理的母羊，第一要有较好的体况和膘情，第二要有 40 天以上的断奶间隔，否则就会影响母羊的发情率和受胎率。

（二）发情调控配套技术

配套技术包括配套的药物、程序、人工授精技术；母羊的发情鉴定，早期妊娠诊断；公羊的生殖保健，复配管理等。只有采用配套技术，才能保证理想的处理效果，使该项技术发挥作用，从而提高生产效益。

第三节　胚胎移植技术

胚胎移植又叫受精卵移植，或简称卵移植。它的含意是将一头良种母羊配种后的早期胚胎取出，移植到另一头生理状态相同的母羊体内，使胚胎继续发育成为新个体，俗称人工授胎或借腹怀胎。提供胚胎的母体称为供体，接受胚胎的母体称为受体。胚胎移植实际上是由产生胚胎的供体和养育胚胎的受体分工合作共同繁殖后代的技术。

一、胚胎移植的意义

（一）迅速提高肉羊的遗传素质

超数排卵技术的应用，使一头优秀的母羊一次排出许多卵子，胚胎移植技术可免除其本身的妊娠期的负担，留下更多的后代。一般可以从一头优秀母羊身上一年获得 4~50 头后代。这样可以加大对母羊的选择强度，从而加速遗传进展及改良速度，扩大良种群体。

（二）便于保种和基因交流

在肉羊的育种和改良过程中，应该吸取其他畜种的经验教训，注意对我国固有的地方品种进行保护。常规保种是个艰巨的任务，需要大量的资金和人力。胚胎库就是基因库，用胚胎保种可以使我国不少优良地方良种羊经胚胎冷冻长期保存。同时，胚胎的国际间交流也可省去活体运输的种种困难，如检疫、管理上的困难等。

（三）使肉羊多产羔，提高生产率

由胚胎移植技术演化出来的"诱发多胎"的方法，是向叫繁殖母羊移植一个或两个胚胎。这样不但提高了供体母羊的繁殖力，也提高了受体肉羊的繁殖率。这样做可以在母羊头数不增加的情况下，降低繁殖母羊的饲料用量，增加经济效益。

（四）克服不孕

易发生习惯性流产或难产的优秀母羊，或者由于其他原因不宜负担妊娠过程的情况下（如年老体弱）也可用胚胎移植，使之正常繁殖后代。据美国科罗拉多州报道，一头长期屡配不孕的母羊通过胚胎移植技术在 15 个月内获得 30 头羔羊。

（五）提供研究基础

胚胎移植技术可以为开发新的繁殖技术提供研究基础，这些技术包括体外受精、克隆和胚胎干细胞技术等。胚胎移植技术也是胚胎学、细胞遗传学等基础学科的重要技术手段。

在肉羊新品种培育中，通过胚胎移植技术可以充分利用最优秀的母羊。尤其是在孕育引入品种数量很少的纯种后代，满足当前育种的需要方面。在育种过程中，通过育种手段得到的优秀母羊和公羊的数量是较少的，用胚胎移植的方法可以使这些最优秀的个体在尽可能短的时间内扩群繁殖，从而缩短育种进程。为此，辽宁、黑龙江等省已先后开展了以扩群繁殖纯种夏洛来羊为目的的胚胎移植。世界各国已先后建立了以扩繁理想型个体为目的的育种体系，称为超数排卵和胚胎移植（MOET）育种体系（这种育种体系的效率比常规育种体系高）。

二、胚胎移植的基本原则

胚胎移植的生理基础是母羊发情后生殖器官孕向发育，无论配种与否都将为妊娠做准备；同时早期胚胎处于游离状态，受体对胚胎没有排斥，可使移植的胚胎继续发育。在进行胚胎移植时，必须遵循以下原则。

（一）供体和受体的生殖内环境相同或相近

第一，供体和受体在种属上必须一致，即二者属同一物种。但这并不排斥种属不同但在进化史上血缘关系较近、生理和解剖特点相似个体之间胚胎移植成功的可能性。一般来说，在分类学上亲缘关系较远的物种，由于胚胎的组织结构、胚胎发育所需条件以及发育进程差异较大，移植的胚胎绝大多数情况下不能存活或只能存活很短时间。例如，将羊的早期胚胎移植到兔的输卵管内，仅可存活几天。

第二，供体和受体在生理上必须同期化，即受体母羊在发情的时间上同供体母羊发情的时间一致。一般相差不超过 24 个小时，否则移植成功率显著下降。

第三，供体胚胎收集部位和受体移植部位一致，即从供体输卵管内收集到的胚胎应该移植到受体的输卵管内，从供体子宫内收集到的胚胎应该移植到受体的子宫内。胚胎移植之所以要遵循上述同一性原则，是因为发育中的胚胎对于母体子宫环境的变化十分敏感。子宫在卵巢类固醇激素作用下，处于时刻变化的动态之中。在一般情况下，受精和黄体形成几乎是在排卵后相同时间开始的，受精后胚胎和子宫内膜的发育也是同步的。胚胎在生殖道内的位置随胚胎的发育而移动，胚胎发育的各个阶段需要相应的特异性生理环境和生存条件。生殖道的不同部位（输卵管和子宫）具有不同的生理生化特点，与胚胎的发育需求相一致。了解上述胚胎发育与母羊生理变化的原理，就不难理解受体母羊生理状况同期化的重要性。一旦胚胎的发育与受体生理状况的变化不一致或因某种原因导致受体生理状况发生紊乱，就将导致胚胎的死亡。

（二）收集胚胎和移植的时间要适宜

胚胎的收集和移植的时间必须在黄体期的早期以及胚胎附植之前进行。因此，胚胎的收集时间最长不能超过发情配种后的第七天。

（三）胚胎的发育应正常

在收集和移植胚胎时，应尽量不使其受到物理、化学和生物方面的影响。同时，胚胎移植前需进行鉴定，确定发育正常者才能进行移植。

三、供体羊和受体羊的准备

（一）供体羊的选择与超排前的准备

进行胚胎移植的供体母羊应具有优良的遗传特性和较高的育种价值。在育种中，可以用后裔测定、同胞测定等方法鉴定出优秀的母羊。这些被选择出的供体母羊须是健康的，要经过血检，证明布鲁氏菌病结核、副结核、蓝舌病、钩端螺旋体病等均为阴性。供体母羊生殖系统功能应正常，为此，对供体羊的生殖系统要进行彻底检查，如生殖器官发育是否正常，有无卵巢囊肿、卵巢炎和子宫炎等疾病，有无难产史和屡配不孕史。如有上述情况者不能用做供体。此外，膘情要适中，过肥或过瘦都会降低受精率。

（二）受体羊的选择与同期发情前的准备

第一，受体羊应是价格便宜的 2～7 岁母羊，最好是本地品种，数量较多，体型较大。每头供体羊需准备 10 只受体羊。

第二，受体羊应具有良好的繁殖性能，无生殖器官疾患。如子宫和卵巢幼稚病、卵巢囊肿等不能做受体。

第三，受体羊要具有良好的健康状态。检疫和疫苗接种与供体羊相同。

第四，受体羊要隔离饲养，以防流产或其他意外事故。

（三）受体羊的同期化处理

在大批量的移植过程之前，应对供体和受体进行发情同期化处理，以提高胚胎移植成功率。在集约化程度较高的羊场，同期化处理，可以使母羊的配种、移胚、妊娠、分娩等过程相对集中，便于合理组织大规模的畜牧业生产和科学化的饲养管理，节省人力、物力和财力。同时，由于同期化过程能诱导乏情母羊发情，因此还可以提高繁殖率。

1. 常用药物

根据其性质可分为 3 类：①抑制卵泡发育和发情的药物，如孕酮、甲羟孕酮、甲地孕酮、氟孕酮、18 甲基炔诺酮等；②使黄体提早消退、导致母羊发情缩短发情周期的药物，如前列腺素（$PGF_{2\alpha}$）；③促进卵泡生长发育和成熟排卵的药物，如孕马血清促性腺激素（PMSG）、促卵泡素（FSH）、人绒毛膜促性腺激素（HCG）、促黄体素（LH）等。

2. 给药方法

（1）阴道栓塞法

这是肉羊常使用的一种方法。用海绵或泡沫塑料做成长、宽和厚度均为 2～3 厘米的方块（海绵直径和厚度可根据肉羊的个体大小来定），太小易滑脱，太大易引起母羊努责而被挤出来。先将海绵拴上细线，线的一端引出阴门之外，便于结束时拉出；再用灭菌后的海绵浸入激素制剂，用长柄钳和开膣器将其塞入羊的阴道深处放置。

（2）口服法

每天将孕酮、甲羟孕酮、甲地孕酮、氟孕酮、18 甲基炔诺酮等中的一种按一定量均匀地拌入饲料中，持续 12～14 天。使用此种方法应注意，药物拌得要均匀，采食量要一致，量少则不起作用，多则有不良影响。

（3）注射法

每天按一定量在皮下或肌内注射药物，持续一定天数后也能取得同样效果。

3. 处理方法

在同期发情的不同阶段，生殖器官的内分泌环境、生化和组织学特性对不同发育阶段的胚胎有不同的影响。因此，胚胎从供体羊的哪一部位取出，就应移植到受体羊的相应部位，只有如此才有利于其继续发育。鲜胚移植时，要对受体进行同期发情处理。绵羊供体和受体的发情同步误差为 1 天，但于同一天发情的成功率较高。供体在发情后的 4～5 天回收的胚胎，移植于比供体发情早一天的输卵管的妊娠率为 40％；而移植给同天发情的受体的妊娠率为 70％。2～4 个细胞的胚胎，输入到完全同期发情的受体输卵管内的妊娠率可达 60％。受体的发情处理要和供体的超排处理同时进行。同期发情可以根据实际情况，选用如下药物和处理方法。

（1）前列腺素处理法

$PGF_{2\alpha}$ 或其类似物有溶解黄体的作用。黄体溶解后，卵巢上就会有卵泡发育，继而发情。一般说来，$PGF_{2\alpha}$ 用于诱导同期发情，卵巢上需有黄体存在，且处于发育的中后期。在母羊排卵后的 1～5 天，由于黄体上尚未形成 $PGF_{2\alpha}$ 受体，故对该处理不起反应。

在繁殖季节，如不能确定受体的发情周期，可采用两次注射法。受体羊第一次注射后，凡卵巢上有功能黄体的个体即可在注射后发情，选出发情个体作为受体。其余的羊间隔 8～9 天再进行第二次注射。一般母羊在 $PGF_{2\alpha}$ 注射（1～2毫克）后发情率可达 90％。使用 $PGF_{2\alpha}$ 诱导同期发情，可在供体开始超排处理的第二天给受体注射。这种方法处理方便可靠，但费用较高。

（2）孕激素处理法

因为孕酮能够抑制脑垂体释放促卵泡素，所以能起到促排效果。肌内注射用量为每天 10～20 毫克。经阴道海绵栓给予孕酮或其类似物 50～60 毫克，处理 12～18 天即可抑制卵泡发育，从而使受体羊发情。通常，母羊会在停止注射或撤除海绵栓后 2～3 天内发情。孕激素处理法的优点是费用低，缺点是处理持续时间长。

四、供体羊的超数排卵与人工授精

（一）供体母羊的超数排卵

在母羊发情周期内某一时期，用外源促性腺激素对母羊进行处理，促使母羊卵巢上多个卵泡同时发育，并且排出多个具有受精能力的卵子，这一技术称为超数排卵，简称"超排"（图 7－1）。肉羊特别是肉用绵羊，在自然状态下以单胎为多，双胎率及多胎率随品种的不同而有很大的差异。同时，供体羊通常是经过选择的优良品种或生产性能好的个体，因此超数排卵可以充分发挥其繁殖潜力，使其在生殖年龄尽可能多地留一些后代，从而更好地发挥其优良的生产性能，生产实践意义很大。

图 7-1 超数排卵效果

1. 超排常用药物

常用超排药物有孕马血清促性腺激素、促卵泡素、促黄体素、人绒毛膜促性腺激素和促性腺素释放激素。

2. 超排处理方法

（1）方法一

在发情周期第 3～14 天，一次肌内注射或皮下注射 PMSG 750～1500 单位，或每天注射两次 FSH，连用 3～4 天，在母羊发情后或配种当天再肌注 HCG 500～700 单位或 LH 100 单位。

（2）方法二

在发情周期的中期，即在注射 PMSG 之后，隔天注射 $PGF_{2\alpha}$ 或其类似物。如采用 FSH，用量为 20～30 毫克（或总剂量 130～180 单位），分 3 天 6 次注射。第五次同时注射 $PGF_{2\alpha}$。

用 PMSG 处理，羊仅需注射 1 次，比较方便，但由于其半衰期太长，因而使发情期延长。使用 PMSG 抗血清可以消除半衰期长的副作用，但其剂量较难掌握。

目前多采用 FSH 进行超排，连续注射 3 天，每天 2 次，剂量均等递减的方法，效果较好。

（二）超排羊的人工授精

超排母羊的排卵持续期可达 10 个小时，且精子和卵子的运行同时也会发生某种程度的变化，因此要严密观察供体的发情表现。当观察到超排供体羊接受爬胯时，即可进行人工授精。人工授精的剂量应较大，间隔 5～7 个小时进行第二次人工授精。如配种 3 次以上仍表现发情并接受交配的母羊，多有卵泡囊肿的表现，这类羊通常不宜回收胚胎；对少数超排后发情不明显的母羊应特别注意配种。

五、胚胎的处理

胚胎处理包括胚胎的收集、检查和鉴定、冷冻保存与分割。

（一）胚胎的收集

1. 冲卵液和保存液的制作

冲卵液有很多种，目前常用的是杜氏磷酸盐缓冲液（PBS）以及199培养液。这些培养液不但用于冲洗收集胚胎，还可用于体外培养、冷冻保存和解冻胚胎等。

杜氏磷酸盐缓冲液是比较理想且通用的冲卵液和保存液，室内和野外均可使用，配制比较方便。杜氏磷酸盐缓冲液和199培养液或其他培养液有成品出售。杜氏磷酸盐缓冲液配制过程要严格遵守无菌操作规程。密封后，该液可在4℃保存3～4个月，不可在低温冰箱中保存。

在无条件配制PBS且胚胎在体外保存时间非常短时，也可以采用生理盐水作为冲卵液，但只有在保存时间很短时才用此法。

2. 胚胎的回收步骤

（1）回收时间

鲜胚在移植时，胚胎回收时间以3～7天为宜。若进行胚胎冷冻保存或以胚胎分割移植为目的时，胚胎的回收时间可以适当延长，但不要超过配种后7天。

（2）回收前的准备工作

①场所、器械和人员的准备：手术室要清扫洁净并消毒。金属器械通常用化学消毒法消毒，即在0.1%新洁尔灭溶液内浸泡30分钟或用纯来苏尔液浸泡1个小时。玻璃器皿和敷料、纱布等物品以及其他用具必须进行高压灭菌。冲卵管、移卵管、吸冲卵液用的注射器，以及收取胚胎冲洗液的接卵杯，保存卵的培养皿、解剖针等一切与卵接触的用品，在消毒后使用前，还必须用灭菌生理盐水及冲卵液洗涤，以免影响卵的存活。手术人员首先要将指甲剪短，并磨光滑，除去各个部位的油污，再用新洁尔灭溶液浸泡消毒，也可以用肥皂水—酒精法消毒。

②供体羊的术前准备：在胚胎回收手术前1天停止饲喂草料，只给少量饮水，否则由于腹压过大，会造成手术的困难和供体生殖器官的损伤。饲喂干草的母羊，停饲时间不得少于24个小时；饲喂青草或在草地上放牧的羊，停饲时间可减少至18个小时。最好在术前一天进行术部剃毛，这是因为常有许多剃断的毛黏附于皮肤，很难消除干净，手术中易带入创口造成污染。如果有必要在术前剃毛，可采用干剃毛，先把滑石粉涂于要剃毛的部位，再用剃刀剃

毛，最后用干毛刷将断毛刷除干净。术部皮肤（一般在腹中线，乳房前 3～5 厘米处）先用 2％～4％的碘酊消毒，晾干后再用 75％的酒精棉球涂擦脱碘。

（3）采卵过程

手术开始，按层次分离组织。先用外科刀一次切开皮肤，呈一直线切口，切口长 4～6 厘米；再将肌肉用钝性分离的方法沿肌纤维走向分层切开；最后切开腹膜。切开过程中注意及时止血。全部切开，腹内脏器暴露后，最好盖上一块灭菌纱布。

术者将食指及中指由切口伸入腹腔，在盆腔与腹腔交界的前后位置触摸子宫角。子宫壁由于有较发达的肌肉层，故质地较硬，其手感与周围的肠道及脂肪组织不同，很容易区分。摸到子宫角后，用二指挟持，因势利导牵引至创口表面，先循一侧的子宫角至该侧的输卵管，在输卵管末端转弯处，找到该侧的卵巢。不要直接用手去捏卵巢，也不要触摸充血状态的卵泡，更不要用力牵拉卵巢，以免引起卵巢出血，甚至拉断输卵管。

观察卵巢表面的排卵点和卵泡发育情况并做好记录。如果卵巢上没有排卵点，则该侧不必冲洗。若卵巢上有排卵点，表明有卵排出，即可开始采卵。采卵的方法，通常有冲洗输卵管法和冲洗子宫法。

①冲洗输卵管法（图 7-2）：先将冲卵管的一端由输卵管伞的喇叭口插入 2～3 厘米深，助手用拇指和食指固定，冲卵管的另一端下接集卵皿；再用注射器吸取 37℃的冲卵液 10～20 毫升；最后在子宫角与输卵管接合处，将针头沿着输卵管方向插入，并捏紧针头，防止冲卵液倒流，然后推压注射器，使冲卵液经输卵管流至集卵皿。冲卵操作应注意下述几点：

图 7-2　冲胚

第一，针头从子宫角进入输卵管时必须仔细。要看清输卵管的走向，留心输卵管与周围系膜的区别，只有针头在输卵管内进退通畅时才能冲卵。如果冲卵液误注入系膜囊内，会引起组织膨胀或冲卵液外流，使冲卵失败。

第二，冲洗时要注意，将输卵管特别是针头插入的部位应尽量撑直，并保持在一个平面上。

第三，推注冲卵液的力量和速度要持续、适中。若过慢或停顿，卵子容易滞留在输卵管弯曲处和皱褶内，影响取卵率。若用力过大，可能造成输卵管壁的损伤，或使固定不牢的冲卵管脱落和冲卵液倒流。

第四，冲卵时要避免针头刺破输卵管附近的血管，把血带入冲卵液，给检卵造成困难。

第五，集卵皿在冲卵时所放的位置要尽可能比输卵管端的水平面低。同时，不要使集卵皿中起气泡。

冲洗输卵管法的优点：卵的回收率较高，用冲卵液较少，因而检查卵也不费时间。缺点：组织薄嫩的输卵管（特别是伞部）容易造成手术后粘连，甚至影响母体的繁殖能力。

②冲洗子宫法：在子宫角的顶端靠近输卵管的部位用针头刺破子宫壁上的浆膜，然后由此将冲卵管导管插入子宫角腔，并使之固定，导管下接集卵杯；在子宫角与子宫体相邻的远端用同样的方法，即先刺破子宫浆膜，再将装有10～20毫升冲卵液并连接有钝性针头的注射器插入，用力捏紧针头后方的子宫角，迅速推注冲卵液，使之经过子宫角流入集卵管；集卵杯的位置同上。冲洗子宫法对卵子的回收率要比冲洗输卵管法低，也无法回收输卵管内的受精卵，所需冲卵液较多。此外，检查卵前需要先使集卵杯静置一段时间，等卵沉降至底部后，再将上层的冲卵液小心移去，才能检查下层冲卵液，所以花费时间较多。

利用冲洗输卵管法或子宫冲洗法进行采卵时，在整个操作过程中，要尽量避免出血和创伤，防止造成手术后生殖器粘连之类的繁殖障碍，这对供体羊来说是尤为重要的。生殖器官裸露于创口外的时间要尽量缩短，因此要求冲卵动作熟练，配合默契，并防止器官在裸露期间干燥，避免用纱布与棉花之类的物品去接触它。冲卵结束后，不要在器官上散布含有盐酸普鲁卡因的油剂青霉素，因为普鲁卡因对组织有麻痹作用，对器官活动起抑制作用，容易引起粘连的发生。为防止粘连，操作过程中，最好用37℃的灭菌生理盐水洒布于器官上，一些品质优良的供体羊可考虑洒布低浓度的肝素稀释液。生殖器全部冲洗完毕、复位后，进行缝合。腹膜和腹壁肌肉可用肠线做螺旋状连续缝合。腹底壁的肌肉层宜进行锁扣状的连续缝合，使用丝线或肠线均可。皮肤一律用丝线做间断性的结节缝合。皮肤缝合前，可撒一些磺胺粉等消炎防腐药。缝合完毕，在伤口周围涂以碘酊，最后用酒精消毒。

（二）胚胎的检查和鉴定

1. 检卵吸管的制作及处理

用长 8 厘米左右、外径 4～6 毫米的壁厚、质硬、无气泡的玻璃管，把玻璃管在酒精喷灯上转动加热，待玻璃管软化呈暗红色时迅速取下，两手把玻璃管保持直线，均匀用力拉长，使中间拉长部分的外径达到 1～1.5 毫米，从中间割断，将断端在火焰上烧光滑，尖端内径 250～500 微米即符合要求。吸管拉好后，将尖端向上，竖放在洗液中浸泡一昼夜，取出后先用常水冲洗，再用蒸馏水将吸管内外冲洗干净、烘干、包好。临用前再进行干烤灭菌，使用时给吸管粗端接一段内装玻璃珠的乳胶管，即可以用来吸取胚胎。

2. 胚胎的检查

将回收到的冲洗液盛于玻璃器皿中，37℃静置 10 分钟，待胚胎沉降到器皿底部，移去上层液就可以开始检查胚胎发育情况和数量多少了。在性周期第七天回收的绵羊胚胎大小约 140 微米。因为回收液中往往带有黏液，甚至有血液凝块，所以常把卵裹在里面，使卵因不容易识别而被漏检。血液中的红细胞将卵细胞藏住，不易看到，故可用解剖针或加热拉长的玻璃小细管拨开或翻动以帮助查找。检卵室内的温度保持在 25℃～26℃，对胚胎无不良影响而温度波动过大会对胚胎不利。检卵杯要求透明光滑，底部呈圆凹面，这样胚胎可滚动到杯的底部中央，便于尽快地将卵检出。在体视显微镜下看到胚胎后，用吸卵管把胚胎移入含有新鲜 PBS 的小培养皿中。

待全部胚胎检出后（图 7－3），将检出胚胎移入新鲜的 PBS 中洗涤 2～3 次，以除去附着于胚胎上的污染物。洗涤时，须每次更换液体，以防止将污染物带入新的液体中。胚胎净化后，放入含有新鲜的并加有小牛血清的 PBS 中直到移植。在移植前，如果贮存时间超过 2 个小时，应每隔 2 个小时更换 1 次新鲜的培养液。经鉴定认为可用的胚胎，可短期保存在新鲜的培养液中等待移植。在 25～26℃的条件下，胚胎在 PBS 中保存 4～5 个小时对移植结果没有影响。但是，要想保存更长的时间，就要对胚胎进行降温处理。胚胎在液体培养基中逐渐降温至接近 9℃时，虽然细胞成分特别是酶不稳定，但是仍可保存 1 天以上。

图 7—3　检胚

3. 胚胎的鉴定

目的是选出发育正常的胚胎进行移植，提高移植胚胎的成活率。

鉴定胚胎可以从如下几个方面着手：①形态；②匀称性；③胚内细胞大小；④胞内胞质的结构及颜色；⑤胞内是否有空泡；⑥细胞有无脱出；⑦透明带的完整性；⑧胚内有无细胞碎片。

正常的胚胎，发育阶段要与回收时应达到的胚龄一致，胚内细胞结构紧凑，胚胎呈球形。胚内细胞间的界限清晰可见，细胞大小均匀，排列规则，颜色一致，既不太亮也不太暗。细胞质中含有一些均匀分布的小泡，没有细颗粒。有较小的卵黄间隙，直径规则。透明带无皱纹和萎缩，泡内没有碎片。

检卵时要用拨卵针拨动受精卵，只有从不同的侧面观察，才能了解确切的细胞数和胞内结构。

未受精卵无卵间隙，透明带内为一个大细胞，细胞内有较多功能颗粒或小泡；桑椹胚可见卵黄间隙，透明带内为一细胞团，将入射光角度调节适当时，可见胚内细胞间的分界；变性胚的特点是卵黄间隙很大，内细胞团细胞松散、大小不一或为很小的一团，细胞界限不清晰。处于第一次卵裂后期的受精卵的特点是透明带内有一纺锤状细胞。胞内两端可见呈带状排列的较暗的杆状物（染色体）。羊 8 细胞以前的单个卵裂球，具有发育为正常羔羊的潜力，早期胚胎的 1 个或几个卵裂球受损，并不影响其后的存活力。

（三）胚胎冷冻保存

胚胎冷冻保存就是对胚胎采取特殊的保护措施和降温程序，使之在－196℃下停止代谢而进行保存，同时在升温后其代谢又得以恢复，由此将胚胎进行长期保存。

目前对肉羊胚胎冷冻保存试验虽有多种经过改进的方法，但基本程序如下：添加低温保护剂并进行平衡；将胚胎装进细管，放进降温器里，诱发结晶；慢速降温；投入液氮（－196℃）中保存；升温解冻；稀释脱除胚胎里的冷冻保护剂。

现行肉羊胚胎冷冻法主要有以下两种：

1. 快速冷冻法

快速冷冻法是目前最成熟的方法。与一步法相比，快速冷冻法虽然操作烦琐，且需要专门的冷冻仪器，但是胚胎冷冻解冻后移植成活率高，因此为目前生产中最常用的方法。其操作步骤为：

（1）胚胎的收集

收集方法同前述。收集后，将采得的胚胎在含有 20％小牛血清的 PBS 中洗涤两次。

（2）加入冷冻液

将洗涤后的胚胎在室温条件下放入含有 1.5M 甘油或二甲亚砜（DMSO）的冷冻液中平衡 20 分钟。

（3）装管和标记

胚胎经冻前处理后即可以装管。一般用 0.25 毫升的精液冷冻细管。将细管有棉塞的一端插入装管器，将无塞端伸入保护液中吸一段保护液Ⅰ段）后吸一小段气泡，在显微镜下仔细观察并吸取含有胚胎的保护液（Ⅱ段），然后吸一个小气泡，最后再吸一段保护液（Ⅰ段）。把无棉塞的一端用聚乙烯塑料沫填塞，然后向棉塞中滴入保护液和解冻液。冷冻后液体冻结时两端即被封。

（4）冷冻和诱发结晶

快速冷冻时，要先做一个对照管，对照管按胚胎管的第Ⅰ、第Ⅱ段装入保护液。把冷冻仪的温度传感电极插入Ⅱ段液体中上部，放入冷冻器内。如果使用 RPE 冷冻仪，可以调节冷冻室和液氮面的距离，使冷冻室温度降至 0℃且稳定 10 分钟后，将装有胚胎的细管放入冷冻室，再平衡 10 分钟，然后调节冷冻室至液氮面的距离，以 1℃/min 的速度降至 $-5\sim-7$℃，以此诱发结晶（可以由室外温度开始以同样的速度降至 $-5\sim-7$℃）。诱发结晶时，用镊子把试管提起，用预先在液氮中冷却的大镊子夹住含胚胎段的上端，3～5 秒钟即可以看到保护液变为白色晶体，然后再把细管放回冷冻室。全部细管诱发结晶完成后，在此温度下平衡 10 分钟。在此期间，可见温度仍在下降，只是在 $-9\sim-10$℃时温度突然上升至 $-5\sim-6$℃，接着温度缓慢下降。这种现象的产生是因为对照管未诱发结晶，保护液在自然结晶时放热所导致的。10 分钟后，温度可能降至 -129℃左右，此时重新调节冷冻仪至液氮面的距离，以 0.3℃/min 的速率降至 $-30\sim-40$℃后再投入液氮保存。

解冻和脱除保护剂。试验证明，冷冻胚胎的快速解冻优于慢速解冻。快速解冻时，胚胎在 30～40 秒钟内由 -196℃升至 30～35℃，瞬间通过危险温区，来不及形成冰晶，因而不会对胚胎造成较大破坏。

解冻的方法是：预先准备 30～35℃的温水，然后将装有胚胎的细管由液氮中取出，立即投入温水中，并轻轻摆动，1 分钟后取出，即完成解冻过程。

胚胎在解冻后，必须尽快脱除保护剂，使胚胎复苏，如此，胚胎移植后才能继续发育。目前，多用蔗糖液一步法或两步法脱除胚胎里的保护剂。具体方法是：用 PBS 配制成 0.2～0.5M 的蔗糖溶液，胚胎解冻后，将其在室温下放入这种液体中保持 10 分钟，在显微镜下观察，当胚胎扩张至接近冻前状态时，即认为保护剂已被脱除，然后移入 PBS 中准备检查和移植。

2. 一步冷冻法

一步冷冻法以添加 20％小牛血清的 PBS 液为基础液，配制 10％的甘油与20％的丙二醇的混合Ⅰ液和 25％的甘油与 25％丙二醇的混合Ⅱ液作为玻璃化液。胚胎先在室温移入Ⅰ液平衡 10 分钟，再移入Ⅱ液中。取 0.25 毫升的冷冻细管 1 支，两端分别装入含有 1mol/L 蔗糖的 PBS 稀释液，中间装入Ⅱ液，然后将Ⅱ液中的胚胎直接移入Ⅰ液中，封口、标记。同时，从液氮罐中提出充满液氮的提斗，将细管垂直缓慢地插入液氮中。解冻时，将含有胚胎的细管从液氮中取出，并立即缓慢插入预先准备好的 20℃的水浴中，数秒钟后用棉球将细管外的水擦干，剪去两端，将其中的液体一起吹入培养皿，再移入含有20％小牛血清的 PBS 液中，反复冲洗 3 次。此法移植时操作简便，受胎率可达 50％以上。冷冻胚胎在解冻后移植前要经过活力鉴定和培养鉴定方可进行移植。

（四）胚胎分割

早期胚胎的每一个卵裂球都有独立发育成个体的可能性，所以可以通过对胚胎分割，人工制造同卵双生或同卵多生胚胎。这一技术极大地扩大了胚胎的来源。

六、胚胎移植操作

（一）器械

目前，除了外科手术器械外，国内尚无商品化的移卵用的工具。移卵管和吸卵管多是自制的。其中，最简单的方法是用直径为 0.6～0.8 厘米的玻璃管拉成的前端弯曲（或直的）、内径为 0.01～0.05 厘米的吸管（前部稍尖），在其后部装一个橡皮吸球。这种简单的工具即可以用来进行输卵管移卵。子宫内移植时，需先用针头在子宫壁上扎一个小洞，然后插入移卵管。也有采用套管移植方法的，即取 12 号针头 1 根，将与注射器连接的接头去除，同时将其尖端磨平，变成一个金属导管，接上一段细的硅胶管与吸管相连，这样也可用于移植操作。

（二）适宜时间

移植胚胎给受体，胚胎的发育必须和子宫的发育相一致。既要考虑供体发情的同期化，又要考虑子宫发育与胚胎的关系，而子宫的发育多根据黄体的表型特征来鉴定。实际上，由于供体羊提供的是超排卵，其单个卵子排出的时间往往有差异，因此不能只考虑发情同期化。在移植前，要对受体肉羊仔细检查，如果黄体发育到所要求的程度，即使与发情后的天数不吻合也可以移植，反之就不能移植。

（三）受体的准备

受体羊在移胚前应证实卵巢上有发育良好的黄体。若有条件可进行腹腔镜（图7-4）检查，确定黄体的数量、质量以及所处的位置，移植时不必再拉出卵巢进行检查。受体羊在术前应饥饿20个小时左右，并于手术前一天剃毛。

图7-4 腹腔镜法胚胎移植

（四）移植操作

移植分为输卵管移植和子宫移植两种。由输卵管获得的胚胎，应由伞部移入输卵管中；经子宫获得的胚胎，应当移植到子宫角前1/3处。

吸胚胎时，应先用吸管吸入一段培养液，再吸一个小气泡，然后吸取胚胎。胚胎吸取后，再吸一个小气泡，最后吸一段培养液。这样可以防止在移动吸管时丢失胚胎。

采用输卵管法移植前，由于输卵管前近伞部处往往因输卵管系膜的牵连，形成弯曲，不利于输卵，因此术者应使伞部的输卵管处于较直的状态，以便于移卵者能见到牵出的输卵管部分处于输卵管系膜的正上面，并能见到喇叭口一侧。此时，移卵者将移卵管前端插入输卵管内。移卵液切勿过多，过多的液体进入输卵管时会引起倒流，卵子容易流失。移卵后要保持输卵管内的指压，抽出移卵管。若在输卵管内放松指压，移卵管内的负压就会将输卵管内的胚胎再吸出来。输卵后还要再镜检移卵管，观察是否还有胚胎存在。若没有，说明已移入（图7-5），应及时将器官复位，并做腹壁缝合。

图7-5 称入胚胎

子宫移卵时，可以使用自制的移卵管。移卵时，将要移的胚胎吸入移卵管后，直接用钝性导管插入母羊的子宫角腔。当移卵管进入子宫腔内时，会有插空的手感。此时，稍向移卵管内加压。若移卵管已插入子宫腔，移卵管内的液体就会发生移动。若不能移动，需调整钝性导管或移卵管的方向或深浅度，再行加压，直至顺利挤入液体为止。

第四节　多胎技术与诱导分娩技术

母羊的多产性是具有明显遗传特征的性状，从解剖学上分析，母羊是双子宫角，适合怀双胎。在生产实践中，许多母羊不仅可产双羔，而且可以产3胎、4胎，提高母羊的产羔率，可以大幅度提高生产效益。

目前，用于提高母羊双羔率的方法主要有四种：一是采用促性腺激素，如用PMSG诱导母羊产双胎；二是采用生殖免疫技术；三是应用胚胎移植技术；四是采用营养调控技术。

一、多胎技术

（一）促性腺激素诱导技术

对单胎的母羊多采用这种方法。一般是在母羊发情周期的第12～13天，一次性对其注射PMSG 300～500单位，HCG 200～300单位。亦可利用FSH在母羊发情周期的第11、12、13天或12、13、14天，每天肌注1次FSH，每次 10～15 单位。在非繁殖季节，需要增加激素的含量。实验证明，注射300～400 单位 PMSG 或 30～40 单位 FSH 可提高每只母羊的产羔数0.2～0.6 只，但促性腺激素处理的弊端是不能控制产羔数。剂量小时，双羔效果不明显；剂量大时，又会出现相当比例的三胎或四胎，影响羔羊成活的概率，有时还会造成母羊卵巢囊肿，以致不孕。

促性腺激素处理可与同期发情处理结合运用，即在同期发情时，适当增加促性腺激素的剂量，可以达到提高双羔率的目的。

使用促性腺激素时，因母羊对激素反应的敏感性存在个体差异，故处理效果不确定。选用这种方案时须预先做好试验，根据品种、地区来确定合理的剂量和注射时间。

（二）生殖免疫技术

生殖免疫技术为提高母羊的多胎性能提供了新的途径。该技术是以生殖激素作为抗原，给母羊进行主动或被动免疫，刺激母羊产生激素抗体。这种抗体与母羊体内相应的内源性激素发生特异性结合，可以改变内分泌原有的平衡，使新的平衡向多产方向发展。

目前，新疆石河子大学、兰州畜牧与兽药研究所、上海生物化学与细胞生物学研究所等单位研制的生殖免疫制剂主要有双羔素（睾酮抗原）、双羔疫苗（类固醇抗原）、多产疫苗（抑制素抗原）及被动免疫血清等。这些抗原处理的方法大致相同，都是首次免疫 20 天后，进行第二次加强免疫，二免 20 天后开始正常配种。应用此项技术，母羊的繁殖率平均提高 23.8%。

（三）胚胎移植技术

应用胚胎移植技术给繁殖的母羊移植 2 枚优良种畜的胚胎，此法不仅可达到一胎双羔的目的，还可利用普通母羊繁殖良种后代，在生产中有很大的应用价值。

（四）营养调控技术

营养调控技术是在母羊配种前施行短期优饲、补饲维生素 E、维生素 A 和矿物质微量元素等。实践证明，此技术可以提高母羊繁殖率10%～15%。

另外，对经过生殖免疫处理的母羊配种前 20 天的短期优饲、补饲维生素E 和维生素 A，可以显著提高免疫处理的效果。

二、诱导分娩技术

诱导分娩亦称引产，是在认识分娩机制的基础上，利用外源激素模拟发动分娩的激素变化，调整分娩过程，促使其提前产出正常的羔羊。这是人为控制分娩过程和时间的一项繁殖新技术。

（一）诱导分娩的意义

一般认为，诱导分娩可减少或避免新生羔羊和孕羊在分娩期间可能发生的伤亡事故，提高羔羊成活率。其原因是：一方面，在高度集约化生产中，便于有计划地组织人力、物力进行有准备的护理工作；另一方面，可将分娩控制在工作日或上班时间内，这有利于加强准备及监护措施。同时也为分娩母羊之间新生羔羊的调换，提供了机会和可能（如母羊之间调换羔羊和寻找养母等）。诱导分娩可节约劳力和时间，便于有计划地利用产房和其他设施，提高生产效率。另外，诱导同期分娩和同期发情技术相辅相成、互相促进，有利于羔羊的哺乳、断乳、育肥等饲养管理和开展其他生产工作。

研究表明，诱导分娩能够改变自发分娩的程度是有限的，其处理时间是在正常预产期结束之前 1 周。超过这一期限，会造成死胎、新生羔羊死亡、成活率低、体重轻、弱羔、胎衣不下、母羊泌乳能力下降和生殖恢复延迟等问题。另外，控制分娩的时间只能使多数被处理母羊集中在给药后的 $18 \sim 50$ 个小时内分娩，很难控制在更准确的时间范围内。因此，在使用这项技术时应特别慎重，否则将适得其反或弊多益少。

（二）诱导分娩的适用条件

当出现下列情况时可采用该项技术。

（1）母羊个体小，胎儿生长快，为避免足日时发生难产或在妊娠晚期孕羊因病或受伤不能负担胎儿时。

（2）孕羊迫不得已被屠宰前，为拯救产出胎儿；或经诊断，孕羊患有胎液过多症，而胎儿生长正常时。

（3）专为取得花纹更美观的羔羊裘皮，提早 10 天以内诱导分娩；或为研究胎儿后期生长而采集标本，避免杀母取胎时。

（4）大牧群要求在白天分娩，便于助产，减少死亡率。

（5）孕羊超过预产期延期分娩时，临产母羊阵痛微弱，为防止胎儿因生产不出来而造成死亡，出于催产的目的时。

（三）诱导分娩技术方法

目前诱导分娩使用的激素有皮质激素或其合成制剂、前列腺素及其类似物、雌激素、催产素等多种。用于羊诱导分娩的主要有前列腺素及其类似物、糖皮质激素，雌激素也有同样作用，但效果不如前两者。

诱导母羊分娩可在妊娠 $143 \sim 149$ 天的母羊颈部或臀部肌内注射前列腺素类似物——氯前列腺烯醇 0.5 毫克（上海生产），50 个小时内多数母羊分娩。死、弱羔数和对照组差异不显著。肌注 15－甲基－$PGF_{2\alpha}$ 可取得同样效果。肌注地塞米松 20 毫克，也可达到引产的目的。

第五节　JIVET 技术

JIVET（Juvenile In Vitro Embryo Transfer），即幼龄母羔体外胚胎移植技术，是集超数排卵、活体采集卵胞细胞、卵母细胞体外成熟、精卵体外受精、胚胎体外培养和胚胎移植等技术为一体的综合性技术。JIVET 技术程序如图 7—6 所示。

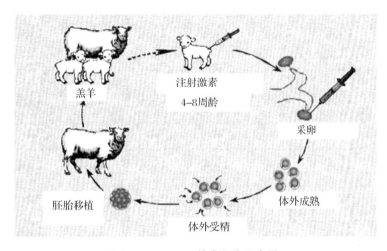

图 7—6　JIVET 技术程序示意图

近 10 年来，该技术一直是繁殖技术领域中研究、应用的热点。JIVET 技术的最大特点是以性成熟前母羔为供体提供卵母细胞，因为母羔性成熟前主要在促卵泡生成素（FSH）诱导作用下，卵巢大量卵泡生长发育形成优势卵泡，卵泡中的卵母细胞也随卵泡大量生长发育。相比于性成熟母羊，在同样的 FSH 诱导作用下，母羔获得的卵母细胞数量大大高于后者。这也是 JIVET 技术的巨大优势之处。

在某些文献中，常将 JIVET 技术俗称为幼龄母羔超排技术，这是不准确、不科学的。因为超排（即超数排卵）是传统成年母羊胚胎移植中，通过对母羊给予外源激素来刺激卵巢上多数卵泡发育，卵泡中的卵母细胞在卵丘颗粒细胞的滋养下发育成熟而从卵泡排出。此时，卵母细胞已经发育至 M II 期。这个过程叫超数排卵。而 JIVET 技术中，母羔卵巢在外源激素诱导下，大量卵泡生长发育，采卵时卵泡中的卵母细胞未发育成熟到 M II 期，且未排卵，一般发育到 M I 期。只有体外成熟培养后发育到 M II 期，才能成功进行体外受精，进而形成胚胎。因此，将 JIVET 技术称为幼龄母羔体外胚胎移植技术是准确和科学的。

一、JIVET 技术的意义

（一）使母羊繁殖年龄提前

母羊一般在 6～8 月龄性成熟，到 1.5 岁时才适宜配种，接近 2 岁时才得到子一代羔羊。利用 JIVET 技术，在羔羊 4～8 周龄时就可以采集其卵母细胞生产胚胎，待 6～7 月龄时就可以获得其子一代。因此，JIVET 技术使母羊获得子一代的年龄提前了 1.5 年左右，4～8 周龄时就可以繁殖。

（二）母羊繁殖更多后代

用激素处理成年母羊一次平均只可获得 10 余枚卵子或胚胎，而用激素处理 4～8 周龄母羔，平均一次可获得 80 多枚卵子，体外受精后可生产 50 枚以上胚胎，胚胎移植可产 10～20 只后代；重复超排后，2 年可产生 250 只后代。这是其他技术繁殖效率的 20～60 倍。（表 7-1）

表 7-1　　　　　JIVET 技术与其他繁殖技术的比较

技术项目	自然繁殖	常规胚胎移植	JIVET
排卵时间（个月）	10-12	10-12	1.5-2
每次发情排卵数（枚）	2-3	5-6	80-100
获得后代数（只）	1-2	2-3	10-20
2 年产生后代数（只）	10-12	20-30	250
世代间隔（年）	2-2.5	2-2.5	0.58

JIVET 技术的上述优势，不但充分发挥了优良母羊的遗传潜力，而且缩短了育种的世代间隔，加快了育种进程和扩繁群体速度，提高了繁殖效率。因此，JIVET 技术对优质羊快速扩群具有重要的生产实用价值。

二、JIVET 技术路线

按照 JIVET 技术实施过程，其技术路线如图 7-7 所示。

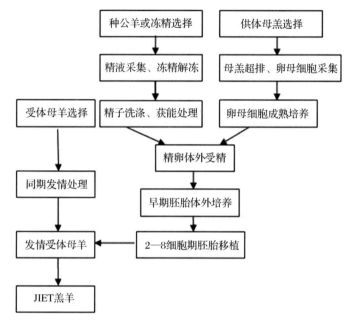

图7—7　JIVET技术路线

（一）供体和受体选择

受体成年母羊、供体羔羊和种公羊或冻精的选择：选择4～8周龄、健康、体质健壮的幼龄母羔作为卵母细胞供体；选择经产、健康的成年母羊作为胚胎移植受体；选择健康、配种使用的成年公羊或经检查活力好、品质优的冻精备用。

（二）受体母羊同期发情

将按照胚胎移植要求选择好的受体母羊进行同期发情处理，以受体母羊撤栓时供体母羔采集卵母细胞为同步时间点做好供受体同期，撤栓后用公羊试情，准确记录受体母羊发情时间。

（三）供体母羔处理

母羔外源激素注射诱导卵泡发育、卵母细胞采集和公羊排精、采集或冻精解冻检查。母羔经外源激素注射诱导卵泡发育，采集卵母细胞，同时做好公羊排精采精准备或冻精解冻检查。

（四）精卵体外受精与培养

采集的羔羊卵母细胞经体外培养成熟后，采集公羊精液或解冻冻精。精液经洗涤、获能处理后，精子和卵母细胞共同孵育进行体外受精。

早期胚胎体外发育培养。精卵体外受精后，将假定合子转移到早期胚胎发育培养液中进行发育培养。

（五）胚胎移植

观察假定合子卵裂情况，将 2－8 细胞期胚胎移植到相应受体母羊输卵管中。

三、JIVET 实施条件

（一）环境要求

卵母细胞和胚胎培养操作室应与其他实验室完全分离。操作室内，工作台的装修与仪器设备安装摆放要考虑到整体操作过程中的技术细节与流程。同时，还应考虑操作室的空间与人员数量是否匹配，确保每一个操作步骤都能够按时完成，不会因为受操作室条件的限制而推迟。选择有设计和建造生物超净工作室经验的工程师，确保建筑材料无毒、环保。操作室最好配备通风系统，以清除周围环境中的污染物，提供高纯度的空气。操作室内温度应保持在 $25\sim30℃$，湿度应保持在相对湿度 $40\%\sim60\%$。室内通常不设洗手池，以减少下水道可能带来的污染；设置空气消毒设备，如紫外线灯或者空气消毒机等。操作室启用前进行"热处理"，打开所有照明及其他设备电源，可用附加电热器将室温调整至 $30\sim35℃$，打开通风系统并调到最大通风量，关闭操作室，热处理持续 $10\sim28$ 天。

（二）仪器设备

立体显微镜，CO_2 培养箱，CO_2 气体瓶，生物光学显微镜，倒置显微镜，超净工作台，离心机，水浴锅，冰箱，纯水仪（miniQ），电子分析天平（精度 0.0001 克），1000 微升、$0\sim200$ 微升（可调）、$0\sim100$ 微升（可调）、$0\sim20$ 微升（可调）移液枪至少各一把。

（三）试剂耗材

1. 试剂

TCM－199 培养基（Sigma 或者 Gibco）、牛血清白蛋白（Bovine serum albumin，BSA）、4－羟乙基哌嗪乙磺酸（2－［4－（2－minydroxyethyl）piperazin－1－yl］ethanesumfonic aci，minEPES）、乳酸钠（Na－Lactate）、丙酮酸钠（Na－Pryuvate）、L－谷氨酰胺（L－Glutamine）、NaCl、$MgCl_2$、$CaCl_2$、KCl、Nah_2PO_4、Kh_2PO_4、$NahCO_3$、青链霉素溶液、heparin、促卵泡生成素（Follicle － stimumating hormone，FSh）、促黄体生成素（luteinizing hormone，LH）、孕马血清促性腺激素（Pregnant Mare Serum Gonadotropin，PMSG）、雌激素（$17\alpha－$estradiol，E_2）、表皮细胞生长因子（Epidermal growth factor，EGF）、必需氨基酸（essential amino acid，

EAA)、非必需氨基酸（non－essential amino acid，NAA）、发情山羊血清（estrus goat serum，EGS）、透明质酸酶（hyaluronidase，hAase）、矿物油（minera Oil）等，以上试剂除注明外，均为 Sigma 试剂。

2. 耗材

5 毫升、10 毫升玻璃试管若干，50 毫升、15 毫升、2 毫升离心管若干，枪头若干，35 毫米、90 毫米培养皿若干，四孔板若干，玻璃巴氏管若干，酒精灯 2 个，封口膜 1 卷，100 毫升、50 毫升烧杯若干，10 毫升注射器若干，0.22 微米滤器若干等。

（四）人员

熟练掌握胚胎操作及卵母细胞、受精卵、胚胎的鉴别，熟练掌握培养液配制和无菌操作技术等。操作室内操作时应穿无菌实验服、实验帽，做好手、手臂消毒等。

四、JIVET 技术实施

JIVET 技术实施前，按照技术流程准备好母羔羊、受体母羊、仪器设备、试剂耗材和人员分工。制订 JIVET 工作日程和计划，如表 7－2：

表 7－2　　　　　　　JIVET 技术工作计划和日程

日期	0 日	1 日	…	12 日	13 日	14 日	15 日	16 日	17 日	18、19 日	21 日	22 日
母羔		准备就绪、适应环境		超排注射	超排注射	采卵缝合	术后观察	术后观察				
受体羊	放置CIDR			注射PMSG	撤栓注 PG	试情	胚胎移植	胚胎移植	术后观察	胚胎移植	胚胎移植	
卵胚胎		实验仪器试剂耗材准备就绪				卵母细胞培养	精卵受精	2cell胚胎	2－4 cell胚		桑椹胚	囊胚

注：数据来源：中国草食动物科学，2017，37（01）：19－23.

（一）准备工作

1. 幼龄母羔选择与饲养管理

选择月龄在 4～8 周龄、体质良好、出生体重大、体重 4.5～8 千克、健康、喜好嬉戏、精神状态良好、有完整系谱档案的母羔。超排处理前最好与母羊同圈饲养，减少、避免应激。

在超排处理前至少 2 周，幼龄母羔应该在试验圈饲养，最好与母羊同圈饲养，使其适应环境，减少应激。试验母羔每只每天饲喂颗粒料 150～200 克，自由采食干苜蓿草，饮干净水。圈舍保持干燥，通风良好。

2. 受体母羊选择

受体母羊应选择年龄在 3～6 岁的经产母羊，且上一年度有生产史，健康、发情正常、膘情适中、体重在 22.5～30 千克的母羊。

3. 种公羊或冻精选择

应选择年龄在 2～5 周岁、性欲良好、适应人工采精、本交配种母羊有产羔史、无疾病等的种公羊。

（二）受体母羊同期发情处理

1. 药品、耗材

所需药品有孕马血清促性腺激素（PMSG）、75% 酒精、氯前列烯醇（PG）、孕激素缓释栓（CIDR）、维生素 ADE 注射液等。

所需耗材有 1 毫升注射器、医用脱脂棉。

2. 同期发情

受体母羊放置 CIDR 栓当天计为第 0 天。同时，每只受体母羊肌肉注射维生素 ADE2 毫升，第 14 天下午肌肉注射 PMSG 250 国际单位，第 15 天上午撤栓的同时肌肉注射 PG1 毫升，第 16、17 天前后用公羊试情。准确记录受体羊放栓日期时间和发情日期时间等信息（表 7-3）。放置 CIDR 方法为：母羊外生殖器先用干净湿抹布擦拭，清除污物，再用酒精棉球擦拭，最后用生理盐水棉球擦拭；CIDR 栓枪用 75% 酒精棉球消毒处理，装入 CIDR，操作人员一手持枪，一手用拇、指食指打开母羊生殖器，将 CIDR 枪轻轻送入，在不损伤母羊生殖道的前提下，尽可能深一些送入，推动枪的顶针将 CIDR 送入母羊生殖道。

表 7—3　　　　　　　　受体母羊同期发情与胚胎移植记录表

| 受体母羊号 | 放置CIDR日期 | 注射PMSG日期 | 撤栓(PG)日期 | 发情时间 | 胚胎移植 | | | | | | 产羔情况 |
| | | | | | 时间 | 左黄体 | | 右黄体 | | 诊断 | |
						数量	胚胎数/供卵羊号	数量	胚胎数/供卵羊号		产羔数/羊号

（三）外源激素诱导幼龄母羔卵泡发育

1. 药品、耗材

所需药品有：促卵泡生长素（FSH）、孕马血清促性腺激素（PMSG）、75％酒精。

所需耗材有：1毫升注射器、医用脱脂棉。

2. 诱导幼龄母羔卵泡发育方法

第一天上午 7：30 肌肉注射 FSH40 毫克、PMSG 333 国际单位，晚 19：30肌肉注射 FSH 40 毫克。第二天上午 7：30 肌肉注射 FSH40 毫克，晚 19：30 肌肉注射 FSH40 毫克。最后一针注射后 12～16 小时采集卵母细胞。此时，超排处理母羔应禁食禁水，与母羊同圈饲养。

（四）母羔活体采集卵母细胞

1. 术前准备

所需手术器械有：手术刀片、手术刀柄、止血钳、持针器、创巾钳、无菌创巾、剪毛弯剪、直剪等，经高温消毒备用。

所需药品、耗材有：青霉素、链霉素、碘酊、止血敏、氯霉素乳膏、75％酒精、盐酸二甲苯胺噻嗪（陆眠灵）、敷料、缝合丝线、缝合弯针、剃须刀片等。

按照常规手术器械、器具、人员准备。母羔称重，做好记录；再保定于手术架上，腹部（乳头与脐之间）剪毛、剃毛，最后准备术部用碘酊、75％酒精消毒，根据母羔体重注射盐酸二甲苯胺噻嗪（陆眠灵）0.015 毫升/千克。

2. 操作液准备

基础液为 TCM－199，采集液为：TCM－199＋0.12 毫克/毫升丙酮酸钠＋5％ EGS＋0.01 毫克/毫升肝素＋5.958 毫克/毫升 HEPES＋10 微升/毫升青链霉素等，0.22 微米滤器过滤，在 38.5℃、5％CO_2、5％O_2、90％N_2 环境下过夜平衡。手术采集卵母细胞前将采卵液转入 50 毫升离心管，在 37℃ 水浴中预热。

3. 卵母细胞采集

手术打开腹腔，做好止血，扩开创口，观察卵巢位置和卵泡发育情况。用弯头止血钳轻轻夹住一侧卵巢韧带，将卵巢牵拉出体外（图 7—8），关闭创口，上盖敷料，将卵巢放于敷料上，用两个弯头带无毒橡胶套的大号弯头止血钳夹住卵巢下面的动静脉血管和韧带，调整手术架高度以便采集卵母细胞操作。采集人员选择较舒适姿势，用医用 10 毫升注射器先抽取约 2 毫升采卵液，手持 10 毫升注射器，将注射器针头斜面向下刺入卵泡，同时用手指轻轻抽注射器针管来吸取卵泡内的卵母细胞和卵泡液，大卵泡直径约 6 毫米，小卵泡直径约 2 毫米（如图 7—9）。采集时，可以单个卵泡刺入进行采集，也可从单个卵泡刺入吸取后再以近水平方向继续刺入相邻卵泡内抽吸。卵巢表面大小卵泡都吸取完后，用另一只手拇指食指轻轻捏住卵巢，触摸卵巢里手感似米粒的卵泡，用注射器抽吸采集，直到触摸不到时为止。抽吸时尽量轻，防止因抽吸太剧烈导致形成裸卵。将采集的卵母细胞液缓慢轻轻注入经 37℃ 水浴预热的含有采卵液的 15 毫升离心管中。给采集完的卵巢表面撒止血敏药粉，再以氯霉素乳膏将整个卵巢包裹，轻轻松开卵巢下方的止血钳，清创后将卵巢送入腹腔。进行常规手术缝合，肌肉注射陆醒宁 0.03 毫升/千克。将采集的卵母细胞液送入实验室准备捡卵。

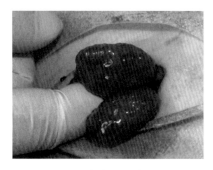 

图 7—8　激素诱导发育的母羔　　　图 7—9　活体采集卵母细胞

（五）卵母细胞体外成熟培养

1. 准备工作

卵母细胞成熟液组成：TCM—199 基础液＋10 微克/毫升 FSH＋20 微克/毫升 LH＋1 微克/毫升 E_2＋10g/毫升 EGF＋10％EGS＋10 微升/毫升青链霉素等。基础液为：TCM—199＋0.12 毫克/毫升丙酮酸钠。TCM—199 按照说明书配制并添加所需组分试剂。FSH、LH、L－谷氨酰胺等配制成所需浓度的浓缩储存液，现用现添加。0.22微米滤器过滤。分别向3个35毫米培养液中加入成熟液2毫升，做卵母细胞洗涤液，并进行编号；将成熟液加入四孔板中，每孔600微升成熟液，上覆矿物油，和洗涤液一起在38.5℃、5％CO_2、5％O_2、90％N_2环境下平衡2小时以上。

在室温为25～30℃时，将直径90毫米培养皿外部底面用剪刀头划出方格，以方便捡取卵母细胞。将高压消毒过的巴氏管在酒精灯下拉制成断端内径约250～300微米，并在酒精灯火焰下使断端钝圆，制作成拣卵针。

2. 拣取卵母细胞

在38.5℃热台上，将装有采集卵母细胞的采卵液静置约8～10分钟，若采卵液量多，可用注射器轻轻抽出上层液，弃掉。用注射器轻轻抽取底部采卵液，并轻轻注入90毫升培养皿，采卵液量以正好平铺培养皿底部，立体显微镜下能清楚观察到卵母细胞为宜。将吸管口和巴氏拣卵针相连，调整立体显微镜放大倍率（一般以20倍为宜），在立体显微镜下从一边的方格到对侧的方格拣取卵母细胞。将拣取的卵母细胞移到1号培养皿洗涤液中。再快速重复一次，以免有漏掉未捡到的卵母细胞。最后将盛采卵液的试管用采卵液洗一遍后，拣取卵母细胞。采卵液拣取完毕后，进行卵母细胞洗涤。将1号培养皿洗涤液中的卵母细胞转移到2号皿，再从2号转移到3号皿中，并按照卵丘颗粒细胞的多少进行分级。A级为卵丘细胞层完整而致密的卵母细胞；B级为卵丘细胞层部分脱落的卵母细胞；C级为卵丘细胞极少或全部脱落的裸卵，C级应被淘汰（图7－10）。

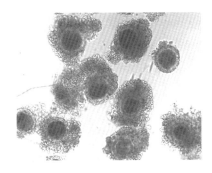 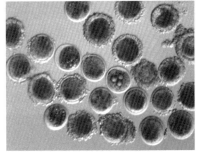

图7－10　成熟前卵母细胞　　　图7－11　成熟培养卵母细胞

3. 卵母细胞成熟培养

A和B级卵母细胞用于成熟培养（如图7－11）。将洗涤好的卵母细胞转移到四孔板成熟培养液中，每孔25～30枚卵母细胞，并紧密集中放置。将四孔板放入环境为38.5℃、5％CO_2、5％O_2、90％N_2的培养箱中培养，一般成熟培养 24～26 小时。记录卵母细胞入孵培养时间、数量、所用卵母细胞母羊号（表 7-4）等，四孔板做好标注。

表 7-4 　　　　　　　　　　　　**JIVET 技术记录表**

母羔号	采卵时间	IVM					IVF			IVC	
		卵数	培养数	培养时间	PB1数	成熟时长	公羊号	时间	时长	2cell/时间	M数/时间	BL数/时间

（六）公羊精液检测

1. 采精

采集场所做好消毒处理。剪公羊腹毛，将采精公羊腹部的被毛用弯剪剪短，特别是尿道口和尿道口前端及两侧的被毛尽量剪短，使之在采精时减少或避免与采精工具接触。清洗种公羊包皮，将青霉素 160 万国际单位、链霉素 100 万国际单位，加入 150 毫升的蒸馏水或生理盐水中。待全部溶解后，用 20 毫升注射器吸入 20 毫升的药液。采精人员先用手捏住公羊包皮，将药液注入，再将包皮外口手捏封闭，同时用另一手反复推动包皮内的药液，使之流动，使其在包皮内不留死角，与药液充分接触，2 分钟后松开包皮外口，放出药液。如此冲洗 2 次后，再用生理盐水冲洗 1 次。

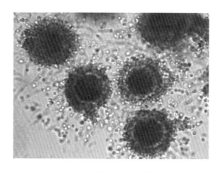

图 7-12 　成熟培养后卵母细胞

采精人员应每采集 1 只公羊，换一副手套。精液采集方法按照假阴道采集种公羊精液规程进行。

2. 制作冻精

将采集的种公羊精液 4 倍稀释，并在显微镜下检查精子活力，慢速降温平衡，冷冻。解冻检查精液活力，需达 0.3 以上方可备用。

3. 精液检测

按照体外受精（IVF）要求做四孔板，每孔加入 IVF 液 400 微升。要求解冻后或刚采集的精液活力不低于 0.3。吸取 50～100 微升加入四孔板的受精液中，在 38.5℃、5％CO_2、5％O_2、90％N_2 环境下培养 24 小时，在显微镜下观察精子存活时间、菌落生长情况。鲜精或每批冻精每个种公羊重复培养 2 次。选择无菌落生长、存活时间 12 小时以上的种公羊冻精备用。

（七）体外受精

1. 准备

配制 SOF（表 7—5）基础液。受精液为 SOF＋1 微克/毫升亚牛磺酸钠＋6 毫克/毫升 BSA＋10 微升/毫升青链霉素等。0.22 微米滤器过滤，分别向 3 个 35 毫米培养液中加入受精液 2 毫升，做卵母细胞洗涤液，并进行编号；四孔板每孔加入受精液 400 微升，上覆矿物油，在 38.5℃、5％CO_2、5％O_2、90％N_2 环境下平衡 2 小时以上，备用。

表 7—5　　　　　　　　　SOF 液成分浓度表（100 毫升）

名称	质量（g）	名称	质量（g）
NaCl	0.6294	KCl	0.0533
KH_2PO_4	0.0162	$CaCl_2 \cdot 2H_2O$	0.0252
$MgCl_2 \cdot 6H_2O$	0.0099	$NaHCO_3$	0.2108
Na－Pryuvate	0.0036	Na－Lactate	0.052
L－Glutamine	0.0146	BSA	0.6

2. 卵母细胞处理

在 38.5℃ 热台上，用内径为 250—300 微米的捡卵针将培养 24～26 小时成熟的卵母细胞（如图 7—12）转移到 1 号受精洗涤液中。取 1 毫升受精液加入透明质酸酶中，使其浓度为 1％。先将受精液中的卵母细胞转入 1％透明质酸酶液中，作用 2～3 分钟，用内径 200～250 微米的捡卵针轻轻反复地吹吸，使颗粒细胞脱落；再将卵母细胞依次转移到 2 号、3 号受精洗涤液中；最后将其转移到四孔板受精液中，每孔 25～30 枚卵母细胞、400 微升受精液。

3. 精液处理

（1）精子获能液准备。配制以 SOF 基础液的获能液为：SOF＋2％EGS＋20 微克/毫升肝素＋10 微升/毫升青链霉素等。用 0.22 微米滤器过滤。在

38.5℃、5%CO_2、5%O_2、90%N_2环境下平衡2小时以上。每支无菌玻璃试管中加入获能液800微升，在38.5℃、5%CO_2、5%O_2、90%N_2环境下备用。

（2）精子获能处理。40℃水浴解冻细管冻精或者颗粒冻精（用无菌预热的玻璃试管），检查精子活力。根据精子密度，取解冻的精液100～150微升轻轻加入800微升获能液玻璃试管底部（图7－13）。在38.5℃、5%CO_2、5%O_2、90%N_2环境下上浮处理20分钟，备用。

 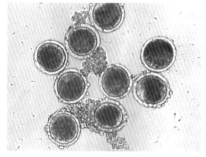

图7－13　精子获能处理　　　　图7－14　精卵体外受精

4. 精卵体外受精

在38.5℃热台上，取微量上游获能处理的上清液，在显微镜下检查精子活力与密度，确定上清液精子加入量。一般每孔用微量移液枪取120～150微升上清液，在显微镜下轻轻将其加入四孔板卵母细胞受精液中，观察精子密度与活动情况，合适的密度精子应该能推动卵母细胞滚动（图7－14）。记录受精时的时间、所用卵母细胞的母羊号、所用精液的公羊号等（见表7－4），四孔板做好标注。将四孔板放入环境为38.5℃、5%CO_2、5%O_2、90%N_2的培养箱中培养22～24小时。

（八）早期胚胎体外发育培养

1. 准备

配制以SOF为基础液的发育培养液：SOF＋8毫克/毫升BSA＋2% EAA＋1% NAA＋10微升/毫升青链霉素等。用0.22微米滤器过滤，分别向3个35毫米培养液中加入发育液2毫升，做合子洗涤液，并进行编号；四孔板每孔加入发育液600微升，上覆矿物油，在38.5℃、5%CO_2、5%O_2、90%N_2环境下平衡2小时以上，备用。

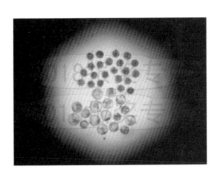

图 7—15　显微镜下早期胚胎

2. 早期胚胎体外发育培养

在 38.5℃ 热台上，精子与卵母细胞作用 22～24 小时后，用微量移液枪轻轻反复地吹打假定合子，直到假定合子透明带外黏附的精子凝块脱落为止。在立体显微镜下，用内径为 200～250 微米的捡卵针分别将每孔假定合子转移到胚胎发育培养液中（图 7—15），再依次转移到 2 号、3 号胚胎发育液中。在立体显微镜下放大 40 倍观察卵裂情况，并记录。先将卵裂的 2 细胞胚胎挑选出来，再将卵裂的 2 细胞胚胎（图 7—16）转移到胚胎发育液四孔板的培养孔中，培养 5～6 小时。未卵裂假定合子分别转移到胚胎发育液四孔板相应的培养孔中，在 38.5℃、5% CO_2、5% O_2、90% N_2 环境下培养 24 小时。记录培养时间、数量、羊号等（见表 7—4），四孔板做好标注。

3. 胚胎发育观察

已卵裂的 2 细胞期胚胎在培养 5～6 小时后，可移植到受体母羊输卵管中。未卵裂假定合子在培养 24 小时后，用立体显微镜观察卵裂情况。挑选出未卵裂的假定合子，弃掉。2—4 细胞期胚胎既可被挑选出来，进行输卵管移植；也可继续发育培养 24 小时后（图 7—17），换液继续培养直到发育至囊胚。换液成分为：SOF+10% EGS+2% EAA+1% NAA+10 微升/毫升青链霉素等。

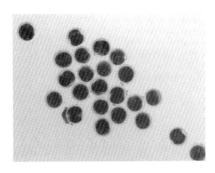

图 7—16　2 细胞期胚胎

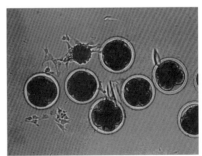

图 7—17　4—8 细胞期胚胎

（九）胚胎移植

1. 胚胎与受体母羊匹配原则

当输卵管移植 2－4 细胞期胚胎时，受体母羊发情结束与 2－4 细胞期胚胎匹配，或者受体母羊发情结束比 2－4 细胞期胚胎晚 12 小时。为提高胚胎移植妊娠率，最好在胚胎发育早期（2－4 细胞期）就将胚胎移植到与胚胎同期的受体母羊输卵管中。

2. 受体母羊准备

按照 JIVET 技术实施计划与日程，在放置 CIDR 第 14 天的下午肌肉注射 PMSG 330IU，在第 15 天上午撤栓的同时肌肉注射 PG 1 毫升，在第 16、17 天前后用公羊试情。按照 2－4 细胞期胚胎与母羊匹配原则，挑选受体母羊进行胚胎移植准备（图 7－18）。

图 7－18　受体羊准备

3. 受体母羊手术

准备手术器械、药品、耗材和麻醉、解麻醉等同供体母羊手术。将受体母羊保定在手术架上，术部剃毛，皮肤消毒，麻醉。在朝腹部方向距离乳房 5～10 厘米，距离腹中线 5 厘米一侧做一纵向切口，顿性分离皮下脂肪、肌肉、筋膜层，切开腹膜，操作人员用食指与中指将子宫角牵拉出创口，暴露卵巢并观察黄体情况。观察有无黄体，优良黄体为突出于卵巢表面似火山口样的红色突起（图 7－19）。如有黄体符合移植要求，即可拉出输卵管，做好记录。如双侧卵巢均无黄体，则受体不可用。

图7-19　受体母羊黄体

4.胚胎准备

（1）准备工作。在受体母羊与胚胎匹配的情况下，当受体母羊准备好手术移植时，将2-4细胞期胚胎转移出发育培养液，转入移植液。胚胎移植液：SOF+5％ EGS+2％ EAA+1％ NAA+10微升/毫升青链霉素。准备好移植针（带注射器）等，移植针可用购买的商品移植针，也可自制。自制方法：将巴氏管拉制成尖端内径为1毫米左右，在酒精灯火焰下使针头钝圆即可。需要远距离运输胚胎时，可将胚胎先转入到2毫升离心管中，再放入保温瓶（37℃）即可。注意要做好无菌措施。

（2）胚胎装管。当受体母羊黄体良好确认移植胚胎时，在立体显微镜下，用100微升移液枪将含有胚胎的液体从2毫升离心管中移入35毫米的培养皿中，检查胚胎数量，确保不丢失胚胎。在胚胎装入移植针时，先吸取一段移植液于移植针中，留一段空气，再吸取移植液和3~4枚胚胎，留一段空气，最后再吸取一段移植液，将含有胚胎的液体置于两段液体之间。

5.胚胎移植

选择卵巢有黄体侧进行胚胎移植，创口覆盖敷料，将子宫角、输卵管等置于其上，寻找输卵管伞口，此时可借助蘸有温生理盐水的敷料拨动输卵管伞，将装有胚胎的移植针头从输卵管伞口轻轻送入，湿敷料配合移植针向输卵管深部送入（图7-20），在移植针头通过输卵管2~3个生理弯后，轻轻推动注射器，将胚胎注入输卵管中。如可看到输卵管随着注射器推动而逐渐充盈且向深部充盈，表明胚胎已移植入输卵管中。在推动注射器的同时将移植针缓慢轻轻地抽出输卵管，胚胎移植结束。同时，给每只受体母羊肌肉注射黄体酮25毫克。清创，受体母羊创口缝合，消毒。做好移植胚胎数量、供卵母羔号、受体母羊号等信息记录，见表7-3。

图 7－20　输卵管胚胎移

（十）妊娠检查

在秋季繁殖季节，未妊娠受体母羊表现为发情，可配种提高生产效益。一般受体母羊在胚胎移植 45 天左右，可使用兽用 B 超进行妊娠诊断检查；胚胎移植后 3 月以上时，可通过母羊行为、外观和外生殖器状况，确定是否妊娠。

五、影响 JIVET 技术效率的主要因素

（一）羔羊周龄

羔羊年龄对激素处理的敏感性至关重要，4～6 周龄为最佳激素处理时期，9 周龄时处理效果显著下降。

（二）羔羊生长发育状况

羔羊的生长发育体质状况也很重要，出生重大的羔羊一般好于出生重小的羔羊。因此，加强出生前后母体和羔羊的营养水平对提高激素诱导卵泡发育数很重要。

（三）季节因素

季节对 JIVET 技术效率也可能存在一定影响，但从获得的卵母细胞数看，不同季节似乎差异不明显。若从卵母细胞发育能力上看，就会有所差异，夏季处理羔羊获得的胚胎数量和存活的后代数显著少于秋冬季，这与自然繁殖情况基本吻合。

上述因素是影响 JIVET 技术效率的一些重要因素，可以作为实施 JIVET 技术特别是选择羔羊供体时的参考。但羔羊对激素的反应程度总是存在个体差异，大约有 20％的羔羊对激素无反应，这与成年羊的情况类似，具体原因还不清楚。此外，羔羊卵母细胞的平均发育能力一般低于成年羊。随着技术程序的不断改进，JIVET 技术效率仍然有很大的提高空间。

第六节　繁殖的营养调控技术

在夏洛来羊舍饲过程中，一方面，母羊主要采食干草和精料，没有获得青绿饲草中的维生素和微量元素，造成部分母羊过肥，发情症状不明显；另一方面，有些养殖户饲草饲料搭配不当，饲料单一，营养不全面，造成一部分羊因营养不足而流产或产弱羔。因此，可通过调控羊的营养以改善和提高繁殖性能，产羔率提高近20％。

一、母羊孕前补饲技术

羊的繁殖性能与体况密切相关。体况评分在母羊繁殖的各个阶段都具有十分重要的作用，可以评估各阶段母羊的营养状况。体况评分是通过触摸脊柱（主要是椎骨棘突和腰椎横突）以及观察眼肌上的脂肪覆盖程度而进行直观评分（分数1~5分）的方法。棘突和横突是体况评分的主要依据，体况评分标准见表7-6。一般要求母羊在配种前能达到中上等膘情（以3~3.5分为宜）。配种前优化日粮，特别是提高蛋白质水平，进行"短期优饲"，可使母羊迅速增膘复壮，促进其排卵，提高母羊的发情率，若适时配种，可提高产羔率。在配种前搞好放牧、抓膘和补饲，实行满膘配种，这样能够提高羊的受胎率、产羔率、羔羊成活率及双羔羊的初生重。

二、母羊围产期过瘤胃添加剂技术

（一）过瘤胃葡萄糖

1. 产后能量负平衡

产后母羊由于产羔应激以及泌乳需要，常表现为快速失重。在繁殖方面的表现则为雌激素和孕酮量下降，卵泡发育受阻，母羊发情延迟，究其理论原因应是围产期母羊能量处于负平衡状态。母羊产羔进入泌乳初期后，对营养的需求量除了要满足自身体质恢复以外，还有一大部分用于产奶，而此时母羊的消化机能正处于恢复阶段，干物质的采食量也正在逐渐增加，但是速度较慢，而此时母羊对营养的需求与干物质的采食量无法达到平衡的状态，因此使其处于能量负平衡状态。

2. 葡萄糖负平衡

葡萄糖是组织代谢的主要燃料，几乎参与了机体的各个代谢过程，包括能量代谢，乳的合成，自身免疫等。在奶牛生产中，产后由于泌乳的需要和机体生理调控，对葡萄糖的需求量急剧增加，但其内源性葡萄糖的供给量严重不足，此时，如果外源性葡萄糖的供给量仍不能满足奶牛生产需要，机体就会调动相关代谢途径生成葡萄糖，尽量满足奶牛对葡萄糖的需求，从而引起奶牛围产期代谢紊乱，这被称为"奶牛产后葡萄糖代谢失衡理论"，即奶牛处于"葡萄糖负平衡"状态。在高产的夏洛来羊生产中，葡萄糖负平衡的情况同样存在。

3. 过瘤胃葡萄糖技术的应用

过瘤胃葡萄糖对于羊的产后能量负平衡及葡萄糖负平衡的缓解效果显著。在母羊泌乳早期的饲料中添加过瘤胃葡萄糖可高效率地为围产期母羊供能，直接表现为母羊产后的失重情况得到了有效遏制和缓解，其血清 GLU、ISN 水平提高，NEFA、β−HB、PG、UREA 水平降低。研究表明，过瘤胃葡萄糖添加量在 20～25 克/天/头较适宜。

表 7−6　　　　　　　　　　体况评分标准（5 分制）

分数	体况描述	常用描述	
1	脊椎骨突出，背部肌肉浅薄，没有脂肪	瘦	
2	脊椎骨突出，背部肌肉饱满，没有脂肪	膘情适中	

续表

分数	体况描述	常用描述	
3	可以摸到脊椎骨，背部肌肉饱满，有部分脂肪含量	肥	
4	几乎摸不到脊椎骨，背部肌肉非常饱满，厚脂肪层	肥	
5	摸不到脊椎骨，非常厚的脂肪层，脂肪积存覆盖尾巴	肥	

（二）过瘤胃氨基酸＋葡萄糖＋胆碱组合添加剂

1. 过瘤胃氨基酸的作用和优点

过瘤胃氨基酸就是将氨基酸以某种方式修饰或保护起来以免在瘤胃内被微生物降解，而在胃肠道中产生最佳效果部位处还原或释放出来被吸收和利用的保护性氨基酸，主要包括过瘤胃赖氨酸、过瘤胃蛋氨酸。过瘤胃氨基酸能精准实现反刍动物小肠代谢蛋白的氨基酸平衡、提高产奶量、提高乳蛋白率、提高饲料转化率，并能改善母羊的繁殖性能。

2. 过瘤胃胆碱的作用和优点

羊体内能够以蛋氨酸、维生素B12等为原料合成胆碱，但在母羊泌乳早期由于能量负平衡，因此对胆碱的需要量很大。胆碱不仅对合成卵磷脂非常重要，也是机体内甲基供体之一。由胆碱提供的甲基可以与体内半胱氨酸结合形成蛋氨酸，可改善围产期母羊能量负平衡。将胆碱直接应用于反刍动物日粮，会导致85％～95％的胆碱被瘤胃微生物降解，到达小肠被吸收利用的胆碱很少，不能满足母羊对胆碱的需要。因此，过瘤胃胆碱过瘤胃率如果能达到75%以上，就可有效被母羊吸收利用。

3. 过瘤胃添加剂组合效应

给舍饲夏洛来母羊在妊娠后期饲喂过瘤胃添加剂组合，可使产羔率增加，羔羊初生重增加，可提高羊奶中乳蛋白等营养物质含量，提高羔羊90日龄断奶重、哺乳期日增重，同时还能减少母羊产后瘫痪、能量负平衡和妊娠毒血症的发生概率，使母羊迅速恢复体况。过瘤胃添加剂应用效果较优组合为：过瘤胃葡萄糖10克、过瘤胃胆碱3克、过瘤胃赖氨酸18克、过瘤胃蛋氨酸5克。

（三）过瘤胃维生素和有机微量元素

1. 过瘤胃维生素的作用和优点

维生素是保证动物健康的必需品，它与动物的多种生理功能有关，例如繁殖、生长和免疫。但反刍动物饲料中70%～80%的维生素在瘤胃中被瘤胃微生物破坏，无法发挥作用。过瘤胃维生素是经过特殊加工处理的维生素，能通过瘤胃到达真胃后释放，在小肠被吸收，达到有效补充维生素的效果。

2. 有机微量元素的作用和优点

有机微量元素是指金属元素与有机络合体，如蛋白质、氨基酸、有机酸、小肽、多糖及其衍生物等通过共价键或离子键结合形成的简单络合物或螯合物。有机微量元素具有良好的稳定性、易被消化吸收、生物学效价高等特点，如蛋氨酸锌、甘氨酸锰等。

3. 过瘤胃维生素和有机微量元素的应用

过瘤胃维生素和有机微量元素的组合由维生素A、维生素D、维生素E、酵母硒、氨基酸螯合锌、氨基酸螯合锰组成。由试验筛选出较优添加量为：维生素A 5000国际单位、维生素D 2500国际单位、维生素E 25毫克、酵母硒0.3 ppm、氨基酸锌50 ppm、氨基酸锰60 ppm。添加过瘤胃维生素和有机微量元素后，提高了羊血糖浓度，使血清中酮体和非酯化脂肪酸浓度有降低趋势，改善了妊娠毒血症症状，减少空怀率，提高产羔率以及产羔成活率，产双羔率明显增加。

三、种公羊繁殖的营养调控技术

（一）中草药对种公羊繁殖的调控

1. 几种中草药的作用原理

中草药的有效成分主要有生物碱、挥发油、鞣质类、树脂类、有机酸、糖类、蛋白质和氨基酸，以及油脂、植物色素、维生素和各种微量和常量元素等。中草药对种公羊繁殖来说具有营养与调理的双重作用。

（1）淫羊藿

淫羊藿的有效成分为淫羊藿苷、淫羊藿黄酮、木兰碱、多糖、挥发油、蜡醇、植物甾醇、鞣质、油脂等，具有调节内分泌、促进精液分泌、促进雄性性腺功能、增强肾上腺皮质功能。

（2）枸杞子

枸杞子中不仅含有枸杞多糖，还含有甜菜碱、玉蜀黍黄素、酸浆果红素等特殊营养成分，有滋补肝肾、益精明目等功效，并且具有抗氧化和提高免疫力的作用。

（3）肉苁蓉

肉苁蓉含有微量生物碱及结晶性中性物质。其根部含有肉苁蓉素、氯代肉苁蓉、益母草碱、木脂素、肉苁蓉甙。其还含有甘露醇、谷甾醇、丁二酸、谷甾醇－β－D－葡萄糖甙。其具有补肾阳、益精血、润肠道等功能。

（4）菟丝子

菟丝子的化学成分主要包括：香豆精、黄酮、甾醇类、多糖、淀粉、蛋白质、胡萝卜素类、蒲公英黄质、有机酸、脂肪酸、氨基酸、淀粉酶等成分。其具有免疫调节、促性腺激素样、提高精子体外活动功能、调节内分泌系统功能等作用。

（5）巴戟天

巴戟天主要成分为甲基异茜草素、大黄甲醚、水晶兰甙和强心甙等。其不仅具有补肾助阳、祛风除湿、强筋健骨的功效，还具有肾上腺皮质激素样作用。

（6）黄芪

黄芪含黄酮、皂甙类成分，具有改善物质代谢、增强性腺功能、抗应激、延缓衰老等作用。

2. 复方中草药添加剂技术

（1）复方中草药添加剂配方（表7-7）

表7-7 中草药新配方

中药名称	组成（克）
淫羊藿	30
肉苁蓉	15
菟丝子	15
枸杞子	15
巴戟天	15
黄芪	15
合计	105

（2）复方中草药添加剂的应用方法

选取含水量为 10% 以下的下述中草药原料：淫羊藿、肉苁蓉、菟丝子、枸杞子、巴戟天、黄芪、炒麦芽，将其在 60℃ 的烘箱中烘干，72 小时后将其分别用微型粉碎机粉碎，过 40 毫米筛，取过筛后的淫羊藿 30 克、肉苁蓉 15 克、菟丝子 15 克、枸杞子 15 克、巴戟天 15 克、黄芪 15 克、炒麦芽 15 克，混合均匀即可。

将以淫羊藿、枸杞子和巴戟天等中草药为主调制的中草药添加剂按照 15 克/天的剂量饲喂 4 岁左右的成年种公羊 60 天。在较高采精强度下，公羊的射精量增加、精子密度增加、顶体完整率增加、畸形率减少、美兰褪色时间缩短。可见，复方中草药添加剂显著改善了种公羊的繁殖性能。

（二）微量元素对公羊繁殖性能的调控

1. 微量元素锌

（1）锌对精子生成的影响

锌是动物必需的微量元素，对公畜的繁殖性能有重要的影响。公畜的睾丸、附睾、输精管、前列腺等器官中都含有大量的锌。锌直接参与精子的生成、成熟、激活和获能过程，能够延缓精子膜的脂质氧化，维持细胞膜结构的渗透性和稳定性，从而使精子保持良好的活力。组织学研究表明，缺锌时曲细精管萎缩、变性，管壁变薄、塌陷、受损，生殖细胞数减少，精子生成受阻甚至停止，睾丸间质细胞数量减少。因此缺锌时，动物的繁殖性能明显受到影响，表现为性成熟推迟、性机能障碍、睾丸发育不良、第二性征不明显、射精量减少、精子密度低。严重的缺锌可导致精子发生完全停止。

（2）锌对种公羊的调控技术

在我国养羊业生产中，按照种公羊利用状况，可将其饲养管理分为配种期饲养和非配种期饲养两大阶段。为使种公羊在配种期具有品质良好的精液、保持旺盛的性欲，通常在配种季节到来之前的一定时期就开始补饲配种期日粮。关于种公羊适宜补饲时间，一般根据非配种期种公羊的膘情及体质状况综合确定，同时还应该充分考虑配种期种公羊的精液品质和利用强度。配种开始前补饲的主要目的是为恢复体况、增强体质、改善配种期精液品质。精子的发生需要经历精原细胞的分裂、初级精母细胞的形成、次级精母细胞的形成、精细胞的形成和精子生成几个过程。从精原细胞到精子形成，绵羊所用时间是 49～50 天。绵羊在睾丸内形成的精子通过附睾最后经射精排出的最短时间为 13～15 天。故精子从发生到排出体外的时间对于绵羊来说大约是 2 个月左右。在生产实践中，采用内外环境条件改善公绵羊生精机能和精液品质的结果只有在两个月以后才能在精液中得到反映；同样，公绵羊精液品质的某些突然变化，也应追溯到两个月前的某些影响因素。补饲微量元素锌显著提高了种公羊精液的精子密度和活率，较大幅度地降低了精子畸形率和精液 pH，其中锌对精子密度的改善在补饲 15 天后即可明显显现，对精子活率的改善在补饲 45 天后即可明显显现，对精子畸形率和精液 pH 的改善在补饲 30 天后即可明显显现。精液品质的各项指标随着补锌时间的延长而持续得到有效改善，60 天后达到理想状态。因此，从改善配种期精液品质角度出发，配种开始前补饲时间应最短保证在 60 天。有试验研究结果表明，在种公羊日粮中添加 40 毫克/千克锌可显著提高种公羊的精液量、精子密度、精子活力和精子解冻后活力，并且能在一定程度上降低种公羊鲜精和冻精的畸形率。

2. 微量元素硒

动物在代谢过程中所产生的氧化自由基是导致动物繁殖障碍的重要因素，这是因为活性氧家族既可以损害精子的发生，又可以与细胞膜上的多不饱和脂肪酸发生脂质氧化反应，从而破坏雄性生殖器官的结构和功能。硒的抗氧化作用可以保护细胞膜结构及其功能的完整性，保护细胞中生物活性物质免于遭受氧化基团的损害，影响雄性动物的繁殖性能。硒可以从生殖器官的生长发育、精液品质、生殖激素等方面影响雄性动物的繁殖性能。除肾脏外，雄性动物的生殖器官含硒量最高，补硒可增加其睾丸重量。硒通过影响睾丸组织的生长发育影响精液品质。硒存在于精子线粒体的细胞膜中，可选择性地结合于精子尾部中段。缺硒可导致精子尾部中段和主段胞膜破裂、轴丝外露、线粒体异常、活力和受精能力下降。因此，补硒可以改善精子活力。另外，精子在有丝分裂和减数分裂过程中会产生大量的氧化自由基团及代谢产物，这些物质会降低精原细胞及精母细胞的数量。硒的抗氧化作用可有效地防止代谢产生的自由基对精子发生过程中的损害，从而保证精子形态结构和功能的完整性。硒还可以通过影响血液 FSH 水平促进精子分化和发育。由此可见，硒对动物的生殖机能有重要的影响，缺硒可使精子的生成减少、精子活力降低、畸形率增加。

在缺硒地区，可在公羊进入配种季节前 10 天给其一次性肌肉注射亚硒酸钠维生素 E（每支 10 毫升，含亚硒酸钠 10 毫克，维生素 E 500IU）注射液 0.4 毫升/只，以提高公羊精子活力，降低畸形率。

第八章　夏洛来羊防疫与常见病诊疗

第一节　疾病诊断和给药方法

如何诊断羊病是防治羊病的关键，正确的诊断能及时发现疾病，从而采取相应的防治措施，把损失降低到最小的程度。

一、临床诊断

依据羊的生理特征和羊病的发生、发展规律，羊病的临床诊断包括流行病学调查、羊群和个体观察及病理解剖三个方面。鉴于有的羊病的复杂性和症状的雷同性，因此通过临床诊断只能做出初诊，要进行确诊必须依靠实验室诊断。

（一）流行病学调查

即对羊流行病的来源、临床症状、病史、防疫、年龄等进行调查。调查的内容包括以下几方面。

1. 现症及发展过程

通过发病时间、年龄、发病症状、传播速度等病症，推测疾病是急性或慢性，是细菌性疾病、病毒性疾病或寄生虫性疾病。

2. 病史和疫情

一是了解羊场或养羊专业户发生过哪些羊病，经过及结果如何，借以分析本次发病与过去发病的关系；二是调查附近羊场和养羊户的疫情情况；三是对引进种羊的地区进行流行病学调查，可提供本地区发生疾病的诊断线索。

3. 防疫措施落实情况

了解防疫制度及贯彻情况，有无严格消毒措施（如入场消毒室、更衣措施及场内平时消毒措施、消毒方法、使用的消毒药等）；对羊预防疾病接种过什么疫苗、什么时间进行的预防接种及接种途径、是否进行过药物预防和定期驱虫等情况进行调查，由此来综合分析病因。

4.饲养管理情况

主要了解圈舍卫生、通风是否良好，温度、湿度、光照如何，圈养羊的饲料是否营养全面、有无饲草料发霉或单一等情况，根据这些情况来查找病因。

（二）羊群观察和个体检查

1.羊群观察

在羊的数量较多时，养羊专业户不可能对每只羊进行逐一检查，此时应先做大群检查。从大群羊中先别出病羊和可疑病羊，然后再进行个体检查。

（1）动态检查

动态检查是在羊群活动和人为驱赶运动时的检查，从不正常的动态中找出病羊，主要观察羊的精神状态、姿态和步样。健康羊精神饱满，步态稳健平稳，不离群，不掉队；病羊精神委顿或兴奋不安，步态跟跄或转圈运动、跛行、前肢软弱跪地或四肢麻痹或突然倒地痉挛等。有上述症状的病羊应将其别出做个体检查。

（2）静态检查

是在羊群安静的情况下，进行看和听的检查，以检出声音和姿态变化异常的羊。逐只观察羊站立和趴卧姿势，健康羊吃饱（图8-1）后会有顺序地合群趴卧休息，时而反刍，时而停止。病羊常呆立在一边或离群趴卧，不反刍或反刍少，腹围增大或紧缩，有人接近时反应迟钝。检查时还要听羊发出的各种声音，如出现异常声音也应进一步检查。

图8-1 母羊群体　　　　图8-2 公羊群体

（3）采食和饮水的检查

是在放牧、喂饲或饮水时对羊的采食、饮水状态进行观察。健康羊放牧时走在前边，边走边吃（图8-2）；饲喂时争先吃料，饮水时争先喝水。而病羊少吃或不吃料，离群呆立，肷窝下陷，饮水时不喝或过饮。发现有上述病症的病羊应进一步检查。

（4）看呼吸、听咳嗽

观察羊呼吸次数的同时，要注意其鼻腔分泌物的颜色和状态、鼻镜湿润程度，还要注意羊的咳嗽和嗳气声音，有异常时应进一步检查。

（5）皮肤、被毛检查

健康羊被毛有光泽，被毛无脱落现象，皮肤有弹性。如发现无毛处有痘疹或痂皮，被毛逆乱或脱落，应进一步剔出检查。

（6）粪便检查

健康羊粪便呈粒状，表面有光泽，如出现反常现象或粪便中有异物应进一步检查。

2. 个体检查

夏洛来羊正常生理指标见表8-1。

表8-1　　　　　　　　　　　夏洛来羊正常生理指标

项目	体温（℃）	呼吸（次/分）	脉搏（次/分）	反刍（次/1个食团）	胃肠蠕动（次/分）	妊娠天数（天）
正常值	38～40	12～25	70～80	40～60	3～6	150±2

在羊群患病时，通过群体检查后可先剔出病羊进行详细检查，或不进行群体检查采取"单刀直入法"直接检查病羊。检查可按消化、呼吸、神经等系统的具体要求，对各器官进行逐一检查。羊病的临床检查可通过问诊、视诊、触诊、叩诊和嗅诊发现异常变化，综合起来加以分析，并做出初步诊断，为治疗和进一步检验提供依据。

（1）问诊

问诊一般是问畜主或饲养员病羊的发病时间、发病前后的异常表现，个体以往病史、治疗情况及病羊年龄、性别等。问诊时，要从不同角度推敲问诊内容的可靠性。

（2）视诊

视诊时，先从离病羊几步远的地方观察病羊的肥瘦、姿势、步态等情况，然后靠近病羊详细看被毛、皮肤、黏膜、结膜与粪尿等情况。

①被毛和皮肤。健康羊的被毛平整有光泽，不易脱落。在有病的情况下，被毛会变得粗乱、失去光泽而易脱落。例如，患疥癣的病羊因剧痒而摩擦，导致被毛不整，甚至大片脱落，同时使得皮肤增厚变硬。有时，还需检查其皮肤有无肿胀、红肿及外伤。

②黏膜和结膜。健康羊的眼结膜、鼻腔、口腔、阴道和肛门黏膜呈光滑的粉红色。如黏膜、结膜发红充血，多半是体温升高有炎症性疾病或由暑热而引起；如有出血点或呈紫色是由传染病或中毒等疾病引起；黏膜和结膜苍白提示该羊贫血，黄色提示有黄疸，紫黑色提示肺脏、心脏有病，其血液循环状态不

佳或血中二氧化碳浓度过高。

③肥瘦、步态和姿势。一般慢性病，羊体瘦弱，步态不稳，低头而行或拖后肢而行或四肢僵直，如"木马状"等都提示有疾病存在。

④吃食、饮水、粪尿、呼吸。观察羊的采食、饮水多少，反刍次数，粪中有无异物及色泽，尿液量与色泽，呼吸节律、呼吸型等。

（3）嗅诊

嗅闻分泌物、排泄物、呼出气体及口腔气味。例如，羊患胃肠炎时，其粪便腥臭和恶臭；消化不良时，可从其呼气中闻到酸臭味等。

（4）触诊

触诊是用手指或手触及被检查的部位，并稍加压力，以便确定被检查的器官组织是否正常。

①皮肤检查。主要检查皮肤弹性、温度，有无肿胀和伤口等。羊营养不良、患有疥癣病时皮肤没有弹性；发生传染病时，体温会升高。

②体温检查。一般是用手摸羊耳朵根部或把手伸入羊口腔中，或把手伸入羊的腋下触摸羊是否发热，但只能根据经验判断大致的体温范畴。准确的方法是用体温计测量，羊的体温一般幼羊比成年羊高些，运动后比运动前高一些，热天比冷天高一些。

③脉搏和体表淋巴结检查。脉搏检查部位为股内侧动脉。淋巴结检查主要是颌下淋巴结、肩前淋巴结、膝上淋巴结和乳房淋巴结。当年患有链球菌病、结核病、伪结核病时，其体表淋巴结肿大，硬度、温度、敏感性及活动性会发生变化。

④人工诱咳。捏压气管前3个软骨环，羊有病时易引起咳嗽，如肺炎、咽炎、喉炎、气管炎。

（5）听诊

听诊的方法有直接听诊和间接听诊（听诊器听诊），主要是心脏听诊、肺脏听诊和腹部听诊。例如，肺泡呼吸音过强，多为支气管炎；过弱时，多为肺泡肿胀、肺气肿、渗出性胸膜炎等。胸部听诊湿啰音多发生于肺水肿、肺充血、肺出血、慢性肺炎。心脏听诊第二心音增强时，常见于肺气肿、肺水肿、肾炎等疾病。腹部听诊瘤胃蠕动音减弱或消失，常见于前胃弛缓或热性病或较重的疾病。肠音亢进，次数增多常见于肠炎；肠音减少常见于便秘或肠麻痹。

（6）叩诊

叩诊是用手指或叩诊锤来叩打羊的体表部位或体表的垫着物（如手指或垫板），借助所发声音来判断内脏的状态。当羊胸腔积聚大量渗出液时，叩打胸壁会出现水平浊音；当羊患支气管炎时，肺泡含气量少，叩诊呈半浊音；当羊患肠臌胀时，叩诊呈鼓音。

二、病理剖检

在羊病诊断过程中，如果临床诊断不能确诊或有其他可疑问题时可进行病理剖检。但有些传染病是不能剖检的，如怀疑为炭疽时严禁剖检，应先取耳尖血涂片镜检，当排除炭疽时方可剖检。剖检前器械要煮沸消毒，要选择专用的剖检场所，做好个人防护和剖检记录。剖检后将尸体和污物用汽油焚烧后，尸体上撒上 4% 的氢氧化钠溶液，污染的表层土壤投入坑内，埋好后对埋尸地面进行再次消毒。

病理剖检时，实验人员要按照一定的方法和程序进行剖检。尸检程序通常为：外部检查—剥皮与皮下检查—腹腔剖开与检查—骨盆腔器官的检查—胸腔剖开与检查—脑与脊髓取出与检查—鼻腔剖开与检查—骨、关节与骨髓的检查。

三、实验室诊断

实验室诊断的主要内容包括病料的采集、保存、包装和运送，细菌学检查，病毒学检查，寄生虫学检查及病理学检查。

(一) 病料的采集

1. 器械消毒

采集病料的刀、剪子、镊子、注射器、针头等器械在使用前应做好消毒，采取一种病料使用一套器械或容器的方法，互相不能混用。

2. 病料的采取

病料的采取要在病羊濒死期或死后较短时间内，尸体腐败后再取病料难以得出正确检验结果。采取病料的全过程必须保持无菌操作。采取的病料和方式，应根据疾病的种类而确定。例如，败血性传染病可采取心、肝等实质脏器；肠毒血症采取直肠、结肠前段内容物；羊布氏杆菌病采取胎儿内容物及羊水；有神经症状的传染病宜采取脑、脊髓液等；怀疑中毒时宜采取胃内容物；不能重点确定病羊患哪种病时要全面采取病料。病羊需做血清学诊断时，可采血液 10~20 毫升，置于灭菌试管中。

(二) 病料保存

病料采取后，如不能立即检验或需送有关部门检验的，应当加入适当的保存剂。

1. 细菌检验材料的保存

将采取的病料保存于饱和的氯化钠溶液中或 30% 甘油缓冲盐水溶液中，

容器加塞封固。

2. 病毒检验材料的保存

将采取的病料保存于 50％甘油缓冲盐水溶液中，容器加塞封固。

3. 病理组织材料的保存

向病料中加入 10％甲醛溶液或 95％酒精固定；固定液的用量应为送检病料的 10 倍以上。

（三）病料的运送

装病料的容器要做好标号，详细记录，并填好病料送检单。病料包装需要安全稳妥，对于危险材料、怕热或怕冻的材料，要分别采取措施。

1. 涂片镜检

将病料涂于清洁无污的载玻片上，干燥后在酒精灯上用火焰加热固定，根据初诊病不同选择革兰氏染色法、美蓝染色法、姬姆萨染色法、抗酸染色法及其他特异性染色法镜检，根据所观察到的细菌形态特征，做出初步判断或进一步检验。

2. 分离培养

根据所怀疑疾病病原菌的特点，将病料接种在适宜的培养基上，在一定的温度下进行培养，进行细菌的形态学、培养特征、生化特性、致病性和抗原性测定。

3. 动物试验

用灭菌生理盐水将病料做成 1∶10 的混悬液，或利用分离培养的细菌培养液感染实验动物，如小白鼠、大白鼠、豚鼠、家兔等。

4. 免疫学检查

在羊传染病检验中，常用的有凝集反应、沉淀反应和补体结合反应等血清学检验方法，以及用于某些传染病生前诊断的变态反应等。近年来，免疫学检查又有免疫扩散技术、荧光抗体技术、酶标记技术、单克隆抗体技术等。

5. 寄生虫学检查

寄生虫学检验方法有粪便检查、虫体检查等。粪便检查有直接涂片法、漂浮法、沉淀法。虫体检查有蠕虫虫体检查、蠕虫幼虫检查、螨的检查方法。

四、给药方法

在防治羊病的过程中，应根据病情、药物的性质、羊的大小，选择适当的给药方法。

（一）口服法

口服法是将少量的水剂药物或将粉剂和粉碎的片剂、丸剂加适量的水，制成混悬液，装入橡皮瓶或长玻璃瓶中。抬高羊的嘴巴，给药者右手拿药瓶，左手用食指和中指从羊口角伸入口中，轻轻压迫舌头，羊口即张开。然后，右手将药瓶口从左口角伸入羊口中，并将左手抽出，待瓶口伸到舌头中段，即抬高瓶底将药送入。羊如鸣叫或打呛时，应暂停灌服，待羊安静后再灌服。对于羔羊，可用 10 毫升注射器（不用针头）吸水剂药物直接注入咽部，使羊吞咽内服。也可一人撑开羊口，一人将片剂塞入羊口中，用横棍从口中穿过压住舌头。

（二）注射法

注射法是将液体药物用注射器注入羊的体内，注射前要将注射器和针头用清水洗净，沸水煮 15 分钟以上再用。注射器吸入药液后要直立，推进注射器活塞，排除管内气泡后，准备注射。常用的注射法有以下几种：

1. 皮内注射法

皮内注射法多用于羊痘预防接种，部位一般在羊的尾巴内面或股内侧。方法是：如在尾下，以左手食指、拇指捏住注射部位的皮肤，右手将注射器（5～7号针头）在确实的保定下，将针头刺入真皮内，然后把药液注入，使局部形成豌豆大的隆起，拔出针头即可。

2. 皮下注射法

皮下注射是把药液注到羊的皮肤和肌肉之间，部位是在羊的颈部或股内侧皮肤松弛处。注射时，先把注射部位的毛剪净，用碘酊、酒精消毒，用左手捏起注射部位的皮肤，右手持注射器用针头斜向刺进皮肤，如针头能左右自由活动，即可注入药液。注完拔出针头，在注射点涂擦碘酊。若药液较多可分点注射。凡是易于溶解的药物、无刺激性的药物及疫苗等，均可进行皮下注射，注射前应等待消毒药挥发干净。

3. 肌内注射法

肌内注射是将液体药物注入肌肉比较多的部位。羊的注射部位一般是颈部或股部。注射方法基本上与皮下注射相同，不同之处是注射时以左手拇指、食指成"八"字压住所要注射部位的肌肉，右手持注射器，在肌肉组织内垂直刺入，即可注药。一般刺激性小、吸收缓慢的药液，如青霉素、链霉素等均可采用肌内注射。

4. 静脉注射法

静脉注射是将已经灭菌的药液直接注射到静脉内，使药液随血液很快分布到全身，迅速发生药效。羊的注射部位是颈静脉的上 1/3 与中 1/3 的交界处，注入方法是先把注射部位剪毛消毒后，用左手按压颈静脉靠近心脏的一端，使其怒张，右手持注射器，将针头向上刺入颈静脉内，如有血液回流，则表示已刺入静脉内，然后用右手推动活塞，将药液注入其体内。药液注射完毕后，左手按住刺入孔，右手拔针，在注射处涂擦碘酊即可。若药液量大，也可使用静脉输液器，其注射分两步进行，先将针头刺入静脉，再接静脉输液器，凡输液（如生理盐水、葡萄糖溶液等）以及药物刺激性较大，不宜皮下或肌内注射的药物（如红霉素、氯化钙等）可采用静脉注射。采用静脉注射法输液时，速度不要过快；天冷且药液温度低时，应加温后进行。

5. 瘤胃穿刺注药法

瘤胃穿刺注药，常用于瘤胃臌胀放气后，为防止胃内容物继续发酵产生气体，可注入制酵剂及有关药液。其方法是：如果瘤胃臌胀，穿刺部位是在左肷窝中央臌气最高的部位，局部剪毛，用碘酊涂擦消毒，将皮肤稍向上移，然后将套管针或普通针头垂直或向对侧肘头方向刺入皮肤及瘤胃内，气体即从针头冒出；如臌胀严重，应间接放气，气放完后再注入相应的药物，然后用左手指压紧皮肤右手迅速拔出针头，穿刺孔用碘酊涂擦消毒。

6. 腹腔注射法

腹腔的面积较大，很多药液能够通过腹膜的吸收功能达到治疗的目的，一般用于补充液体与营养物质及腹腔透析，以治疗内脏某些疾病。注射部位在羊的右肷部。方法是先剪毛、消毒，取长针头刺入腹腔，针头正确刺进后能左右活动。

7. 气管注药法

气管注药法是将药液直接注入气管内。注射时多采用侧卧保定，且头高臀低的姿势，皮肤消毒后将针头穿过气管软骨环之间，垂直刺入，摇动针头能自由活动后，接上注射器，抽动活塞见有气泡，即可将药液缓缓注入。若欲使药液流入两侧肺中，则应注射两次。第二次注射时，将羊翻转卧于另一侧。该法使用于治疗气管炎、支气管和肺部疾病，也常用于肺驱虫（如羊肺丝虫病）。

8. 灌肠注药法

灌肠注药是向直肠内注入药液，常在羊患有直肠炎、大肠炎、便秘时使用此法。方法是将羊站立保定，将橡皮管的末端盛药部分提高到超过羊的背部的位置，使药液注入肠腔内。药液注完后，拔出橡皮管，用手压住肛门，以防药液流出。注液量一般在 100～200 毫升。也可采用人工授精保定法注入药液，即由助手将羊夹在两腿中间，提举羊的两后肢，使其头部朝下，然后进行直肠注药，数分钟后再放下后肢。

9. 皮肤表层涂药法

多在羊患有疥癣、虱、皮肤湿疹、外伤口疮等疾病时采用此方法，就是将药物直接涂到病变部位表面。例如，羊患疥癣时，将患处用温水洗净，刮去干燥的皮屑，再把调好的高效氯氰菊酯溶液涂到患部即可；患乳腺炎可在乳房外部涂抹一些相应的药物。

第二节　羊病的预防

羊病的防治必须坚持"预防为主"的方针，应加强饲养管理，搞好环境卫生，做好防疫、检疫工作，坚持实施定期驱虫和预防中毒等综合性防治措施。

一、加强饲养管理

（一）坚持自繁自养

羊场或养羊专业户应选养健康的良种公羊和母羊自行繁殖，以提高羊的品质和生产性能，增强对疾病的抵抗力，并减少入场检疫，防止因引入新羊带来病原体。同时羊场和养羊专业户做好系谱记录，防止近亲交配。

（二）适时进行补饲

羊的饲养以舍饲为主，羊的营养需要丰富全面，特别是正在发育的幼龄羊、怀孕期和泌乳期的成年母羊补饲尤其重要。种公羊在配种期也需要保证较高的营养水平。饲料更应多样化、营养全面，以利于生长发育与繁殖。

二、环境卫生与消毒

（一）环境卫生

从建场开始就应考虑场地的卫生、防疫设施，在地势高、交通方便而又远离公路，以及水源水质条件好而不低洼处建场。同时，有一定规模的羊场要有兽医室、消毒室。平时为了净化周围环境，减少病原微生物滋生和传播的机会，一是对羊的圈舍、活动场地及用具等要保持清洁、干燥；二是粪便及污物要做到及时清除，并防止堆积发酵；三是防止饲草、饲料发霉变质，尽量保持新鲜、清洁，以及水源的清洁；四是注意消灭蚊蝇，防止鼠害、飞鸟等。

（二）消毒

消毒的目的是消灭传染源散播于外界环境中的病原微生物，切断传播途径，阻止疫病继续蔓延。羊场必须建立切实可行的消毒制度，定期对羊舍（包括用具）地面土壤、粪便、污水、皮毛等进行消毒。

1. 羊舍消毒

羊舍除保持干燥通风、冬暖夏凉以外，平时应做好消毒。一般分两个步骤进行：第一步，先进行机械清扫；第二步，用消毒液进行喷洒消毒。羊舍及运动场应每周消毒1次，整个羊舍用2%～4%氢氧化钠溶液消毒或用1∶1800～

3000 的百毒净消毒。

2. 场内消毒

羊场应设有消毒室，消毒室两侧、顶壁设紫外线灯，地面设消毒池，用麻袋片浸 4％氢氧化钠溶液，入场人员要更换专用工作鞋，穿专用工作服，做好登记；羊场大门车辆出入处设消毒草垫，经常喷撒 3％氢氧化钠溶液或 0.3％过氧乙酸等。消毒方法是将消毒液装于喷雾器内，喷洒地面、墙壁、天花板，然后再开门窗通风，用清水刷洗饲槽、用具，将消毒药味除去。若羊舍有密闭条件，舍内无羊时，可关闭门窗，用福尔马林熏蒸消毒 12～24 小时。然后，开窗通风 24 小时，福尔马林的用量为每立方米空间用 25～50 毫升，加等量水，加热蒸发。在一般情况下，羊舍每周消毒 1 次，每年再进行两次大消毒。产房的消毒在不同时期有不同要求，产羔前应进行 1 次，产羔高峰时进行多次，产羔结束后再进行 1 次；在病羊舍、隔离舍的出入口处应放置浸有 4％氢氧化钠溶液的麻袋片或草垫。

3. 地面土壤消毒

土壤表面可用 10％漂白粉溶液、4％甲醛或 10％氢氧化钠溶液消毒。停放过芽胞杆菌所致传染病（如炭疽）病羊尸体的场所，必须严格加以消毒。首先用上述漂白粉溶液喷洒地面，然后将表层土壤掘起 30 厘米左右，撒上干漂白粉与土混合，最后将此表土妥善运出深埋。

4. 粪便消毒

羊的粪便消毒方法有多种，最实用的方法是生物热消毒法，即在距羊场100～200 米以外的地方设一堆粪场，将羊粪堆积起来，喷少量水，上面覆盖湿泥封严，堆放发酵 30 天左右，即可做肥料。

5. 污水消毒

最常用的方法是将污水引入处理池，加入化学药品（如漂白粉或其他氯制剂）进行消毒，用量视污水量而定，一般 1 升污水用 2～5 克漂白粉。

三、免疫接种

免疫接种是激发动物机体对某种传染病产生特异性抵抗力，使其从易感转为不易感的一种手段。在平时常发生某种传染病的地区或有某些传染病潜在危险的地区，有计划地对健康羊群进行免疫接种，是预防和控制羊患传染病的重要措施之一。各地区、各羊场可能发生的传染病各异，而可以预防这些传染病的疫苗又不尽相同，免疫期长短不一。因此，羊场往往需用多种疫（菌）苗来预防不同的羊传染病。这就要根据各种疫苗的免疫特性和本地区的发病情况，合理安排疫苗种类、免疫次数和间隔的时间，如预防羊梭菌病用"羊四防苗"；

重点预防羔羊痢疾时，应在母羊配种前1～2个月或配种后1个月左右进行预防注射。目前，在国内还没有一个统一的羊免疫程序，只能在实践中探索，不断总结经验，制订出适合本地区、本羊场具体情况的免疫程序。下表（表8－2）介绍一些常用疫（菌）苗，可结合当地羊病的流行情况参考使用。

表8－2　　　　　　　　　　　羊防疫常用疫（菌）苗

名称	预防的疾病	使用方法及用量说明	免疫期
口蹄疫（O型、亚洲1型）二价灭活疫苗	用于预防羊O型、亚洲1型口蹄疫	肌肉注射，羊每只1.0 mL	免疫期为4～6个月
绵羊痘活疫苗	用于预防绵羊痘	尾内侧或股内侧皮内注射 按瓶签注明头份，用生理盐水（或注射用水）稀释为每头份0.5 mL，不论羊只大小，每只0.5 mL 3月龄以内的哺乳羊，在断乳后应再接种1次	接种后6日产生免疫力 免疫期为12个月
羊快疫、猝狙、羔羊痢疾、肠毒血症三联四防灭活疫苗	用于预防绵羊快疫、猝狙、羔羊痢疾和肠毒血症	肌肉或皮下注射 不论羊只年龄大小，每只5.0 mL	预防快疫、羔羊痢疾和猝狙免疫期为12个月，预防肠毒血症的免疫期为6个月
Ⅱ号炭疽芽孢苗	绵羊的炭疽	绵羊皮下注射1 mL，注射后14天产生免疫力	1年
破伤风抗毒素	紧急预防和治疗破伤风	皮下、肌肉或静脉注射，治疗时可重复注射1至数次 预防量：2000～3000IU，治疗量：5000～20000IU	出生后2小时内注射1次。突发较深伤口时注射1次
羊败血性链球菌病活疫苗	用于预防绵羊败血性链球菌病	尾根皮下（不得在其他部位）注射 按瓶签注明头份，用生理盐水稀释，6月龄以上羊，每只1.0 mL（1头份）	免疫期为12个月

续表

名称	预防的疾病	使用方法及用量说明	免疫期
羊大肠杆菌病灭活疫苗	用于预防绵羊大肠杆菌病	皮下注射 3月龄以上的绵羊，每只2.0 mL；3月龄以下的绵羊，每只0.5～1.0 mL	免疫期为5个月
羊棘球蚴（包虫）病基因工程亚单位疫苗	用于预防绵羊棘球蚴蚴（包虫）病	用灭菌生理盐水稀释，每只羊颈部皮下注射1mL未用本疫苗免疫过的羊，应间隔4周进行加强免疫	12个月
羊支原体肺炎灭活疫苗	用于预防由羊肺炎支原体引起的绵羊进行性、增生性、间质性肺炎	颈部皮下注射。成年羊5mL；半岁以下羔羊3mL	免疫期为1年6个月
羊流产衣原体病灭活疫苗	用于预防绵羊由衣原体引起的流产	每只羊皮下注射3mL	绵羊免疫期为2年

四、药物预防

药物预防是将安全且价格低廉的药物加入饲料或饮用水中进行的群体药物预防。常用的药物有磺胺类药物、抗生素和微生态制剂。药物占饲料或饮用水的比例一般是：磺胺类预防量0.1％～0.2％，四环素抗生素预防量0.01％～0.3％，连用5～7天，必要时也可酌情延长。此外，成年羊口服土霉素等抗生素时，常会引起肠炎等中毒反应，必须注意。虽然微生态制剂可长期添加，但是不能和抗菌药物同用。

五、定期驱虫

在羊的寄生虫病防治过程中，多采取以定期（每年2～3次）预防性驱虫的方式，以避免羊在轻度感染后进一步发展而造成严重危害。驱虫时机要根据当地羊寄生虫的季节动态情况而定。这样有利于羊的抓膘及安全越冬和渡过春乏期。常用驱虫药的种类很多，如有驱除多种线虫的左旋咪唑，可驱除多种绦虫和吸虫的吡喹酮，能驱除多种体内蠕虫的阿苯哒唑、芬苯哒唑、甲苯咪唑，以及既可驱除体内线虫又可杀灭多种体表寄生虫的伊维菌素、碘硝酚，又有预防和治疗羊焦虫病的血虫净等。在实践中，应根据当地羊体寄生虫病流行情况，选择合适的药物、给药时机和给药途径。

六、检疫

检疫是应用各种诊断方法（临床的、实验室的），对羊及其产品进行疫病（主要是传染病和寄生虫病）检查，并采用相应的措施，以防止疫病的发生和传播。为了做好检疫工作，必须有一定的检疫手段，以便在羊及羊产品流通的各个环节中，做到层层检疫、环环紧扣、互相制约，从而杜绝疫病的传播蔓延。

羊从生产到出售，要经过出入场检疫、收购检疫、运输检疫和屠宰检疫。涉及外贸时，还要进行进出口检疫。出入场检疫是所有检疫中最基本最重要的检疫，羊只从非疫区购入，经当地兽医检疫部门检疫，并签发检疫合格证明书；运抵目的地后，再经本场或专业户所在地兽医验证、检疫并隔离观察 1 个月以上，确认为健康羊，经驱虫、消毒，没有注射过疫苗的还要补注疫苗，然后方可与原有羊混群饲养，有时还需在场内再单独饲养一段时间。羊场采用的饲料和用具也要从安全地区购入，以防疫病传入。

七、发生传染病时的措施

羊群发生传染病时，应立即采取一系列紧急措施，就地扑灭，以防止疫情扩大。兽医人员要立即向上级部门报告疫情，同时要立即将病羊和健康羊隔离，不让它们有任何接触，以防健康羊受到传染。此外，对于发病前与病羊有过接触的羊（可疑感染羊），也必须单独圈养，经过 20 天以上的观察确认不发病，才能与健康羊合群；如有出现病状的羊，则按病羊处理。对已隔离的病羊，要及时进行药物治疗；隔离场所禁止人、畜出入和接近，工作人员出入应严格遵守消毒制度；隔离区内的用具、饲料粪便等，未经彻底消毒不得运出；没有治疗价值的病羊，由兽医根据国家规定进行严格处理，病羊尸体要焚烧或深埋，不得随意抛弃。对健康羊和可疑感染羊，要进行疫苗紧急接种或用药物进行预防性治疗。发生口蹄疫、羊痘等急性烈性传染病时，应立即报告有关部门，划定疫区，采取严格的隔离封锁措施，并组织力量尽快扑灭疫情。

八、预防中毒

引起羊中毒的原因有很多，如有毒植物、发霉饲料、饲料调配不当、农药及化肥、灭鼠药等均可引起羊中毒的发生在平时饲养管理过程中，应设法除去有毒物品，以防止羊中毒发生。

一旦羊发生中毒时，应使羊离开毒物现场，使其不能再食入或皮肤接触，食入的有毒物质应尽快洗胃排出或投服泻剂及吸附药物，同时静脉放血后输入相应的葡萄糖生理盐水或复方氯化钠注射液，也可注射利尿剂以促使毒物从肾脏排出。采取上述措施的同时再依据毒物性质给以特效解毒药，如有机磷农药中毒用阿托品、解磷定，砷制剂中毒用二巯基丙醇，酸中毒用碳酸氢钠、石灰水等，同时结合不同情况给以强心剂、利尿剂和镇静剂。

第三节　常见病防治

一、传染病

（一）炭疽

1. 发病原因

炭疽病是由炭疽杆菌引起的一种急性、热性、败血性人畜共患传染病，炭疽杆菌形成的芽胞常有很强的抵抗力，该病呈散发性或者地方性流行，绵羊最易感染。

患病羊是主要传染源，其排泄物、分泌物及尸体污染饲料、饮用水或通过土壤，形成的芽胞可成为长久的疫源地。该病主要通过食用污染的饲草、饲料和饮用水经消化道感染。

2. 临床症状

潜伏期为3～6天，最长的可达14天，最短的12～24个小时。羊多为急性症状，表现为突然倒地、全身痉挛、磨牙，天然孔流出带有气泡的黑红色液体，几分钟内死亡。病程发展稍慢的羊，常出现兴奋不安、呼吸急促、黏膜发绀、精神沉郁、卧地不起、天然孔流出血水，在数小时内死亡。有的羊出现体温升高和腹痛症状。

3. 防治方法

①隔离可疑感染羊，紧急接种抗炭疽血清20～50毫升。给健康羊和周围地区的易感动物接种炭疽芽胞苗免疫。②封锁发病羊场，深埋尸体或焚烧尸体，不得剥皮。对场地、用具、圈舍等彻底消毒。③非安全区的羊只每年4～5月份接种1次炭疽芽胞苗免疫，治疗病羊亦可使用磺胺类药物灌服，每千克体重按0.2克剂量计算，连用3～5天，也可应用青霉素或阿莫西林治疗。

（二）破伤风

1. 发病原因

破伤风是由破伤风梭菌通过伤口感染引起的一种人、畜共患的急性传染病。该病的感染途径是由破伤风梭菌侵入伤口，在厌氧环境下生长繁殖，产生毒素而引起的一种急性感染。羔羊多因断脐、打耳号、去势、剪毛损伤等消毒不严格造成感染发病。母羊多发生于产后胎衣不下，或难产、助产中消毒不严格而导致感染发病。也可由伤口，尤其是窄而深的伤口感染发病。

2. 临床症状

该病潜伏期 7～14 天，发病后，患羊出现落群，头、颈、腰、背部肌肉强直，采食、吞咽困难，头摇摆困难，动作迟缓，不能自主卧下和站起，眼睑麻痹，瞳孔散大，两眼呆滞等症状。随后，其体温升高，病情发展，出现四肢强直，运步强拘，牙关紧闭，四肢开张站立，呆若木马状。外源性刺激可使病情加重呈强直状。病羊口流涎，不能饮水，反刍停止。病后期，病羊常因胃肠炎引起腹泻，死亡率甚高。

3. 防治方法

置病羊于安静处，避免强光刺激。首先，清理伤口。以 0.1％高锰酸钾溶液清洗，清除脓汁及坏死组织，缝合伤口。然后，静脉注射破伤风抗毒素，肌内注射青霉素或普鲁卡因青霉素 160 万单位，每天 3 次，连用 5 天。若惊厥严重，肌肉强直，可用 20％硫酸镁 20 毫升肌内注射，可用 5％葡萄糖 500～1000 毫升，15％乌洛托品 100 毫升，静脉注射。

在断尾、剪毛、配种、产羔季节前，可给羊注射破伤风类毒素或破伤风血清，以预防该病的发生。接羔后要严格对羔羊脐部消毒。注意羊舍卫生，保持地面干燥，定期清理羊圈，加强消毒。

（三）羊链球菌病

1. 发病原因

羊链球菌病是严重危害绵羊健康的疫病，它是由溶血性链球菌引起的一种急性热性传染病，多发于冬春寒冷季节（每年 11 月至次年 4 月）。该病主要通过消化道和呼吸道传染。链球菌最易侵害绵羊，多在羊只体况比较弱的冬春季节呈现地方性流行，老疫区一般为散发。该病发病不分年龄、性别和品种。

2. 临床症状

病程短，最急性者 24 小时内死亡，一般为 1～3 天，延至 5 天者少见。体温升高至 41℃以上，拒食，反刍停止。眼结膜充血、流泪，流有脓性分泌物。鼻腔分泌物为黏脓性。咽喉肿胀，颌下淋巴结肿大，口流泡沫状涎液，呼吸短促，每分钟 50～60 次，心跳每分钟 130 次左右。便血。怀孕羊多有流产现象。

此外，亦见有头部和乳房发生肿胀，临死前有磨牙、抽搐、惊厥等神经症状。

3. 防治方法

预防首先应认真做好抓膘、保膘、防冻和避暑。在病区，要加强消毒工作。在发生该病时，要做好封锁隔离、消毒、检疫和疫情预报工作，严格消毒被病羊污染的场地，处理好病羊的粪便。

预防免疫可用羊链球菌氢氧化铝灭活菌苗，不论大小羊每只皮下注射 3 毫升。3 月龄的羔羊首免后，隔 2～3 周再接种 1 次注射。对病羊治疗可用青霉素、磺胺类药物，未发病羊可用青霉素注射，有良好的预防效果。

（四）羊布鲁氏菌病

1. 发病原因

布鲁氏菌病是由布鲁氏菌感染人和动物引发的一种慢性传染病，简称布病。布病是一种人畜共患的传染病。

该病的传染源是病羊和带菌羊。最危险的是受感染的妊娠母羊，它们在流产或分娩时体内大量布鲁氏菌随着胎儿、胎衣和胎水排出。损伤的皮肤黏膜和消化道是主要传播途径，通过结膜、配种也可感染。吸血昆虫也可以传播该病。

2. 临床症状

羊在妊娠后期感染，常引起流产、早产和产死胎，以及产后胎膜不下、恶露不止，流产常发生在妊娠 3～4 个月。若骨和关节有布氏杆菌侵入时，腕、跗关节肿大或发生脓肿，而致跛行。该病可致公羊患有睾丸炎、附睾炎，使得其睾丸肿大。慢性经过的初期症状不明显，中期可见食欲减少，羊的身体消瘦，皮下淋巴结肿大，其他症状可能有乳腺炎、支气管炎，以及因关节炎而出现跛行的症状，患乳腺炎的病羊乳汁减少。

3. 防治方法

对羊群每年定期进行布病血清学检查，对阳性羊扑杀淘汰，对圈舍、饲具等彻底消毒。饲养人员注意防护工作，以防感染。聚集反应阴性羊，用布氏杆菌猪型 2 号弱毒苗或羊型 5 号苗进行免疫接种。

（五）羊快疫

1. 发病原因

羊快疫是由腐败梭菌引起的一种急性传染病，羊快疫主要发生于绵羊中。尤其是在秋、冬、早春季节，气候多变，天气寒冷，非常容易发病，给养殖场带来了巨大的损失。

对于此菌，绵羊最易感，以 6 个月至 2 岁的羊只发病较多，尤其是营养膘度在中等以上的羊只更易发病，主要通过消化道感染。腐败梭菌是一种杆菌，呈革兰氏阳性，抵抗力很强。腐败梭菌以芽孢的形式广泛存在于自然界中，特别是在潮湿、低洼或沼泽地带，羊采食被污染的饲草或喝了被污染的水源，芽孢体就进入了消化道，当机体抵抗力下降，又有外界因素影响的时候，会诱发腐败梭菌大量繁殖，产生毒素，从而引发中毒性休克，导致病羊死亡。该病以散发性流行为主，发病率较低，但是死亡率很高。

2. 临床症状

该病发病突然，往往不表现出任何症状，羊便已经死亡。因此，我们常可见到患羊在放牧时死于牧场上或者早晨发现死于羊舍内。有的病羊死前表现出腹痛、腹胀、结膜发绀、磨牙，最后因痉挛而死。病程长的病羊表现为虚弱、食欲废绝、离群独处、不愿走动、结膜苍白、鼻镜干燥，体温升高达40℃左右，口流有带血的泡沫，里急后重，粪便恶臭，其中混有血丝和黏液。

3. 防治方法

该病发病急，病程短促，往往来不及治疗。因此，必须加强平时的防疫措施。每年在发病季节之前，进行羊快疫、羊猝狙、羊肠毒血症、羔羊痢疾四联苗全群预防注射。一旦出现发病的羊只，立即隔离病羊，彻底清扫羊圈，并用3％～5％火碱溶液或1：600百毒杀溶液进行2～3次消毒。同时，投服磺胺类药治疗，亦可用其他肠道消炎药物治疗。

（六）羊肠毒血症

1. 发病原因

羊肠毒血症是由D型荚膜产气梭菌引起的一种急性传染病，由于患病羊的肾肿大、充血变软，所以又称为"软肾病"，多发生于绵羊中。

D型荚膜产气梭菌广泛存在于土壤和污水中，羊只采食、饮用被病原菌污染的饲料和饮用水后经消化道感染。该病具有明显的季节性，常发生于春末夏初青草萌发和秋季牧草结籽后的一段时间内。2～12月龄的羊最易发病，尤以3～12周的幼龄羊和肥胖羊较为严重。

2. 临床症状

急性病例仅见腹部高度膨胀、腹痛、口吐白沫，倒地后痉挛而死亡。病羊在临死前步态不稳，心律加快，呼吸增数，全身肌肉颤抖，磨牙，侧身倒地，体温不高，四肢及耳尖发冷，多死于夜间。

病情缓慢者，病初厌食、反刍和嗳气停止、流涎、腹部膨大、腹痛、排稀粪。病羊的粪便恶臭，呈黄褐色，糊状或水样，其中混有黏液或血丝。1～2天后死亡。

3. 防治方法

饲养人员可以给羊群注射三联四防苗。同时，加强饲养管理，搞好圈舍卫生及消毒，要限制给羊饲喂大量精料，配合在日常粮中加入磺胺类药物，以防感染该病。发现病羊及时隔离，可用3‰火碱液彻底消毒被病羊污染的圈舍，可给病羊服用磺胺脒，首次剂量每千克体重0.2克，维持量减半。也可应用头孢噻呋注射液肌内注射，每千克体重5毫克，三天1次，连用2次。硫酸卡那霉素注射液肌内注射，每千克体重10～15毫克，一天2次，连用3～5天。

（七）羔羊痢疾

1. 发病原因

羔羊痢疾主要是由于感染B型魏氏梭菌而引起的一种急性毒血症，有时感染C型和D型魏氏梭菌也能够出现发病。2～3日龄的羔羊发病率最高，大于7日龄后基本不会发病，该病往往会导致大批羔羊死亡，严重损害养羊业的经济效益。

病原特性。魏氏梭菌也叫作产气荚膜杆菌，是一种厌氧杆菌。该菌的典型特点是可在动物体内形成荚膜。该菌是一种革兰氏阳性菌，但陈旧培养物中的部分菌体能够变成革兰氏阴性菌。该菌的繁殖体可被常用消毒药杀死，但芽孢具有较强的抵抗力，即使在95℃高温条件下也需要2.5小时才会被杀死。

发病特点。正常情况下，土壤中就存在魏氏梭菌，羔羊可通过污染病菌的母羊乳头以及饲养员双手等媒介发生消化道感染。当地羊对该病具有较强的抵抗力，而杂交羊和纯种羊则相对容易发病。一般来说，在妊娠母羊营养不良、气候寒冷、舍内潮湿、羔羊体质虚弱、脐带没有严格消毒等条件下，都能够诱发该病。

2. 临床症状

病羔羊精神沉郁、垂头、弓背、畏寒不吃，常卧地不起。随后发生下痢，排出绿色、黄色、黄绿色或灰白色的液状粪便，有恶臭，末期有的排血便，排便时里急后重，此后肛门失禁，流出水样粪便，高度消瘦，体温、呼吸、脉搏无显著变化。如不及时治疗往往于2～3天内死亡。若后期粪便变稠则表示病情好转，有治愈的可能，应抓紧治疗。

3. 防治方法

（1）对怀孕后期的母羊要加强饲养管理，冬季做好保膘、保胎工作。产房应保持清洁卫生。阳光充足，通风良好，温度适当，地面铺上垫草。羔羊出生后搞好护理，断脐时要搞好消毒，把初乳挤去数滴后再让羔羊吸吮。

（2）在该病流行地区的怀孕母羊，以羔羊痢疾甲醛菌苗预防，在分娩前20～30天内皮下或肌内注射菌苗1次。这样初生的羔羊可获得被动免疫力。

（3）磺胺脒1克，碳酸氢钠0.2克，每天2～3次。同时，每天肌注青霉素80万单位，一天2次，直至痊愈。

（八）羊伪结核病

1. 发病原因

羊伪结核病是由伪结核棒状杆菌引起的羊干酪性淋巴结炎，是一种人畜共患的慢性传染病。因为病原可从乳汁中排出，所以给食用羊奶的人群造成危害。世界上几乎所有养羊的国家或地区都有该病存在。由于该病发展缓慢而且致死性低，因此常常被人们所忽视。该病是国际上公认的难以防治的传染病之一，一旦侵入羊群则很难彻底清除，给养羊业的发展造成较大危害。

羊伪结核病又称羊假结核病，多为散发性，偶呈地方性流行，通过接触传播。病原主要通过创伤侵入机体，也可通过消化道、呼吸道和吸血昆虫传播。

2. 临床症状

潜伏期不定。病羊初期很少有明显的临床症状，往往不会被人们发现。成年羊感染后，起初感染的局部出现炎症，后波及邻近淋巴结，炎症部缓慢增大和化脓，脓汁初稀薄，呈灰白色，逐渐变为牙膏样、干酪样，脓肿被一薄膜包裹，切面呈同心环状。脓肿多发生在肩前淋巴结与股前淋巴结。如体内淋巴结或实质器官受侵时，病羊表现出身体逐渐消瘦衰弱，呼吸加快，有时咳嗽，体温升高且起伏不定，精神委顿，食欲减退，最终陷于恶病质而死亡。常在死后剖检时才能发现特征病灶。若四肢肌肉深层发病，常可表现出跛行。羔羊被此菌感染可引起羔羊化脓性关节炎，以腕关节、跗关节发炎较为常见。

3. 防治方法

日常应坚持做好环境卫生工作，定期应用 2%～4% 火碱消毒圈舍墙壁和地面，用浓戊二醛、卫可等消毒剂带畜喷雾消毒圈舍槽具等。发现病羊立即隔离，并进行治疗。药物治疗在病初，可应用青霉素 160 万单位，普鲁卡因 10 毫升，溶解，肿胀部周围肌内注射，每天 1 次，连用 3 天。磺胺类药物效果较佳，可用 20% 磺胺嘧啶钠注射液肌内注射 10 毫升，每天 1 次，连用 5 天。长效制菌磺对此病效果也较好。另外，早期也可应用 0.5% 黄色素 10 毫升，静脉注射 1 次，可提高疗效。

（九）羊传染性胸膜肺炎

1. 发病原因

羊传染性胸膜肺炎又称山羊支原体肺炎，是由支原体引起的一种高度接触性传染病，绵羊、山羊均易感染。

该病呈地方性流行，主要通过空气、飞沫经呼吸道传染。多发生于冬季和早春枯草季节。

2. 临床症状

潜伏期 18～20 天。病初体温升高，精神沉郁，食欲减退。随即咳嗽，流浆液性鼻漏。4～5 天后咳嗽加重，病羊因干咳而痛苦，浆液性鼻漏变为黏脓性，常粘附于鼻孔、上唇，呈铁锈色。病羊多在一侧出现胸膜肺炎变化，肺部叩诊有实音区，听诊肺呈支气管呼吸音或呈摩擦音。触压胸壁，羊表现敏感疼痛。同时，病羊呼吸困难，高热稽留，眼睑肿胀，流泪或有脓性分泌物，腰背拱起做痛苦状。怀孕母羊可能会发生流产，部分羊肚胀、腹泻，有些病例口腔溃烂，唇部、乳房等部位有皮疹。病羊在濒死前体温降至常温以下，病期多为 7～15 天。

3. 防治方法

引进羊隔离 1 个月确认无病后方可混群，对疫区的假定健康羊，每年接种羊肺炎支原体氢氧化铝灭活苗。病菌污染的环境、用具等应严格消毒。平时应加强饲养管理和饲料营养，防止感冒发生。可使用磺胺嘧啶钠注射液，皮下注射，每天 2 次；病的初期可使用硫酸卡那霉素注射液，每千克体重 10～15 毫克，一天 2 次，连用 3～5 天。也可肌内注射盐酸环丙沙星注射液，效果较好。

（十）附红细胞体病

1. 发病原因

附红细胞体病是一种由羊附红细胞体寄生于人及动物的红细胞表面或游离于血液中而引起的人畜共患传染病，又被称为黄疸性贫血病、类边虫病、赤兽体病和红皮病等。

附红细胞体病传播途径主要有接触性传播、血源性传播、垂直传播和吸血昆虫传播等。

2. 临床症状

病羊精神不振，食欲减退，体温高达 41～42℃，呼吸急促、气喘，部分病例会拉稀。病初期眼结膜潮红，后期苍白、贫血。同时，所有羊群的体表均有大量的体外寄生虫。

3. 防治方法

应立即隔离病羊，并进行及时治疗。可选用卡那霉素、强力霉素、土霉素、盐酸吖啶黄、三氮脒等药物。一般认为，三氮脒和土霉素疗效较好，三氮脒的使用剂量为每公斤体重 3～5 毫克，深部肌内注射，轻症 1 次，重症 24 小时后再注射 1 次，同时使用抗生素如头孢噻呋注射液等控制继发感染。另外，对病死羊做无害化处理。

预防该病要采取综合性措施，尤其要驱除媒介昆虫，并做好针头、注射器的消毒，还要随时消除会引发应激反应的因素。将抗菌药物混于饲料中，可起防病之效。

（十一）口蹄疫

1. 发病原因

口蹄疫属于我国规定的一类动物疫病。羊口蹄疫是由口蹄疫病毒引起的一种急性、热性、高度接触性传染病，所有偶蹄兽均能感染发病，人也能偶然感染，是一种重要的人畜共患传染病。已知的口蹄疫病毒有 7 个主要血清型：A型、O型、C型、南非Ⅰ型、南非Ⅱ型、南非Ⅲ型及亚洲Ⅰ型，我国流行的主要为 O型、A型、亚洲Ⅰ型。

病毒主要存在于病羊的水疱液、水疱皮及淋巴液中。发热期，病羊的血液中病毒含量高，退热后在乳汁、口涎、泪液、粪便、尿液等分泌物、排泄物中都含有一定量的病毒。其主要传染源为病羊，其次为带病毒的野生动物等。病毒的传播方式主要是通过消化道和呼吸道传染，也可以经眼结膜、鼻黏膜、乳头及皮肤伤口传染。该病传播迅速、流行性广、反应剧烈、发病率高、死亡率低。

2. 临床症状

潜伏期 1 周左右。病初表现出高温、肌肉震颤、流涎、食欲下降、反刍减少或停止。该病常以群发形式出现。口腔黏膜、舌产生水疱、糜烂与溃疡。四肢的皮肤、蹄叉和蹄踵产生水疱和糜烂，以及跛行的症状。羔羊有时有出血性胃肠炎，常因心肌炎而致死亡。

3. 防治方法

（1）发现疫情立即报告有关主管部门，由当地政府下封锁令。

（2）对病羊进行处死后深埋或焚烧。

（3）对疫区及周围地区的易感动物接种流行株灭活疫苗每 6 个月 1 次，对种羊应加强免疫。

（4）加强消毒。可用 2%～4% 火碱水对畜舍、用具消毒；亦可用含有效氯 10% 的二氯异氰脲酸钠粉，按每升水添加 1～10 克进行预防性环境消毒。

（5）引进羊时，应检疫并隔离消毒，尽可能坚持自繁自养。

（十二）绵羊痘

1. 发病原因

绵羊痘属于我国规定的一类动物疫病，绵羊痘病是由绵羊痘病毒引起的一种以皮肤和黏膜出现痘疹为主要临床特征的急性、热性、接触性传染病。在各种动物痘病中，绵羊痘的危害最为严重。其能够广泛流行于养羊地区，传播速度快，具有较高的发病率和死亡率。

绵羊痘病的主要传染源是病羊，大量的绵羊痘病毒主要存在于病羊的皮肤、黏膜的脓疱或者痂皮中，在鼻黏膜分泌物中也可以发现该病毒。

绵羊痘病主要通过呼吸系统传播，还可通过直接或间接接触健康羊损伤的皮肤或黏膜进行传播，护理用过的工具、皮毛及其产品、饲料、垫草、寄生虫以及养殖人员均可成为传播媒介。

绵羊痘病的流行具有明显的季节性，常发生于冬末春初的季节，并且在新疫区多呈暴发性流行态势，该病的传播速度非常快，羊群中如果有1只发病，很快便能传播给全群的羊只。

2. 临床症状

潜伏期6～8天。流行初期只有个别羊发病，以后逐渐蔓延至全群。病羊体温升高达41～42℃，精神不振，食欲减退，并伴有可视黏膜卡他性、脓性炎症。经1～4天后，开始发痘。痘疹多发于皮肤、黏膜无毛或少毛部位，如眼周围、唇、鼻、颊、四肢内侧、尾内面、阴唇、乳房、阴囊以及包皮上。开始为红斑，1～2天后形成丘疹，突出于皮肤表面，坚实而苍白。随后，丘疹逐渐扩大，变为灰白色或淡红色半球状隆起的结节。结节在2～3天内变成水疱，水疱内容物逐渐增多，中央凹陷呈脐状。在此期间，体温稍有下降。由于白细胞的渗入，水疱变为脓性且不透明，成为脓疱。化脓期间体温再度升高。如无继发感染，则几天内脓疱干缩成为褐色痂块，脱落后遗留微红色或花白色的瘢痕，经3～4周痊愈。

非典型病例不呈现上述典型症状或发病经过。有些病例，病程发展到丘疹期而终止，即顿挫型经过。少数病例，因发生继发感染，痘疱出现化脓和坏疽，形成较深的溃疡，发出恶臭，常为恶性经过；病死率可达25%～50%，甚至80%以上。

3. 防治方法

（1）加强饲养管理，不从疫区引进羊和购入羊肉、皮毛产品。抓膘、保膘，冬春季节适当补饲，注意防寒保暖。

（2）疫区坚持免疫接种，使用羊痘鸡胚化弱毒疫苗，大小羊只一律尾部或股内侧皮内注射0.5毫升，4～6天产生免疫力，免疫期为1年。

（3）发生疫情时，划区封锁，立即隔离病羊，彻底消毒环境，深埋病死羊的尸体。疫区和受威胁区未发病羊用羊痘鸡胚化弱毒疫苗实施紧急免疫接种。

（4）治疗应在严格隔离的条件下进行，防止病原扩散。皮肤上的痘疱，涂碘酒或紫药水，黏膜上的病灶，用0.1%高锰酸钾溶液充分冲洗后，涂擦碘甘油或紫药水。继发感染时，肌内注射青霉素80万～160万单位，连用2～3天。

（十三）羊传染性脓疱

羊传染性脓疱病毒病俗称"羊口疮"，是由羊传染性脓疱病毒感染引起的一种急性、高度接触性的传染病。羊传染性脓疱病毒病主要引起绵羊、山羊及小反刍兽发病，其中以3～6月龄的羔羊最易发病，发病率和死亡率显著高于成年羊。羊一旦感染该病很难清除病毒。

1. 发病原因

羊传染性脓疱病毒病在世界各地的羊群中广泛存在，各年龄段的羊群均易感，其中以3～6月龄的羔羊感染率、死亡率最高，感染率可高达90％以上。羊传染性脓疱病毒病的流行没有明显的季节性，以早春和夏秋等季节更替时节多发。带毒羊和患病羊只是羊传染性脓疱病毒病的主要传染源，病毒主要存在于患病羊群的结痂和唾液内，通过直接或间接接触传播，易感羊群通过相互接触病羊破溃的皮肤造成该病的迅速传播，被污染的饲料、器具、圈舍环境及脱落的结痂等是该病的主要传播媒介。

2. 临床症状

潜伏期4～8天。本病在临床上一般分为唇型、蹄型和外阴型3种病型，也有混合型感染病例。

（1）唇型。病羊首先在口角、上唇或鼻镜上出现散落的小红斑，逐渐变为丘疹和小结节，继而成为水疱或脓疱，破溃后结成黄色或棕色的疣状硬痂。如为良性经过，经1～2周痂皮干燥、脱落而康复。严重病例，患部继续发生丘疹、水疱、脓疱、疱垢，并互相融合，波及整个口唇周围及眼睑和耳廓等部位，形成大面积龟裂、易出血的污秽痂垢。整个嘴唇肿大外翻呈桎桑葚状隆起，影响采食，从而使病羊日趋衰弱。部分病例常伴有坏死杆菌、化脓性病原菌的继发感染，引起深部组织化脓和坏死，致使病情恶化。有些病例口腔黏膜也发生水疱脓疱和糜烂，使病羊采食、咀嚼和吞咽困难。个别病羊会因继发肺炎而死亡。继发感染的病害可能蔓延至喉、肺以及真胃。

（2）蹄型病羊多见一肢患病，但也能同时或相继侵害多数甚至全部蹄端。通常在蹄叉、蹄冠或系部皮肤上形成水疱、脓疱，破裂后则成为由脓液覆盖的溃疡。若继发感染则发展成为腐蹄病。病期缠绵，严重的病羊因衰弱而死或因败血病死亡。

（3）外阴型较少见。在公羊身上表现为阴鞘肿胀，阴鞘口及阴茎上发生小脓疱和溃疡。在母羊身上则有黏性或脓性阴道分泌物，阴唇及其附近皮肤肿胀并有溃疡。乳房和乳头皮肤上同时或者单独（多系病羔吮乳时传染）发生疱疹、烂斑和痂块。

3. 防治方法

（1）加强饲养管理，保护黏膜、皮肤不发生损伤。

（2）不从疫区引进羊只和购买畜产品，做好引进羊时的检疫、消毒工作。

（3）发病时，做好污染环境的消毒工作，特别注意羊舍、饲养用具、病羊体表和蹄部的消毒。消毒剂可用浓戊二醛溶液、2%氢氧化钠溶液等。

（4）病羊应在隔离的情况下进行治疗。亦可应用传染性脓疱性皮炎活苗，划线接种免疫。对患口疮的羊用0.1%高锰酸钾溶液喷洗鼻、唇、口腔，每天2~3次，连用3天。另外，还可用碘甘油涂擦患部，每天1次，连用3天。

（十四）蓝舌病

1. 发病原因

绵羊蓝舌病属于我国规定的一类动物疫病。绵羊蓝舌病是一种由吸血性节肢动物传播的病毒性疾病，病原为呼肠孤病毒科环状病毒属的蓝舌病病毒。蓝舌病病毒可感染多种反刍动物，但以绵羊的临床症状和病理变化最为严重，而其他动物常为隐性或亚临床感染。绵羊蓝舌病在世界范围内的反刍动物群体内广泛传播，已造成严重的经济损失。

绵羊蓝舌病是一种由吸血性节肢动物（如蠓、蚊）传播引起的疾病，该病的传播与蠓、蚊的活动密切相关，因而该病呈季节性发病，常发于夏秋季节，且在有水的低洼地区发病较多。此外，最近有研究发现，除蠓、蚊、蜱、虱等虫媒外，蓝舌病可通过胎盘进行垂直传播，而幼畜通过摄入带有病毒的初乳也可染病。患病的公畜的精液也可带有蓝舌病病毒，并可通过交配行为感染母畜。肉食动物食用染病动物后可经口传播蓝舌病病毒，而弱毒疫苗也可散毒。

2. 临床症状

潜伏期3~10天。病羊体温升高达40℃以上，稽留5~6天。发病羊精神委顿，厌食流涎，掉群，双唇发生水肿，常蔓延至面颊耳部，甚至颈部、胸部。舌及口腔黏膜充血、发绀，出现青紫色瘀斑。严重病例的唇面、齿龈、颊部黏膜、舌黏膜发生溃疡、糜烂，致使吞咽困难。随着病情的发展，在溃疡损伤部位渗出血液，唾液呈红色，如有继发感染则出现口臭。鼻分泌物初为浆液性，后变为黏脓性，常带血，结痂于鼻孔周围，引起呼吸困难。鼻黏膜和鼻镜糜烂出血。有些病例的蹄冠、蹄叶发生炎症，触之敏感，疼痛而跛行。病羊消瘦、衰弱，个别发生便秘或腹泻，便中带血，最终死亡。怀孕母羊感染，则分娩出的胎儿可能畸形，如脑积水、小脑发育不足、回沟过多等。某些病羊痊愈后出现被毛脱落现象。病程6~14天，发病率达30%~40%，死亡率达2%~30%或者更高。

3. 防治方法

（1）预防加强海关对畜产品的检疫工作，严禁从有此病的地区和国家购买牛、羊。非疫区一旦传入该病，应立即采取坚决措施，扑杀发病羊和与其接触过的所有易感动物，并彻底进行消毒处理。在疫区每年接种疫苗是预防该病的可靠方法。目前，国外有鸡胚化弱毒疫苗和牛胎肾细胞致弱的组织苗，对绵羊有较好的免疫力。

（2）治疗药物对该病毒无杀灭作用。采取对症与加强护理相结合的疗法，对加速病羊的康复、防止继发感染有疗效。病羊的治疗应重视对其口腔和蹄部的消炎，防止化脓菌的感染用药可选用 0.1％高锰酸钾溶液或 3％的硼酸溶液冲洗口腔、鼻腔，涂擦碘甘油，同时可选用 3％来苏尔冲洗蹄部，或者用 3％硫酸铜溶液浸泡。全身治疗可使用抗生素类药物预防败血症，严重病例可补液，消除自体中毒。

（十五）痒病

1. 发病原因

该病又称为"羊瘙痒病"。羊瘙痒病的感染因子可能是一种不含有核酸的蛋白质，将其命名为阮病毒蛋白。它不同于细菌、真菌、寄生虫、病毒和类病毒，是一种新型蛋白质病原。

阮病毒疾病又称可传染性海绵状脑病，是一类引起人和动物的神经组织退化的疾病。它包括了疯牛病即牛海绵状脑病、羊瘙痒病、克雅氏病和致死性睡眠综合症等。

传染性海绵状脑病均以潜伏期长、病程缓慢、进行性脑功能紊乱、无缓解康复、出现认知和运动功能的严重衰退，终至死亡为主要特征。其病理特征表现为脑组织的海绵体化、空泡化，星形胶质细胞增生以及致病蛋白的积累等，最终结果一般都是死亡。

2. 临床症状

自然感染潜伏期 1～3 年或更长。发病大多是在不知不觉间。早期，病羊敏感、易惊。有些病羊表现的有攻击性或离群呆立，不愿采食。有些病羊则容易兴奋，头颈抬起，眼凝视或目光呆滞。大多数病例通常呈现异常瘙痒、运动失调及痴呆等症状，头颈部以及腹肋部肌肉发生频繁而细微的震颤。痒症状有时很轻微以至于观察不到。用手抓搔病羊腰部，常发生伸颈、摆头、咬唇或舔舌等反射性动作。严重时，病羊皮肤脱毛、破损甚至撕脱。病羊常啃咬腹肋部、股部或尾部；或在墙壁、栅栏、树干等物体上摩擦痒部皮肤，致使被毛大量脱落，皮肤红肿、发炎，甚至破溃出血。病羊常以一种高举步态运步，呈现特殊的驴跑步样姿态或雄鸡步样姿态，后肢软弱无力，肌肉颤抖，步态蹒跚。病羊体温一般不高，可照常采食，但日渐消瘦，体重明显下降，常不能跳跃，遇沟坡、土堆等障碍时，反复跌倒或卧地不起。病程数周或数月，甚至一年以上，少数病例也有急性经过，患病数天即突然死亡。病死率高，几乎达 100％。

3. 防治方法

（1）严禁从有痒病的国家和地区引进种羊、精液以及羊胚胎。引进动物时，严格口岸检疫。引入羊在检疫隔离期间发现痒病应全部扑杀销毁，并进行彻底消毒。不得从有病国家和地区购入含反刍动物的饲料。

（2）无病地区发生痒病，应立即申报，同时采取扑杀、隔离、封锁、消毒等措施，并进行疫情监测。

（3）该病目前尚无有效的预防和治疗措施。常用的消毒方法有：尸体焚烧；对圈舍等喷洒5%～10%氢氧化钠溶液，或0.5%～1%次氯酸钠溶液。

二、寄生虫病

（一）肝片吸虫病

1. 临床症状

绵羊最敏感，最常发生该病，死亡率也高。病羊发生肝炎和胆囊炎。临床常见急性型，多发生在夏末和秋季。严重感染的病羊体温较高，废食、腹胀、腹泻、贫血，几天内死亡。慢性型，多消瘦，黏膜苍白，贫血，被毛粗乱，眼睑、颌下、腹下出现水肿。一般经1～2个月后发展成恶病质，并迅速死亡。亦有的拖到翌年春季饲养条件改善后逐步恢复，形成带虫者。

2. 治疗方法

（1）吡喹酮，按每千克体重10～35毫克，1次灌服。

（2）硝氯酚，按每千克体重3～4毫克，1次灌服。

（3）三氯苯咪唑，是抗肝片吸虫的咪唑类化学新药物，它既能杀死成虫，又能杀灭幼虫，对寄生在绵羊内的不同发育阶段的虫体都有较好的杀灭效果，是目前临床上应用最有效的杀肝片吸虫的化学药物。

（二）羊绦虫病

1. 发病原因

羊绦虫作为一种最常见的寄生虫病，在羊体内有不同程度的变化，因其虫体长、宽、大，其寄生部位通常在羊的小肠内，靠汲取、吸收羊小肠内的养分发育。羊绦虫病的病原为扩展莫尼茨绦虫和贝氏莫尼茨绦虫。

成虫在羊的肠道中寄生中，孕卵节片成熟后脱落与羊粪便一同排出体外，在外界的环境中释放虫卵，地螨会吞噬虫卵，经过30天左右在地螨中发育成似囊尾蚴。含有发育成熟似囊尾蚴的地螨在饲草、饮用水、土壤或周边环境的杂草中寄生，羊吞食了粘附有地螨的饲草、饲料和饮用水后，地螨中的似囊尾蚴经过食道、胃到达肠道，在肠道中释放出来，吸附在小肠的黏膜上，经过37～40天发育成成虫。

2. 临床症状

该病主要危害羔羊，成年羊一般为带虫者，病状不明显。该病轻度感染症状不明显。严重感染时，伴发消化紊乱、体弱、消瘦、贫血、水肿、发育不良、脱毛、腹部疼痛和臌气，还会发生下痢，粪中混有孕卵节片。后来表现为不安、摇摆不稳，伴有四肢叉开，出现痉挛，肌肉抽搐和回旋运动等神经症状。在病的末期，病羊卧地不起，头向后仰，经常做咀嚼样动作，口吐白沫，精神极度委顿，反应迟钝甚至消失，终至死亡。该病症状不特别，只做参考，应采取患羊粪便检查有无绦虫节片或进行虫卵检查做出诊断。

3. 治疗方法

（1）吡喹酮，每千克体重 10～35 毫克，1 次灌服。

（2）氯硝柳胺（灭绦灵）每千克体重 60～70 毫克，配成悬浮液 1 次灌服。大部分绵羊用药后 3～4 小时有轻度下痢，但在 5～6 小时内停止。

（三）羊泰勒虫病

1. 发病原因

羊泰勒虫病是泰勒科泰勒属的原虫寄生于绵羊巨噬细胞、淋巴细胞和红细胞内所引起的一种重要的由蜱传播的血液原虫病。以高热、贫血、消瘦、淋巴结肿大为主要特征，可引起羔羊和外地引进羊大量死亡，使慢性发病的绵羊发育迟缓，产肉量和产毛量显著下降，给养羊业造成巨大的经济损失，严重制约养羊业的发展。

羊泰勒虫病主要发生在热带、亚热带地区，具有明显的地区性和季节性。在我国，3～7 月份多发，4～5 月份是流行高峰，9～10 月份是流行小高峰。该病的传播和流行与当地的气候、生态环境、媒介蜱的种类和分布及羊的品种、年龄、管理、寄生虫病的防控措施等因素密切相关。一般情况下，羔羊发病率比成年羊高。另外，不同梨形虫由不同媒介蜱传播。

2. 临床症状

病程多数呈急性经过，2 岁以下的幼羊病势沉重，病期约 1 周，个别病羊会突然发生死亡。其体温升高达 41℃左右，呼吸浅而快，每分钟 60～80 次，有时还发鼾声。心跳加快，每分钟达 120～180 次，节律不齐。眼结膜开始潮红，继则苍白，并有轻度黄疸，采食减少至废绝，瘤胃蠕动减弱，病重的羊胃蠕动完全停止。个别病例直至死前仍有食欲。病初其粪便干燥，后期出现拉稀的情况。粪便中混有血样黏液、恶臭。少数病羊有血尿。体表淋巴结肿大，尤以肩前淋巴结最为明显。病初肿大如鸽蛋，后如核桃，最大的有如鸡蛋，多数为一侧大，另一侧小，两侧都肿大者较少，触诊有痛感，初期较硬，随着病情的好转而逐渐变软，慢慢恢复正常。病羊迅速消瘦，精神委顿，放牧时离群落后，继则沉郁，低头耷耳，头伸向前方呆立，步态不稳僵拘，步幅缩短。后期虚弱，卧地不起，将头颈伏地面伸直，对周围事物缺乏反应，最后衰竭而死。病愈羊只恢复缓慢，并有脱毛现象。

3. 治疗方法

（1）三氮脒，肌内注射：一次量为每千克体重 3～5 毫克。临用前配成 5%～7%溶液。每天 1 次，一般注射 3 次为一个疗程，疗效为 100%。

（2）用驱虫药的同时应加强护理和采取强心、补液、健胃、清肝、利胆等对症治疗措施。

（四）脑多头蚴病（脑包虫病）

1. 发病原因

脑多头蚴病（脑包虫病）是由脑多头蚴寄生于羊脑及脊髓内引起的一种寄生虫病，又称脑包虫病。有时人也会感染。该病的典型症状是做转圈运动，故又称为"回旋病"。该病在羊饲养区广泛存在，是危害羊养殖业的一种重要寄生虫病。

成虫（多头绦虫）寄生于犬、狼、狐等食肉动物小肠内，孕卵节片随粪便排出体外，污染了牧草、饲料和饮用水，羊吞食后感染，卵内六钩蚴逸出，进入肠壁血管，随血流到大脑、脊髓等处，以脑部寄生为主，经 2～3 个月发育为脑多头蚴。犬、狼、狐等因吃了含有脑多头蚴的羊脑及脊髓等组织而感染，经 1.5～2.5 个月发育为成虫。

该病为全球性分布，我国牧区多发该病。

2. 临床症状

多头蚴寄生于羊脑及脊髓部引起脑膜炎，并表现出采食草料减少、流涎、磨牙、垂头呆立、做特异转圈运动等神经症状。大群放牧时患羊离群掉队，体质逐渐消瘦，卧地不起，衰竭而死。发病后羔羊的前期症状，多表现为急性型，体温升高，脉搏加快，呼吸次数增多，呈现回旋、前冲、退后运动等，似有兴奋表现。后期症状，在 2～6 个月时，多头蚴发育到一定大小，病羊呈慢性症状，典型症状随虫体寄生部位不同其特异转圈的方向和姿势也不同。虫体寄生在大脑半球表面的出现率最多，典型症状为做转圈运动，其转动方向多向寄生部位同侧转动，病羊视力发生障碍以至失明。在病部头骨叩诊呈浊音，局部皮肤隆起、压痛、软化，对声音刺激反应很弱。寄生于大脑正前部，病羊头下垂，向前做直线运动，碰到障碍物头抵住呆立；寄生于大脑后部，病羊仰头或做后退状，直到跌倒卧地不起；寄生于小脑，病羊易受惊，运动丧失平衡，易跌倒；寄生在脊髓部，步态不稳，转弯时最为明显，后肢麻痹，小便失禁。

3. 治疗方法

对症疗法并结合虫体摘除术，此方法多用于治疗慢性型的病羊。手术要点：通过病羊的特异运动姿势确定寄生部位，以镊子或手术刀柄压迫头部脑区，寻找压痛点，再用手指压迫感觉局部骨质松软处多为寄生部位，再施叩诊术，病变部多为浊音。在病部区剪毛消毒，用手术刀切开大拇指头大小的半月形皮瓣，分离皮下组织，将头骨膜分离至一侧，用小骨锥在发青色的骨膜处起开头骨至硬脑骨下，用剪刀尖剪开硬脑膜，以细注射针头刺入脑实质的寄生虫囊腔内吸出囊液。此时，针头刺入脑实质时感觉到脑内有一腔体，然后用针头分离局部脑实质，再用中医针灸针尖弯成小钩状的探针刺入创口，钩住囊壁旋转两圈，轻轻提出囊虫，给囊腔部注入生理盐水青霉素稀释液 5 升，剥开骨膜及皮下肌肉，涂撒少量磺胺粉后，缝合皮肤瓣。

（五）羊鼻蝇蛆病

1. 发病原因

羊鼻蝇蛆病是由羊鼻蝇的幼虫寄生于羊的鼻腔及其附近的腔窦内引起的一种寄生虫病，还可以寄生于额窦和角窦等处。

羊鼻蝇为胎生，发育要经过成蝇、幼虫（一、二和三期幼虫）、蛹三个阶段。成蝇直接产出幼虫。

成蝇在每年的温暖季节出现，尤以夏季最多。雌雄交配后，雄蝇死亡，雌蝇则栖息于安静较高的地方，待体内幼虫发育后，雌蝇开始飞翔，突然飞向羊鼻孔，直接将幼虫产于羊鼻孔或鼻孔周围，一次能产下 30～40 个幼虫，雌蝇产完幼虫后死亡。第一期幼虫活动力很强，立即爬入鼻腔、固定于鼻黏膜上，并向鼻腔深部移行。在鼻腔、额窦等处蜕皮变为第二期幼虫，直到第 2 年春天，发育为第三期幼虫。第三期幼虫开始向鼻腔浅部移行。当病羊打喷嚏时，将虫体喷落于地面，幼虫钻入土中化蛹，蛹又变为成蝇。

2. 临床症状

雌蝇产幼虫时，羊只不安，表现为摇头、奔跑，低头以鼻端靠近地面，或将头伸藏在其他羊只的腹下，影响羊只采食和膘情。

幼虫在鼻腔和额窦内活动的过程中，以口钩刺入鼻道、鼻窦额窦，损伤黏膜引起炎症，甚至出血、化脓，流浆液、黏液、脓性鼻液，甚至鼻孔中流出带血的分泌物，严重时因鼻孔堵塞而呈现呼吸困难、打喷嚏、鼻端擦地、摇头等症状。病羊消瘦，食欲减退。幼虫偶尔侵入颅腔周围和颅腔，损伤脑组织，可发生神经症状——假性旋回病。病羊有力的摇头，运动失调，向左或右旋转，头弯向一侧，并会在这种状态下保持很久的时间，该病的发作可能持周期性地重复，病羊有时也会死亡。

3. 治疗方法

（1）将每千克体重 0.1 克敌百虫配成 10％～20％ 的水溶液一次性口服完。虽然此方法对驱除绵羊狂蝇的第一期幼虫效果甚好，但是对第三期幼虫无效，故应把握好驱虫时间。

（2）采用 40％ 敌敌畏乳剂，室内气雾每立方米用药 1 毫升，羊只吸雾 15 分钟，对窦外一期幼虫驱杀效果可达到 100％。

（3）夏秋季节使用 3％ 来苏尔溶液或 1％ 敌百虫溶液喷射羊只鼻孔，驱除第一期幼虫效果也很好，成年羊每侧鼻孔用药 20～30 毫升，小羊酌情减少用量。

（4）碘醚柳胺，以每千克体重 60 毫克配成悬浮液一次性口服完，可杀灭 98％ 以上的羊鼻蝇各期幼虫。

（5）虫克星注射液、碘硝酚注射液对羊鼻蝇蛆病也有较好的驱治作用。

（六）螨病

1. 发病原因

螨虫病，又叫疥癣病、癞病，是由螨虫寄生于羊皮肤表面或皮肤内引起的外寄生虫病。螨虫主要有疥螨和痒螨两种，疥螨寄生于羊皮肤内，痒螨寄生于皮肤表面。

螨虫的生长发育特点为：螨虫的一生都在羊身体上度过，并能世代相继地生活在同一只羊身上，发育过程包括卵、幼虫、若虫和成虫四个阶段。疥螨在羊表皮下挖凿通道以角质层和渗出的淋巴液为食，并在通道内进行发育和繁殖。痒螨主要寄生于羊耳壳内面皮肤外产卵 3～8 天孵出幼虫，幼虫经蜕皮后变为若虫，若虫再蜕皮变为成虫。全部发育过程为 8～22 天，平均为 15 天。雄虫交配后死亡，雌虫产卵后 21～35 天死亡。

螨虫病是由发病羊和健康羊直接接触而发生感染所得，也可由被螨虫及其卵污染的墙壁、垫草、厩舍、用具等间接接触感染。螨虫病主要发生于冬季、秋末和春初。幼羊往往更易感染该病，发病也较为严重，螨虫在幼羊身体上的繁殖速度比在成年羊身体上的繁殖速度快。

2. 临床症状

该病初发时，因为虫体小刺、刚毛和分泌的毒素刺激神经末梢引起剧痒，所以可见病羊不断在圈墙、栏柱等处摩擦，在阴雨天气、夜间、通风不好的圈舍以及随着病情的加重，痒觉表现更为剧烈。由于病羊的摩擦和啃咬使得患部皮肤出现丘疹、结节、水疱，甚至脓疱，此后形成痂皮和龟裂。绵羊患疥螨病时，因病变主要局限于头部，病变皮肤有如干瘪的石灰，故有"石灰头"之称。绵羊感染痒螨后，可见患部有大片被毛脱落。发病后，病羊因终日啃咬和摩擦患部，使其烦躁不安，影响其正常的采食和休息，日渐消瘦，最终因极度衰竭而死。

3. 治疗方法

（1）可选用伊维菌素（害获灭）或与伊维菌素药理作用相似的药物，此类药物不仅对螨病有疗效，而且对其他的节肢动物疾病和大部分线虫病均有良好疗效。使用伊维菌素时，剂量按每千克体重50～100微克，也可使用碘硝酚注射液等药物。

（2）涂药疗法适合于病畜数量少，患部面积小的情况，可在任何季节使用，但每次涂药面积不得超过体表的1/3。可选用1%敌百虫溶液、单甲脒、双甲脒、溴氰菊酯等药物，按说明书涂擦使用。

（3）药浴疗法适用于病畜数量多且气候温暖的季节，也是预防该病的主要方法。药浴时，药液可选用0.2%敌百虫水溶液，或0.05%辛硫磷乳油水溶液，或0.05%双甲脒溶液等。

三、内外科病及产科病

（一）食道阻塞

1. 临床症状

该病一般突然发生。一旦发生食道阻塞，病羊采食停止，头颈伸直，伴有吞咽和做呕动作；口腔流涎，骚动不安，或因异物吸入气管，引起咳嗽。当阻塞物发生在颈部食道时，颈部有局部突起，形成肿块，手触可感觉到异物形状；当发生在胸部食道时，病羊疼痛明显，并可继发瘤胃臌胀。

食道阻塞分完全阻塞和不完全阻塞两种情况，使用胃管探诊可确定阻塞的部位。完全阻塞，水和唾液不能下咽，从鼻孔、口腔流出，在阻塞物上方部位可积存液体，手触有波动感。不完全阻塞，液体可以通过食道，而食物不能下咽。

2. 治疗方法

（1）吸取法：阻塞物属草料食团，可将羊保定好，送入胃管后，用橡皮球吸取水，注入胃管，在阻塞物上部或前部软化阻塞物，反复冲洗，边注入水边吸出，反复操作，直至食道畅通。

（2）胃管探送法：阻塞物在近贲门部位时，可先将5毫升2%普鲁卡因溶液与30毫升石蜡油混合后，用胃管送至阻塞物部位，然后用硬质胃管推送阻塞物进入瘤胃。治疗中，病羊若继发瘤胃臌胀，可施行瘤胃放气术，以防窒息。

（二）羔羊消化不良

1. 临床症状

（1）单纯性消化不良病初食欲减少或废绝，被毛蓬乱、喜卧。可视黏膜稍见发紫，病羊精神委顿。随后，病羊频频排出粥状或水样稀便，每天达十余次。粪带有酸臭味，呈暗黄色。有时由于胆红质在酸性粪便中变为胆绿质，因此可以见到粪呈绿色。在腐败过程占优势时，粪的碱性增强，颜色变暗，内混黏液及泡沫，带有不良臭气。

由于频繁排便，大量失水，同时营养物未经吸收即被排出，因此使病羊明显瘦弱，甚至有脱水现象。

（2）中毒性消化不良：病初食欲减损或废绝，精神委顿，被毛粗乱，皮肤缺乏弹力，可视黏膜苍白而带有淡黄色。羔羊喜卧，鼻镜及四肢发凉，对周围环境的影响缺少反应，有时发生痉挛。病后期可发生轻瘫或瘫痪。

病初期体温正常或稍高，发生胃肠炎时，体温可升高到 40.5～41℃；心音无力，脉搏微弱；呼吸急促，次数增加；下痢剧烈，粪便呈水样、灰色，有时呈绿色，并带有黏液和血液，具有恶臭气味。病至后期，体温多突然下降，四肢及耳尖、鼻端厥冷，终至昏迷而死亡。

2. 治疗方法

应将患病羔羊置于干燥、温暖、清洁、单独的羊舍内。为缓解胃肠道的刺激作用，可施行饥饿疗法，即令患病羔羊禁乳 8～10 个小时。此时，病羊可饮生理盐酸水溶液（氯化钠 5 克，33％盐酸 1 毫升，凉开水 1000 毫升），或饮温茶水 100～150 毫升，每天 3 次。

为防止肠道感染，特别是对中毒性消化不良的羔羊，可选用抗生素进行治疗。链霉素 0.1～0.2 克，每天 3 次，混水或牛乳灌服。新霉素 0.5～1 克或按每千克体重 0.01 克，每天 3～4 次，内服。卡那霉素，按每千克体重 0.005～0.01 克，内服。

磺胺脒，首次量 0.2～0.5 克，维持量 0.1～0.2 克，每天 2～3 次，内服。也可选用磺胺甲基异噁唑（SMZ），或应用甲氧苄胺嘧啶与磺胺嘧啶合剂（TMP－SD）、甲氧苄胺嘧啶与磺胺甲基异噁唑合剂（TMP－SMZ），内服。

为制止肠内腐败、发酵过程，除应用磺胺药和抗生素外，也可适当选用乳酸、鱼石脂、克辽林等防腐止酵药物。对持续腹泻的羔羊，可使用明矾、次硝酸铋、矽炭银内服。

为防止机体脱水，保持水盐代谢平衡。病初，可给羔羊饮用生理盐水250～300 毫升，每天饮用 5～8 次。亦可应用 10％葡萄糖溶液或 5％葡萄糖氯化钠溶液 50～100 毫升，静脉或腹腔注射。

（三）前胃弛缓

1. 临床症状

（1）急性：食欲废绝，反刍停止，瘤胃蠕动减弱或停止。瘤胃内容物腐败发酵，产生大量气体，左腹增大，触诊不坚实。

（2）慢性：精神沉郁，倦怠无力，喜卧地，被毛粗乱。体温、呼吸、脉搏无变化，食欲减退，反刍缓慢，瘤胃蠕动力量减弱，次数减少。若采食有毒植物或刺激性饲料而引起发病，瘤胃和真胃敏感性增高，触诊有疼痛反应，亦见有体温升高的症状。一般病例伴有胃肠炎，肠蠕动显著增加，下痢或下痢与便秘交替发生；若为继发性前胃弛缓，常伴有原发病的特征症状。

2. 治疗方法

一般先投泻剂，兴奋瘤胃蠕动，防腐止酵。成年羊可用硫酸镁 20～30 克或人工盐 20～30 克，加石蜡油 100～200 毫升、番木鳖酊 2 毫升、大黄酊 50 毫升，加水 500 毫升，1 次灌服。也可用酵母粉 10 克、红糖 10 克、酒精 10 毫升、陈皮酊 5 毫升，混合适量水，灌服。瘤胃兴奋剂，可用 3% 硝酸毛果芸香碱 5～30 毫克，皮下注射。防止酸中毒，可灌服碳酸氢钠 10～15 克。可用大蒜酊 20 毫升、龙胆末 10 克、豆蔻酊 10 毫升，加适量水，1 次灌服。

（四）瘤胃臌胀

1. 临床症状

急性瘤胃臌胀初期，病羊表现出不安、回头顾腹、拱背伸腰、肷窝突起，有时左肷向外突出高于髋节结或中背线。反刍和嗳气停止。触诊，腹部紧张性增加。叩诊呈鼓音，听诊瘤胃蠕动音减弱。黏膜发绀，心律增快，呼吸困难，严重的羊张口呼吸，步态不稳，卧地不起，如不及时治疗，则因迅速发生窒息或心脏麻痹而死亡。慢性瘤胃臌气常见于消化不良，或继发于其他疾病过程。

2. 治疗方法

主要是胃管放气，防腐止酵，清理胃肠。可插入胃导管放气，缓解腹压；或用 5% 碳酸氢钠溶液 1500 毫升洗胃，以排出气体及胃内容物。也可用石蜡油 100 毫升、鱼石脂 2 克、酒精 10 毫升，加适量水 1 次灌服；或用氧化镁 30 克加 300 毫升水，或用 8% 的氧化镁悬浊液 100 毫升灌服。必要时可行瘤胃穿刺放气。在左肷部剪毛、消毒，然后用兽用 16 号针头刺破皮肤，插入瘤胃放气。在放气中，要用拇指紧紧按压腹壁使腹壁紧贴瘤胃壁，边放气边下压，勿使针头脱出瘤胃壁，以防胃液漏入腹腔引起腹膜炎。

（五）瘤胃积食

1. 临床症状

该病发病较快，采食、反刍停止。病初不断嗳气，随后嗳气停止、腹痛、摇尾，或后蹄踏地、拱背、咩叫；病后期精神委顿、左侧腹下轻度臌大，肷窝略平或稍凸出，触诊硬实。其瘤胃蠕动初期增强，后期减弱或停止，呼吸促迫，脉搏增数，黏膜深紫红色。

2. 治疗方法

应消导下泻，止酵防腐，纠正酸中毒，健胃，补充液体。消导下泻，可用鱼石脂1～3克、陈皮酊20毫升、石蜡油100毫升、人工盐50克或硫酸镁50克、芳香氨醑10毫升，加水500毫升，1次灌服。解除酸中毒，可用5％碳酸氢钠100毫升静脉注射，为防止酸中毒继续恶化，可用2％石灰水洗胃。心脏衰弱时，可用10％安钠咖5毫克或10％樟脑磺酸钠5毫升，静脉或肌内注射。呼吸系统和血液循环系统衰竭时，可用尼可刹米注射液2毫升，肌内注射。必要时可用10％葡萄糖注射液200毫升、10％氯化钠注射液50毫升，静脉注射。

（六）瓣胃阻塞

1. 临床症状

病羊初期症状与前胃弛缓相似，瘤胃蠕动音减弱，瓣胃蠕动消失，并可继发瘤胃臌胀及瘤胃积食。触压病羊右侧第七至第九肋间肩关节水平线上下时，病羊表现出疼痛不安，初期粪便干燥量少、深褐色，后期停止排粪。随病程的延长，瓣胃小叶可发炎坏死，或继发败血症。此时，体温升高，呼吸、脉搏加快，全身表现衰弱，卧地不能站立，最后死亡。

2. 治疗方法

应以软化瓣胃内容物为主，以兴奋前胃运动功能、促进胃内容物排出为辅，综合治疗。可用石蜡油100毫升、大黄末15克、番木鳖酊5毫升、硫酸钠15克，加水300毫升，灌服。

瓣胃注射疗法对顽固性瓣胃阻塞效果显著。具体方法是：准备25％硫酸镁溶液30～40毫升、石蜡油100毫升，在右侧第九肋间隙和肩关节水平线下方2厘米处，选用12号7厘米长针头向对侧肘头方向刺入4厘米深。当针刺入后，可先注入20毫升生理盐水，使其有较大压力时，表明已刺入瓣胃，再将上述准备好的药液交替注入，于第二天可重复注射1次。瓣胃注射后再对病羊输液，用10％氯化钠液50～100毫升、10％氯化钙10毫升、5％葡萄糖生理盐水200毫升混合静注，待瓣胃松软后，可皮下注射0.1％氨甲酰胆碱0.2～0.3毫升。

（七）肠扭转

1. 临床症状

发病初期，病羊精神不安，口唇染有少量白色泡沫，回头顾腹，伸腰拱背或蹲胯，两肷内吸，后肢弹腹、骚动，翘唇摆头，时而摇尾，不排粪尿。腹部听诊瘤胃蠕动音先增强，后变弱，肠音亢进，随着时间延长，肠音消失。体温正常或略高。呼吸浅而快，每分钟25～35次；心律增快，每分钟80～100次。随着病情发展，症状加剧，病羊急起急卧，前冲后撞，腹围增大，叩之如鼓，腹壁触诊敏感拒按，眼结膜发绀，即使使用镇痛药物也不能止痛。此时，瘤胃蠕动音和肠音消失，体温40.5～41.5℃，呼吸促迫，每分钟60次以上，心音弱而节律不齐，每分钟108～120次。衰竭期，病羊精神萎靡，腹部严重臌气，眼结膜苍白，呆立不动或卧地不能站立，强迫运动时步态蹒跚，体温下降至37℃以下，呼吸微弱，心音亢进。腹部穿刺，有淡红色如洗肉水样液体流出。一般病程为6～18个小时，如变位肠管不能复位，其结局将以死亡而告终。

2. 治疗方法

治疗以整复法为主，药物镇痛为辅。

（1）体位整复法：由助手用两手抱住病羊胸部，将其提起，使羊臀部着地，羊背部紧挨助手腹部和腿部，让羊腹部松弛，呈人伸腿坐地状。术者蹲于羊前方，两手握拳，分别置两拳于病羊左右腹壁中部，紧挨腹壁，交替推揉，每分钟推揉60次左右，助手同时晃动羊体。推揉5～6分钟后，再由两人分别提起羊的一侧前后肢，背着地面左右摆十余次。此后，放下病羊让其站立，持鞭驱赶，使羊奔跑运动8～10分钟，然后观察结果。

推揉中术者用力大小要适中，应使腹腔内肠管、瘤胃晃动，并以听到胃肠清脆的撞击音为度。若病羊嗳气，瘤胃臌胀消散，腹壁紧张性减轻，病羊安静，可视为整复术成功。

（2）手术整复法：若采用体位整复法不能达到目的，应立即进行剖腹探诊，查明扭转部位，整复扭转的肠管使之复位。

（3）药物治疗：整复后，宜用如下药物继续治疗。镇痛剂用安乃近注射液10毫升，肌内注射；或用654－2注射液10毫升，分2次皮下注射；或用水合氯醛3克、酒精30毫升，1次灌服；或灌服三溴合剂20～30毫升。

（八）胃肠炎

1. 临床症状

初期病羊多呈现急性消化不良症状，其后逐渐或迅速转为胃肠炎症状。病羊食欲减退或废绝，口腔干燥发臭，舌面覆有黄白苔，常伴有腹痛。肠音初期增强，以后减弱或消失，不断排稀粪便或水样粪便，气味腥臭或恶臭，粪中混有血液、脓液及坏死的组织片。由于下泻而引起脱水。脱水严重时，尿少色浓，眼球下陷，皮肤弹性降低，羊体迅速消瘦，腹围紧缩。当虚脱时，病羊因不能站立而卧地，呈衰竭状态。随着病情发展，病羊表现出体温高、脉搏细数、四肢冷凉、昏睡的症状。严重时引起循环和微循环障碍，抽搐而死。慢性胃肠炎病程较长，病势缓慢，主要症状与急性相同，可引起恶病质。

2. 治疗方法

口服磺胺脒 4～8 克、小苏打 3～5 克；或口服药用炭 7 克、新诺明片 2～4 克、次硝酸铋 3 克，加水 1 次灌服；或用黄连素片 15 片，加水灌服；可用青霉素 40 万～80 万单位，链霉素 50 万单位，1 次肌内注射，连用 5 天。脱水严重的宜输液，可用 5% 葡萄糖 150～300 毫升、10% 樟脑磺酸钠 4 毫升、维生素 C100 毫克混合，静脉注射，每天 1～2 次。同时，养殖人员可用庆大霉素注射液 10 毫升，肌内注射。

（九）肺炎

1. 临床症状

肺炎初期呈急性支气管炎症状，即咳嗽、体温升高、呈弛张热型，体温高达 40℃ 以上；呼吸浅表增数，呈混合型呼吸困难。叩诊胸部有局灶性浊音区，听诊肺区有捻发音。肺脓肿常由小叶性肺炎继发而来。病羊呈现间歇热，体温升高至 41.59℃；咳嗽，呼吸困难。肺区叩诊，常出现固定的似局灶性浊音区，病区呼吸音消失。血液检查显示白细胞总数可达每毫升 1.5 万个，嗜中性白细胞增多，其中分叶核细胞增加。

2. 治疗方法

为控制感染，可用磺胺类药物和抗生素。常以青霉素 160 万～240 万单位、链霉素 50 万单位进行 1 次肌内注射，每天 2 次，也可用新霉素、卡那霉素、磺胺类药物治疗。同时，配合对症疗法，当体温过高时，可肌内注射安乃近 5 毫升或安痛定 5～10 毫升，每天 2 次。镇咳祛痰，可使用氯化铵 2～5 克、吐酒石 0.4～1 克、杏仁水 2～3 毫升，加水混合，1 次灌服。心脏衰弱时，可用 10% 樟脑磺酸钠注射液 2～3 毫升，进行 1 次肌内或皮下注射。

（十）尿结石

1. 临床症状

尿道结石，常因结石完全或不完全阻塞尿道而引起尿闭、尿痛、尿频。病羊排尿努责，痛苦呻叫，尿中混有血液。尿道结石可致膀胱破裂。膀胱结石在不影响排尿时，无临床症状，常在死后才被发现。肾盂结石有的生前无临床症状，而在死后剖检时，才被发现有大量的结石。肾盂内多量较小的结石，可进入输尿管，使之扩张，可使羊发生疝痛症状。显微镜检查尿液，可见有脓细胞、肾盂上皮细胞、砂粒或血液。当尿闭时，常可发生尿毒症。

2. 治疗方法

注意尿道、膀胱、肾脏炎症的治疗。控制谷物麸皮、甜菜块根类的饲量。

注意科学应用磺胺类药物。饮用水要清洁。种羊尿道结石时，可施行尿道切开术摘出结石。若在肾盂、尿道里结石未形成包埋，使用利尿排石的中药会取得一定效果。

（十一）乳腺炎

1. 临床症状

轻者不表现临床症状，仅乳汁有变化。一般多呈急性经过，表现为局部红、肿、热、痛，乳量减少。乳汁变性，常混有血液、脓汁和絮状物，呈淡红色或黄褐色，严重时出现体温升高、厌食等全身症状，如不及时治疗，可引起死亡或转为慢性。若转为慢性，乳房内常有大小不等的硬块，挤不出乳汁，甚至出现化脓或穿透皮肤形成瘘管。

2. 治疗方法

病初，可选用青霉素 80 万单位、链霉素 0.5 克，用注射用水 5 毫升溶解后注入乳孔内。注射前应挤净乳汁，注射后轻揉乳房腺体部位，使药液分布于乳房腺体中，每天 1 次，连续注射 3 天；或采用青霉素普鲁卡因溶液，于乳房基部进行多点封闭疗法；也可注射红霉素、先锋霉素等。为促进炎症吸收消散，除在炎症初期可使用冷敷外，2～3 天后可采用热敷疗法。常用 10%硫酸镁水溶液 1000 毫升，加热至 45℃左右，每天热敷 1～2 次，连用 2～4 天，每天 5～10 分钟；也可用 10%鱼石脂软膏外敷。除化脓性乳腺炎外，外敷前可配合乳房按摩进行治疗。

对化脓性乳腺炎及开口于深部的脓肿，宜先排脓再用 3%过氧化氢（双氧水）或 0.1%高锰酸钾溶液冲洗，消毒脓腔，再以 0.1%～0.2%雷佛奴尔纱布条引流，同时用庆大霉素、卡那霉素、红霉素、青霉素等抗生素配合全身治疗。

（十二）子宫炎

1. 临床症状

临床诊断有急性和慢性两种。按其病程中发炎的性质可分为卡他性、出血性和化脓性子宫炎。

（1）急性病例：初期病羊食欲减少，精神欠佳，体温升高；因有疼痛反应而磨牙、呻吟。表现为前胃弛缓、拱背、努责，时时做排尿姿势。阴户内流出污红色内容物，具有臭味。严重时会出现昏迷，甚至死亡。

（2）慢性病例：多由急性转化而来，病情较轻，常无明显的全身症状。有时体温升高，食欲、泌乳减少。从阴户常排出透明、混浊或脓性絮状物。发情不规律或停止，屡配不孕。如不及时治疗，可发展为子宫坏死，全身症状恶化，发生败血症或脓毒败血症，有时可继发腹膜炎、肺炎、膀胱炎、乳腺炎等。

2. 治疗方法

净化清洗子宫用 1％氯化钠溶液、0.1％高锰酸钾溶液或 0.1％～0.2％雷佛奴尔溶液 300 毫升，灌入子宫腔内，然后用虹吸法排出灌入子宫内的消毒溶液，每天 1 次，连做 3～4 次。消炎可在冲洗后向羊子宫内注入碘甘油 3 毫升，或投放青霉素 160 万单位，同时用青霉素 160 万单位、链霉素 50 万单位，肌内注射，每天早晚各 1 次。治疗自体中毒，可应用 10％葡萄糖溶液 100 毫升、复方氯化钠溶液 100 毫升、5％碳酸氢钠溶液 30～50 毫升，进行 1 次静脉注射。

四、营养代谢病及中毒病

（一）酮尿病

1. 发病原因

羊的酮尿病，又称羊酮病、醋酮血病、酮血病、绵羊妊娠病，是由于蛋白质、脂肪和糖代谢发生紊乱，因血液、乳、尿及组织内酮的化合物蓄积而引起的疾病。多见于营养好的羊、高产母羊及妊娠羊，该病死亡率高。奶山羊和高产母羊泌乳的第一个月易发病，多发生于冬末春初，而完全的圈养羊则没有明显的季节性。

原发性酮病常由于大量饲喂含蛋白质、脂肪高的饲料（如豆饼、油饼），而碳水化合物饲料（粗纤维丰富的干草等）不足，或突然给予多量蛋白质和脂肪的饲料，特别是缺乏糖和粗饲料的情况下供给多量精料，更易致病。该病还可继发于前胃弛缓、真胃炎、子宫炎和饲料中毒等过程中。妊娠期肥胖、运动不足、饲料中缺乏维生素 A 和维生素 B 族以及矿物质不足等，都可促使该病的发生。

2. 临床症状

病羊初期掉群，不能跟群放牧，视力减退，呆立不动，驱赶强迫其运动时，步态摇晃。后期意识紊乱，不听主人呼唤，视力消失。神经症状表现为头部肌肉痉挛，并可出现耳、唇震颤，空嚼，口流泡沫状唾液。由于颈部肌肉痉挛，故头后仰，或偏向一侧，亦可见到其做转圈运动。若全身痉挛则会突然倒地死亡。在病程中病羊食欲减退，前胃蠕动减弱，黏膜苍白或出现黄疸；体温正常或低于正常，呼出气及尿中有丙酮气味。

3. 治疗方法

为了提高血糖含量，静脉注射 25％葡萄糖 50～100 毫升，每天 1～2 次，连续注射 3～5 天，也可与胰岛素 5～8 单位混合注射。调节体内氧化还原过程，可口服柠檬酸钠或醋酸钠，每天口服 15 克，连服 5 天。

（二）羔羊食毛症

1. 发病原因

羔羊食毛症是羔羊营养失衡导致的一种异食癖。羔羊食毛症多发生在冬春季，具有显著的季节性流行特点，常发生于出生 10～30 日龄羔羊中，且该病在绵羊中均存在，常发于舍饲羔羊，成年羊发病率不高。

羔羊食毛症发病原因：

（1）营养供给不足。引发羊食毛症的病因有多种，营养供给不足是其中之一。在羔羊生长阶段，提供的饲料缺乏无机盐，易导致羔羊出现异嗜现象。此外，不同生长年龄阶段的养殖需要不同的饲料，而有些散户为了方便，喂食单一的饲料，不能满足羊的需求，易引发该病。

（2）寄生虫疾病。羊群患有疥螨等寄生虫病，容易导致脱毛现象严重，不及时进行驱虫处理，会加重脱毛现象，也会造成羊的营养不足和身体虚弱，影响免疫力和抵抗力，甚至出现应激反应。

（3）环境管理影响。在日常养殖过程中，养殖户不重视养舍的卫生管理工作，或饲养密度过高，导致养殖环境比较恶劣。这会影响羊的身体机能，造成应激反应之后大量的脱毛，出现羊食毛和互相舔毛的现象，从而诱发食毛症。

（4）其他原因。母羊的体质下降或者泌乳量不足，会影响乳汁的营养成分，不利于羔羊对养分的吸收。羔羊在断乳之后营养供给不及时会造成体内营养缺失，从而诱发该病。同时，羔羊饲养密度过大会使羔羊之间互相啃咬羊毛，也会引发肠道系统方面的疾病。

2. 临床症状

病初，羔羊啃咬和食入母羊的毛，尤其喜食腹部、股部和尾部被污染的毛，羔羊之间也可能互相啃咬被毛。当毛球形成团块可使真胃和肠道被阻塞，羔羊会表现出喜卧、磨牙、消化不良、便秘、腹痛及胃肠臌胀，严重的羊表现为消瘦贫血。触诊真胃、肠道或瘤胃可触到大小不等的硬块，羔羊表现出疼痛不安。重症治疗不及时可导致其因心脏衰竭而死。解剖时可见胃内和幽门处有许多羊毛球，坚硬如石，形成堵塞。

3. 治疗方法

治疗方法一般以灌肠通便为主。

（1）可服用植物油类、液状石蜡或人工盐、碳酸氢钠等，如伴有拉稀可进行强心补液。

（2）加强母羊和羔羊的饲养管理，供给多样化的饲料和含钙丰富的饲料，保证有一定的运动量，精料中加入食盐和骨粉，补喂鱼肝油。

（3）每只羔羊每天喂 1 个鸡蛋，连蛋壳一起捣碎拌入饲料中或放入奶中饲喂，喂 5 天，停 5 天，可控制食毛量的发展。

（4）用食盐 40 份、骨粉 25 份、碳酸钙 35 份或者骨粉 10 份、氯化钴 1 份、食盐 1 份混合，掺入少量麸皮，置于饲槽中，任羔羊自由舐食。也可在羊圈经常撒一些青干草，任其自由采食。

（5）给瘦弱的羔羊补给维生素 A、维生素 D 和微量元素，对有舐食的羔羊，更应特别认真补喂。

（6）可做真胃切开手术取出毛球。若肠道已经发生坏死，或羔羊过于孱弱，则不易治愈。

（三）羔羊佝偻病

1. 发病原因

羔羊佝偻病是羔羊在生长发育期，因维生素 D 不足和钙、磷代谢障碍所致的骨骼变形的疾病。该病多发生于冬末春初季节。维生素缺乏的原因有：

（1）饲料中维生素 D 添加量不足；饲料久贮、霉变，使得维生素 D 大量被破坏；长期饲喂未经太阳晒过的草料等，都是导致该病发生的重要原因。

（2）光照时间不足，羊皮肤内的 7－脱氢胆固醇不能转化成维生素 D，从而导致羊患上维生素 D 缺乏症。

（3）继发性原因，如饲料中蛋白质。脂肪缺乏以及胃肠疾病，会使维生素 D 吸收减少，从而导致羊患上维生素 D 缺乏症。

2. 临床症状

症状轻的羊主要表现为生长缓慢、异嗜、呆滞、喜卧、卧地起立缓慢、四肢负重困难、行走步态摇晃、出现跛行。触诊关节有疼痛反应。病程稍长，则关节肿大，以腕关节、系关节、球关节较为明显。长骨弯曲，腕关节有时可向后弯曲。跗关节向前弯曲，四肢可以展开，形如青蛙。后期，病羔以腕关节着地爬行，后躯不能拾起。重症的羊表现为卧地，呼吸和心跳均加快。

3. 治疗方法

改善和加强母羊的饲养管理，加强运动和放牧，多给青饲料，补喂骨粉，增加幼羔的日照时间。可用维生素 A、维生素 D 注射液肌内注射 3 毫升，精制鱼肝油 3 毫升灌服或肌内注射，每周 2 次。为了补充钙制剂，用 10％葡萄糖酸钙液静脉注射 5～10 毫升，亦可用维丁胶性钙 2 毫升，肌内注射，每周 1 次，连续注射 3 次。

（四）羔羊白肌病

1. 发病原因

（1）硒缺乏。羊机体硒缺乏主要是由饲料、牧草中硒含量不足或缺乏引起的。我国有一条从东北经华北至西南的缺硒带，青海高原、宁夏、甘肃、山东、江苏等地均属贫硒地区，故生长在这些土壤上的植物硒含量均贫乏。另外，妊娠母羊缺硒也可引起胎儿的先天性的硒缺乏症。

（2）维生素 E 缺乏。饲料中维生素 E 缺乏，会使硒的消耗加大。维生素 E 在抗氧化作用方面与硒元素有一定的协同作用，因而维生素 E 缺乏可加剧硒缺乏症的发生。羔羊抗病力较弱，同时处于生长、发育的旺盛期，对营养的需求较高，对营养缺乏尤其敏感，故该病多见于羔羊中。

2. 临床症状

病羔表现出精神不振，运动无力，站立困难，卧地不愿起立；有时呈现强直性痉挛状态，随即出现麻痹、血尿的症状；死亡前出现昏迷，呼吸困难的症状。也有羔羊病初不见异常，往往于放牧时由于受惊而剧烈运动或过度兴奋而突然死亡。该病常呈地方性同群发病特征，需应用相应药物治疗才能控制病情。

3. 治疗方法

应用 0.2％亚硒酸钠溶液 2 毫升，每月肌内注射 1 次，连续注射两次；或用复合维生素 E，肌内注射效果更好。

内服氯化钴 3 毫克、硫酸铜 8 毫克、氯化锰 4 毫克、碘盐 3 克，加适量水，灌服。并辅以复合维生素 E 注射液每只 0.5～1 毫升，每月肌注 1 次，效果更佳。

加强母畜饲养管理，供给豆科牧草。母羊产羔前注射复合维生素 E，可收到良好效果。

（五）尿素等含氮物中毒

饲喂尿素类添加剂用量过大，或者饲喂后立刻饮水，会引起氨中毒。使用氨化秸秆时，未充分放氨，秸秆中仍残留较多氨，引起氨中毒。

1. 临床症状

多为急性病例。采食后 20～30 分钟发病，表现为混合性呼吸困难，呼出气体有氨味，血氨升高，大量流涎，口唇周围挂满泡沫，瘤胃胀气，出现腹痛，呻吟，肌肉震颤，步态跟跄。其后出汗，瞳孔散大，肛门松弛，倒地死亡。慢性病例少见。

2. 治疗方法

以中和瘤胃内碱性物质，降低脲酶活性为治疗原则。用食醋 0.5～1 千克加 2 倍水，1 次性内服，若再加入 250 克红糖疗效更好。对症治疗，使用 25％葡萄糖 500～1000 毫升、10％安钠咖 10 毫升、维生素 C 10～20 毫升、维生素 B_1 10 毫升混合，1 次静滴。严禁补碱。

（六）氢氰酸中毒

1. 发病原因

氢氰酸中毒主要是由于采食或误食富含氰苷或可产生氰苷的饲料所致。此类食物有以下几种：

（1）食入木薯，木薯的品种、部位和生长期不同，氰苷的含量也有差异，10 月以后，木薯皮中氰苷的含量逐渐增多。

（2）高粱及玉米的新鲜幼苗均含有氰苷，特别是再生苗含氰苷更高。

（3）亚麻子含有氰苷，榨油后的残渣（亚麻子饼）不宜作为羊只饲料；土法榨油中亚麻子经过蒸煮，氰苷含量少，而机榨亚麻子饼内氰苷含量较高。

（4）蔷薇科植物桃、李、梅、杏、枇杷、樱桃的叶和种子中含有氰苷，当饲喂过量时，也可引起中毒。

2. 临床症状

该病发病迅速，多于采食含有氰苷的饲料后 15～20 分钟出现症状。首先，病羊表现出腹痛不安，瘤胃臌气，呼吸加快，可视黏膜鲜红，口流白色泡沫状唾液；其次，呈现兴奋状态，很快转入沉郁状态，随之出现极度衰弱，步态不稳或倒地；最后，严重的病羊体温下降，后肢麻痹，肌肉痉挛，瞳孔散大，全身反射减少乃至消失，心搏动徐缓，脉细弱，呼吸浅表，直至昏迷而死。

3. 治疗方法

禁止在含有氰苷作物的地方放牧。应用含有氰苷的饲料喂羊时，宜先加工调制。发病后，速用亚硝酸钠 0.2 克，配成 5% 溶液，静脉注射，然后再用 10% 硫代硫酸钠溶液 10～20 毫升，静脉注射。

（七）有机磷中毒

1. 发病原因

（1）羊采食、误食喷洒农药不久的农作物、牧草和蔬菜类，或拌、浸泡过有农药的种子。

（2）在草料库同时贮存农药和饲料，羊只采食被农药污染的饲料和饮用水，导致羊中毒发病。

（3）饮用水或饮水器具被有机磷农药污染，如在水源上风处或在池塘、水槽和涝池等饮水处配制农药、洗涤有机磷农药盛装器具和工作服等；农药厂排放不达标废水可使局部地表水受到严重的污染。

（4）在农业、林业及环境卫生防疫工作中的喷雾或农药厂生产的有机磷杀虫剂废气可污染局部或较近距离的环境空气，羊吸入挥发的气体或雾滴可导致其中毒。

（5）当用有机磷制剂驱杀羊体内外的寄生虫时，由于药量过多或使用方法不当也可引起中毒。例如，有些养羊户为杀灭羊体外的寄生虫，用敌百虫等有机磷农药对羊进行喷雾药浴，由于用量过大而引起羊有机磷中毒。

2. 临床症状

呈现毒蕈碱样中毒症状，如食欲不强，流涎呕吐，疝痛腹泻，多汗，尿失禁、瞳孔缩小、黏膜苍白，呼吸困难，肺水肿等；有的表现为烟碱样中毒症状，如肌纤维性震颤、麻痹、血压上升、脉频数降低，致使中枢神经系统功能紊乱，表现出兴奋不安、全身抽搐，以致昏睡等。除上述症状外，还有体温升高，水样下泻，便血也较为多见。在发生呼吸困难的同时，病羊会表现出极度的痛苦，眼球震颤，四肢厥冷，出汗。当呼吸肌麻痹时，导致其窒息而死。

3. 治疗方法

严格农药管理制度，切勿在喷洒有机磷农药地放牧，拌过有机磷农药的种子不得再喂羊。治疗可用解磷定，剂量为每千克体重 15～30 毫克，溶于 5％ 葡萄糖溶液 100 毫升中，静脉注射，或用硫酸阿托品 10～30 毫克，肌内注射。症状不减轻时，仍可重复使用解磷定和硫酸阿托品。

五、常见病的鉴别

在生产中，有些疾病的症状相近或相似，但是其病原不同，治疗方法便各不相同，为了增加羊病诊断的准确性，提高治疗效率，需要对这类疾病进行鉴别诊断、对症治疗。

（一）以天然孔出血症状为主的羊病

炭疽和巴氏杆菌病均有常见天然孔出血的症状，鉴别此类疾病的方法如表 8－3 所示。

表 8-3　　　　　常见以天然孔出血症状为主的羊病

病名	病因病原	主要特点	防治
炭疽	炭疽杆菌	最急性型：突然倒地，抽搐，呼吸困难，黏膜发紫，口、鼻、肛门等天然孔流出黑色煤焦油状血液，几分钟内死亡；急性经过者，病羊兴奋不安，行走摇摆，心悸亢进，呼吸加快，黏膜发绀，后期全身痉挛，天然孔出血，数小时即可死亡；死后表现为血凝不良尸僵不全，可视黏膜发绀或点状出血。	预防：Ⅱ号炭疽芽孢苗，1毫升/只，皮下注射治疗；注射抗炭疽血清，50～100毫升/只；青霉素或土霉素，每千克体重1万～2万单位，肌肉注射，2次/天。
巴氏杆菌病	巴氏杆菌	多发于幼龄羊和羔羊；最急性病羊，突然发病，寒战、虚弱、呼吸困难，数小时内死亡；急性病羊体温升高（41～42℃），咳嗽，鼻孔常有出血；初便秘后腹泻，拉血水便。2～5天后虚脱死亡；皮下小点出血，出血性纤维素性肺炎，胃肠道出血性胃炎，脾脏肿大。	治疗：每千克体重用氟苯尼考15～20毫克，肌肉注射，1次/2天；或庆大霉素2000～4000单位，肌肉注射，2次/天；必要时，用高免血清或菌苗作紧急免疫接种。

（二）以腹泻症状为主的羊病

生产中以腹泻为主要症状的疾病有很多，大致有细菌病、寄生虫病两大类，如胃肠炎、羊副结核病、巴氏杆菌病、肝片吸虫病、绦虫病、消化道线虫、羔羊大肠杆菌病、羔羊痢疾，鉴别方法如表8-4所示。

表 8—4　　　　　　　　　常见以腹泻症状为主的羊病

病名	病因 病原	主要特点	防治
胃肠炎	饲喂不当 前胃疾病	腹泻为本病的主要症状，粪便稀如猪粪，混有精料颗粒，随后拉稀，严重时，粪便中混有血液、假膜、脓液，气味恶臭；病羊食欲废绝，口干发臭，舌苔黄白，反刍停止，体温升高；后期腹痛不安，出现呻吟，喜欢卧地。	治疗：氟苯尼考，每千克体重 15～20 毫克，肌肉注射，1 次/2 天；复方氯化钠注射液 500 毫升、糖盐水 300～500 毫升、10% 安钠咖 5～10 毫升、维生素 C500 毫克、混合后静脉注射。
羊副结核病	副结核分枝杆菌	病羊反复腹泻、稀便呈卵黄色、黑褐色，带有腥臭味或恶臭味，并有气泡。初为间歇性腹泻，后变为经常而又顽固性腹泻，后期呈喷射状排粪；颜面及下颌部水肿，消瘦骨立，衰竭而死。	预防：对健康羊群应每年一次皮内变态反应检查，及时淘汰、捕杀阳性羊。 治疗：尚无有效的药物治疗措施，可用链霉素治疗。
巴氏杆菌病	巴氏杆菌	多发于幼龄羊和羔羊；最急性病羊会突然发病，寒战、虚弱、呼吸困难，数小时内死亡；急性病羊体温升高（41～42℃），咳嗽，鼻孔常有出血；初便秘后腹泻，拉血水便。2～5 天后虚脱死亡；皮下小点出血，出血性纤维素性肺炎，胃肠道出血性胃炎，脾脏不肿大。	治疗：每千克体重用氟苯尼考 15～20 毫克，肌肉注射，1 次/2 天；或庆大霉素 2000～4000 单位，肌肉注射，2 次/天；必要时，用高免血清或菌苗作紧急免疫接种。

续表

病名	病因病原	主要特点	防治
肝片吸虫病	肝片吸虫	急性型病羊初期发热，衰弱，易疲劳，离群落后；叩诊肝区半浊音区扩大，压痛明显；很快出现贫血、黏膜苍白、红细胞及血红素显著降低；严重的病羊多在几天内死亡。慢性型病羊表现消瘦，贫血，食欲不强，异嗜，被毛易脱落，步行缓慢；眼睑、颌下胸下、腹下水肿；便秘与下痢交替发生；肝脏肿大。	防治：定期驱虫，1～2次/年。吡喹酮100～350毫克，一次内服；硝氯酚，每100千克体重300～400毫克，一次口服；阿苯达唑片，每公斤体重10～15毫克，一次口服。
绦虫病	莫尼茨绦虫	病羊表现贫血、水肿消瘦，精神不振，食欲减退，饮欲增加；常伴发腹泻，粪中混有乳白色的孕卵节片；被毛粗乱无光，喜躺卧，起立困难，后期仰头倒地，常作咀嚼运动，口周围有泡沫。	防治：丙硫咪唑，每千克体重5～20毫克，口服；氯硝柳胺，每千克体重100毫克，配成10%水悬液，口服；羊放牧后30天第一次驱虫，10～15天后进行第二次驱虫。
消化道线虫病	消化道线虫	消化紊乱，胃肠道发炎，拉稀，消瘦；眼结膜苍白，贫血；严重病例下颌间隙水肿，羊发育受阻；少数羊体温升高，呼吸、脉搏频数及心音减弱，最终衰竭死亡。	预防：定期驱虫，2次/年。治疗：丙硫咪唑，每千克体重5～20毫克，口服；左咪哩，每千克体重50毫克，混入饲料喂给病羊。
羔羊大肠杆菌病	大肠杆菌	2～8日龄新生羔发病多为下痢型，初体温升高，出现腹泻后体温下降，粪便呈半液体状、带气泡、混有血液；羔羊虚弱，严重脱水，站立不稳，2天内死亡；2～6周龄的羔羊发病多呈败血型，多于发病后4～12小时死亡。	防治：大肠杆菌对土霉素、氟苯尼考、新霉素、磺胺类药物都有敏感性，最好进行药敏实验选择敏感药物治疗。同时，注意补糖、补液保护胃肠黏膜等对症治疗。

续表

病名	病因病原	主要特点	防治
羔羊痢疾	B 型魏氏梭菌	主要发生于 1～4 日内新生羔羊，表现为发热（40℃），腹痛，拉黄绿、黄白色稀便或暗红色、恶臭、粥状粪便，磨牙、咩叫；有的表现为腹胀，不下痢或排少量血便，四肢瘫软，呼吸迫促，口流白沫，最后昏迷、死亡；真胃黏膜出血、水肿，肠（尤其空肠）内全为血水，黏膜为红色，并有黄色坏死区，和条状出血。	预防：每年一次预防接种（用五联苗），产前 2～3 周再接种一次。 治疗：土霉素 0.2～0.3克，胃蛋白酶 0.2～0.3 克加水灌服。

（三）以突然死亡为特征的羊病

在养羊生产中，有一些疾病发病急，病程短，治疗难度极大，给生产造成的损失较大。这类疾病主要是以羔羊多发的羊快疫、羊肠毒血症、羊猝狙、羊黑疫为主。另外，炭疽的发病也以突然死亡为特征。此类疾病的鉴别方法见表8－5。

表 8－5　　　　　常见以突然死亡为特征的羊病

病名	病因病原	主要特点	防治
羊快疫	腐败梭菌	6～18 月龄羊最敏感；突然发病，迅速死亡；病羊不食、磨牙、呼吸困难，昏迷，有的兴奋不安；腹部胀，有阵痛症状；鼻孔流出血样带泡沫的液体，真胃及十二指肠黏膜红、肿，弥漫性出血或散在出血点	预防：定期注射羊厌氧菌病三联苗或五联苗，2 毫升/只，皮下注射。 治疗：因发病太急，治疗无意义，若病程稍长可用青霉素和磺胺类药物治疗。

病名	病因病原	主要特点	防治
羊肠毒血症	D型魏氏梭菌	多发于春末夏初或秋末冬初；病羊发病突然，肚胀腹痛，常离群呆立，濒死前腹泻，粪便呈黄褐色水样；全身肌肉颤抖、四肢划动、眼球转动、磨牙，头颈向后弯曲；口流白沫，昏迷而死，病程2～4小时；小肠黏膜充血、出血，严重时全段小肠呈红色，病羊肾软化如泥，触压即朽烂（软肾病）。	预防：定期注射三联苗（羊快疫、猝狙、肠毒血症），发病羊群应紧急注射，发病季节服土霉素、磺胺类药预防。治疗：病程较长时可用抗生素和磺胺类药物，及时对症治疗。
羊猝疽	C型魏氏梭菌	表现为急性毒血症，突发数小时即死亡，死后见真胃和肠道（空肠、十二指肠）严重充血、出血、水肿、溃疡或糜烂，死后几小时肌肉间出血，有气泡。	防治：同羊肠毒血症防治方法。
羊黑疫	B型诺维氏梭菌	2～4岁绵羊最多发；突然发病，急性死亡，病程2～3小时；病程稍长的病羊表现为不食、不反刍，站立不动，行动不稳，呼吸困难，眼结膜充血，口流白沫，腹痛，体温41.5℃；皮肤、皮下淤血，皮色发黑，肛门流出少量血样液，肝半煮熟样，表面和切面有淡黄色不正圆形坏死灶，脾脏肿大，呈紫黑色。	防治：来不及治疗，紧急接种羊快疫和羊黑疫二联苗，肌肉注射，3毫升/只可控制疫情，驱除肝蛭，每年用五联苗免疫一次。

续表

病名	病因病原	主要特点	防治
炭疽	炭疽杆菌	最急性型：突然倒地，抽搐，呼吸困难，黏膜发紫，口、鼻、肛门等天然孔流出黑色煤焦油状血液，几分钟内死亡；急性经过者，病羊兴奋不安，行走摇摆，心悸亢进，呼吸加快，黏膜发绀，后期全身痉挛，天然孔出血，数小时即可死亡；死后表现血凝不良尸僵不全，可视黏膜发绀或点状出血。	预防：Ⅱ号炭疽芽孢苗，1毫升/只，皮下注射治疗；注射抗炭疽血清，50～100毫升/只；青霉素或土霉素，每千克体重1万～2万单位，肌注，2次/天。

（四）以流产为主要症状的羊病

母羊是羊群的核心，繁殖是决定羊群生产效率和经济效益的基础。在生产中，一些疾病的症状主要是引起母羊流产，这类疾病有布病、衣原体病、沙门氏菌病、李氏杆菌病、传染性胸膜肺炎、中毒等疾病以及应激等。鉴别方法见表8－6。

表8－6　　　　常见以流产为主要症状的羊病

病名	病因病原	主要特点	防治
羊布氏杆菌病	布氏杆菌	主要表现为流产，多发生于怀孕后第3～4个月。流产前，发热，卧地，不喜吃草料，喜喝水，阴户发红，流出黄红色液体；流产母羊常发生乳腺炎、关节炎和水肿，表现出跛行；胎衣部分或全部呈黄色胶样浸润，部分覆有纤维蛋白和脓液，增厚，有出血点；流产胎儿呈败血症变化；公羊睾丸肿大。	预防：定期检疫，及时淘汰阳性反应羊；羊型5号弱毒苗免疫接种。 治疗：无治疗价值，一般不予治疗。

续表

病名	病因病原	主要特点	防治
羊衣原体病	鹦鹉衣原体	胎羔多于正产前 2～3 周突然被排出，产羔前几天食欲较差，阴道有微量分泌物，胎羔发育良好，产下时多存活，但身体屠弱，于产后头几天内死亡；胎衣同时被排出，母羊多耐过流产而不受多大伤害。	防治：接种羊衣原体性流产疫苗，多于配种之前接种或配种后 60 天之内接种；土霉素对感染衣原体羊具有很好疗效，对感染羊长期注射长效土霉素制剂，可使怀孕母羊正常分娩。
羊沙门氏菌病	沙门氏杆菌	绵羊流产多见于妊娠的最后 2 个月，病羊体温升至 40～41℃，厌食，精神沉郁，部分羊有腹泻。病羊产下的活羔表现出衰弱，委顿，卧地，腹泻，1～7 天内死亡的症状，羔羊副伤寒多见于 15～30 日龄羔羊，体温升高达 40～41℃，食欲减退，腹泻，排黏性带血稀类，有恶臭，精神委顿，虚弱，低头，拱背，1～5 天死亡。	防治：首选药为氯霉素，其次是土霉素和新霉素。氯霉素羔羊每千克体重，每天 30～50 毫克分 3 次内服；成年羊每千克体重 10～30 毫克，肌肉注射。
羊李氏杆菌病	李氏杆菌	本病多散发，死亡率高；病羊精神沉郁，短期发热，食欲减退，多数表现脑炎症状，如转圈、倒地、四肢作游泳姿势、颈项强直、角弓反张、颜面神经麻痹、昏迷等；孕羊出现流产。	防治：用 20% 磺胺嘧啶钠 5～10 毫升，氨苄青霉素，每千克体重 1 万～1.5 万单位，庆大霉素每千克体重 1000～1500 单位，肌肉注射，2 次/天。

病名	病因病原	主要特点	防治
羊传染性胸膜肺炎	丝状支原体	病羊高热稽留，食欲减退；呼吸困难，咳嗽，流浆液性鼻液，严重时张口呼吸；常见吞咽动作或低声呻吟，眼睑浮肿，流泪，且附黏液性分泌物，胸部听诊有胸膜摩擦音；肺、胸膜发炎并粘连，孕羊死亡率较高。	预防：定期注射羊传染性胸膜肺炎氢氧化铝菌苗治疗；新肿凡拉明静脉注射，成羊 0.3～0.5 克/次，幼羊 0.1～0.3 克/次；磺胺嘧啶钠，每千克体重 0.2～0.4 克，以 4％溶液皮下注射，1 次/天。
应激	饲养管理不当	草少，质差，缺乏维生素 A、D、E，采食霜冻草、露水草、发霉草，饮冷水、雪水过多，驱赶过急，长途运输，寒冷刺激，拥挤，互撞，跌碰砸打均可引起流产；突然发生流产，产前无特征表现；发病缓慢的病羊食欲废绝，腹痛起卧，努责咩叫，阴户流出羊水，胎儿排出后稍安静；外伤可使羊发生隐性流产，胎儿不排出体外，自行溶解，形成胎骨残留于子宫之中。	防治：加强饲养管理，依流产原因采取有效防治保健措施；对有流产先兆的母羊，可用黄体酮注射液 15～20 毫克（含 15 毫克），一次肌肉注射；死胎滞留时，应引产，先肌肉注射苯甲酸雌二醇 2～3 毫克，使子宫颈开张，拉出胎儿。
蓖麻中毒	蓖麻	羊采食蓖麻 4～8 小时后出现症状：心跳、呼吸加快，食欲和反刍废绝，下痢，粪便有恶臭味，并混有血液及伪膜，尿少或无尿；妊娠母羊流产。	防治：严禁采食蓖麻，尤其生蓖麻；无特效疗法，可对症治疗，内服液体石蜡油缓泻；静注 5％～10％葡萄糖液。

（五）以神经症状为主要症状的羊病

神经症状为主要症状的疾病有破伤风、李氏杆菌病、多头蚴病、鼻蝇蛆病、酮尿病、有机磷中毒等。这类疾病的鉴别方法见表 8－7。

表 8－7　　　　　　　　常见以神经症状为主要症状的羊病

病名	病因病原	主要特点	防治
破伤风	破伤风梭菌	初起立、卧下不自由，而后全身肌肉僵硬，运步困难，鼻孔开张，眼球凹陷，瞳孔散大，最后角弓反张，牙关紧闭，流涎，尾直；由于骨骼肌痉挛，致使羊倒地，其表现为呼吸困难，多因窒息而死。	防治：外伤，用碘酊消毒，防感染；将病羊置于较暗且安静处；用青霉素 80 万～120 万单位，肌肉注射 2～3 次/天；肌肉注射破伤风抗毒素，1 万单位/次，1 次/天，连续注射 2～3 天。
羊李氏杆菌病	羊核细胞李氏杆菌	本病多散发，死亡率高；病羊精神沉郁，短期发热，食欲减退，多数表现为脑炎症状，如转圈、倒地、四肢作游泳姿势、颈项强直、角弓反张、颜面神经麻痹、昏迷等；孕羊出现流产。	防治：用 20%磺胺嘧啶钠 5～10 毫升、氨苄青霉素每千克体重 1 万～1.5 万单位，庆大霉素每千克体重 1000～1500 单位，肌肉注射，2 次/天。
脑多头蚴病	多头蚴	病羊表现为急性脑膜炎症状，轻者消瘦，食欲减退，行动退缓，运动失调；重者精神高度沉郁，步态蹒跚头顶向一侧或转圈；有些单向前直跑，直至头顶墙后，头向后仰（囊虫寄生在脑前部）；有些向后退（寄生在脑室）；颅骨变薄、变软（寄生于大脑皮层）。	防治：定期给羊驱虫，硫双二氯酚，每千克体重 80～100 毫克，口服；手术取出病羊脑中虫体，吡喹酮，每千克体重 50 毫克，连用 5 天。
羊鼻蝇蛆病	羊鼻蝇蛆的幼虫	病羊表现不安，影响采食和休息；幼虫寄生于鼻腔，引起鼻炎，可从鼻孔流出大量黏液、脓液、鼻痒、摩擦、摇头、呼吸不畅，打喷嚏，消瘦；有时幼虫进入颅腔，损伤脑膜，出现摇头、歪头、运动失调、旋转等症状。	防治：用 1%敌敌畏软膏，在成蝇飞翔季节涂擦在羊的鼻孔周围，1 次/5 天；给病羊鼻腔喷射 3%来苏尔溶液或 1%敌百虫水溶液，每侧鼻腔 20～30 毫升；敌百虫，每千克体重 0.1 克，内服。

病名	病因病原	主要特点	防治
酮尿病	营养不良	多发于羊妊娠后期，以酮尿为主要症状，呼出气体及尿中有丙酮气味；初病羊掉群，视力减退，呆立不动，被驱赶时，步态摇晃，后期意识紊乱，不听呼唤，视力消失；头部肌肉痉挛，耳、唇震颤，空嚼，口流泡沫，头后仰或偏向一侧，或做转圈运动；病羊食欲下降，黏膜苍白或黄染，体温正常或低于正常。	防治：适当补饲；25%葡萄糖液50～100毫升静脉注射；饲喂醋酸钠每只每天15克，连用5天。
有机磷中毒	有机磷制剂	羊接触、吸入或采食有机磷制剂；病羊表现出精神沉郁，流涎呕吐，疝痛腹泻，多汗，大小便失禁；全身或局部肌肉震颤，抽搐，眼球斜视，瞳孔缩小，呼吸困难，心跳加快，最终因呼吸中枢麻痹而死。	预防：不到喷撒过农药的地方放牧。 治疗：肌肉注射1%硫酸阿托品2～3毫升，病情严重时，1次/小时；静脉注射含20～50毫克/千克体重解磷定的5%葡萄糖溶液100～300毫升。

（六）以呼吸道症状为主要症状的羊病

呼吸道疾病是羊生产中比较常见的，以呼吸道症状为主的疾病包括传染性胸膜肺炎、蓝舌病、绵羊肺腺瘤、绵羊巴氏杆病、肺线虫病、棘球蚴病、肺炎、感冒、氢氰酸中毒、有机磷中毒等。这类疾病的鉴别方法见表8-8。

表8-8 常见以呼吸道症状为主要症状的羊病

病名	病因病原	主要特点	防治
羊传染性胸膜肺炎	丝状支原体	病羊高热稽留，食欲减退；呼吸困难，咳嗽，流浆液性鼻液，严重时张口呼吸；常见吞咽动作或低声呻吟，眼睑浮肿，流泪，且附黏液性分泌物。胸部听诊有胸膜摩擦音；肺、胸膜发炎并粘连，孕羊死亡率较高。	预防：定期注射羊传染性胸膜肺炎氢氧化铝菌苗治疗：新肿凡拉明静脉注射，成羊0.3～0.5克/次，幼羊0.1～0.3克/次；磺胺嘧啶钠，每千克体重0.2～0.4克，以4%溶液皮下注射，1次/天。
蓝舌病	蓝舌病毒	主要发生于绵羊；病羊高热（40℃以上）稽留，沉郁、厌食；双唇及面部水肿、口腔黏膜充血、发绀，呈青紫色，严重时糜烂，致使吞咽困难，口臭；流鼻涕，并结痂于鼻孔四周引起呼吸困难，鼻黏膜和鼻镜糜烂出血；部分病羊便秘或腹泻，乳房蹄冠发炎、溃烂，跛行，并发肺炎和胃肠炎而死。	预防：用同型病毒疫苗接种。 治疗：无特效药，以对症治疗为主，口腔用清水、食醋或0.1%高锰酸钾液冲洗；再用1%～3%硫酸铜、1%～2%明矾或碘甘油涂糜烂处；蹄部先用3%来苏儿洗，再用樵油、凡士林（1：1）、碘甘油或土霉素软膏涂抹并以绷带包扎。
绵羊肺腺瘤	绵羊肺腺瘤病毒	多发于3～5岁的绵羊；病羊突然出现呼吸困难。病初随剧烈运动而呼吸加快，而后呼吸快而浅表，吸气时常见头颈伸直、鼻孔扩张；病羊常有湿性咳嗽，有时出现鼻塞音，低头时分泌物自鼻孔流出；肺脏上有大小不等的腺瘤；听诊和叩诊可听到湿啰音和肺实变区。	防治：严格检疫，发现病羊应全群淘汰；无特效疗法，也无特异性预防免疫制剂。

续表

病名	病因病原	主要特点	防治
绵羊巴氏杆病	巴氏杆菌	多发于幼龄羊和羔羊；最急性病羊会突然发病，寒战、虚弱、呼吸困难，数小时内死亡；急性病羊体温升高（41～42℃），咳嗽，鼻孔常有出血；初便秘后腹泻，拉血水便。2～5天后虚脱死亡；皮下小点出血，出血性纤维素性肺炎，胃肠道出血性炎症，脾脏不肿大。	治疗：每千克体重用氟苯尼考15～20毫克，肌肉注射，1次/2天；或庆大霉素2000～4000单位，肌肉注射，2次/天；必要时，用高免血清或菌苗作紧急免疫接种。
羊肺线虫病	线虫	羊群受感染时，首先个别羊干咳，继而成群咳嗽，运动和夜间时更明显，此时呼吸声明显粗重，如拉风箱一般；在频繁而痛苦的咳嗽时，常咳出含成虫、幼虫及虫卵的黏液团；咳嗽时伴发噜音及呼吸促迫，鼻孔排出黏稠分泌物干涸后形成鼻痂，使其呼吸更困难，常打喷嚏；身体逐渐消瘦、贫血，头胸及四肢水肿。	预防：每年春、秋各驱虫一次。治疗：丙硫咪唑每千克体重5～15毫克，口服；驱虫净（四咪唑）每千克体重7.5～25毫克，配成1%水溶液内服。
棘球蚴病	棘球蚴	病羊被毛逆立，脱毛，育肥不良，消瘦；肺部感染时咳嗽，咳后卧地不愿起立；肝脏和肺脏表面有数量不等的棘球蚴囊泡突起，实质中有棘球蚴包囊。	预防：每季度对羊驱一次绦虫，用吡喹酮每千克体重5～10毫克，口服药后，应拴留一昼夜，并将其粪便烧毁。治疗：病羊无有效疗法。
肺炎	寒冷或吸入异物	病羊表现为精神迟钝，体温升高1.5～2℃，呼吸急迫，鼻孔张大，咳嗽，鼻孔流出灰白色黏液或脓性鼻液支气管啰音。	防治：加强饲养管理；青霉素80万～120万单位、链霉素100万单位肌肉注射，2～3次/天；10%磺胺嘧啶钠20～30毫升肌肉注射，2次/天，连用3～5天。

续表

病名	病因 病原	主要特点	防治
感冒	风寒或 风热	精神不振，低头套耳，结膜潮红，皮温不均，耳尖、鼻端发凉，体温升高达至40℃以上；鼻塞不通，初流清鼻涕，后鼻涕变黏，咳嗽，呼吸加快，听诊肺泡音粗；食欲减退，反刍减少。	防治：同肺炎防治方法。
氢氰酸中毒	高粱或玉米幼苗、烂白菜叶	病羊步态不稳，摇摇欲倒，卧地不起，口流白沫；呼吸困难，头颈伸直张口喘气；眼结膜紫红，肌肉抽搐，心跳加快，体温下降，腹疼，神志不清，甚至昏迷，瞳孔散大，最后窒息而死；死后血液鲜红，血凝不良，口腔内有带血泡沫，气管和支气管出血。	预防：防止吃高粱、玉米幼苗。 治疗：5%～10%硫代硫酸钠溶液50～100毫升静注；硫代硫酸钠3～5克，加水内服。
有机磷中毒	有机磷	病羊接触、吸入或采食过有机磷制剂；病羊表现为精神沉郁，流涎呕吐，疝痛腹泻，多汗，大小便失禁；全身或局部肌肉震颤，抽搐，眼球斜视，瞳孔缩小，呼吸困难，心跳加快，最终因呼吸中枢麻痹而死。	预防：不到喷撒过农药的地方放牧。 治疗：肌肉注射1%硫酸阿托品2～3毫升，病情严重时，1次/小时；静脉注射含20～50毫克/千克体重解磷定的5%葡萄糖溶液100～300毫升。

（七）以腹胀为主要症状的羊病

以腹胀为主要症状的疾病包括瘤胃积食、瘤胃阻塞、急性瘤胃鼓气、前胃弛缓、羊快疫、羊肠毒血症。此类疾病的鉴别方法见表8－9。

表 8－9　　　　　　　　　常见以腹胀为主要症状的羊病

病名	病因病原	主要特点	防治
瘤胃积食	过食不易消化饲料	发病较快，采食反刍停止，初不断嗳气，后嗳气停止；腹痛摇尾，后蹄踢腹，拱背，咩叫，回头看腹，起卧不安，打滚，常右侧卧；左侧腹明显增大，触诊感瘤胃内容物或呈面团状有压痕，或充盈坚实；瘤胃蠕动减弱或无蠕动；严重时，黏膜发紫，呼吸困难，脉搏加快、步态不稳，倒卧昏迷，但体温正常；羊过食谷物发生酸中毒时，瘤胃松软积液，触诊有拍水感。	防治：先禁食 1～2 天同时进行治疗，液体石蜡 100～150 毫升、硫酸镁 50 毫升，口服；补液盐 100 克，加水 1000 毫升灌服；5％碳酸氢钠 100 毫升加入 5％葡萄糖 200 毫升静脉注射；呼吸和心衰时，尼可刹米 2 毫升，肌肉注射；严重时，切开瘤胃，取出内容物。
瘤胃阻塞	饲喂不当	病初症状与前胃弛缓相似，瘤胃蠕动音减弱，瓣胃蠕动音消失，此时可继发瘤胃臌气及积食；在病羊右侧第七至第九肋间肩关节水平线上下，触压瓣胃其会疼痛不安；初粪便干少色暗，后期停止排粪；若病程延长，则体温升高，呼吸、心跳加快，全身衰弱卧地不能站立，最后死亡。	防治：将 25％硫酸镁液 30～40 毫升、石蜡油 100 毫升，分别注入瓣胃内；第 2 天重复一次；用 10％氯化钠 50～100 毫升、10％氯化钙 10 毫升、5％葡萄糖生理盐水 150～300 毫升，混合静脉注射；瓣胃软化后，皮下注射 0.1％氨甲酰胆碱 0.2～0.3 毫升。
急性瘤胃鼓气	采食过量易发酵饲料	病羊表现出不安，常回顾腹部，拱背伸腰，肷窝突起，有时肷窝向外突出高于髋节或背中线；反刍和嗳气停止，触诊腹部紧张性增加，叩诊呈鼓音，听诊瘤胃蠕动音减弱；黏膜发绀，心律增快，呼吸困难，严重的羊张口呼吸、步态不稳，如不及时治疗，会因迅速发生窒息或心脏麻痹而死。	防治：瘤胃穿刺放气；放气后，用鱼石脂 5～8 克，松节油 10～15 毫升，酒精 15～20 毫升，混合加水适量，一次内服；食醋 50 毫升，植物油 100 毫升，加水适量，一次灌服。

续表

病名	病因病原	主要特点	防治
前胃弛缓	粗硬难消化饲料	急性：食欲废绝，反刍停止，瘤胃蠕动减弱或停止；瘤胃内容物腐败发酵，产生多量气体，左腹增大，叩触不坚实。慢性：精神沉郁，倦怠无力，喜卧地；被毛粗乱；体温、呼吸、脉搏无变化，食欲减退，反刍缓慢；瘤胃蠕动动力减弱、次数减少。	治疗：饥饿疗法或禁食2~3次，然后供给易消化的饲料；成年羊用硫酸镁20~30克或人工盐20~30克，石蜡油100~200毫升，马钱子酊2毫升，大黄10毫升，加水500毫升，一次灌服；10%氯化钠20毫升、生理盐水100毫升、10%氯化钙10毫升，混合后一次静脉注射。
羊快疫	腐败梭菌	见附表3	见附表3
羊肠毒血症	D型魏氏梭菌	见附表3	见附表3

（八）以口唇异常为症状的羊病

以口唇异常为症状的羊病包括口蹄疫、羊传染性脓疱、口炎、坏死杆菌病、羊痘等。这类疾病的鉴别方法见表8—10。

表8—10　　　　　　　常见以口唇异常为特征的羊病

病名	病因病原	主要特点	防治
口蹄疫	口蹄疫病毒	该病以口腔和蹄部皮肤发生水疱和溃烂为特征，病羊体温升高，精神不振，食欲下降；病变皮肤出现红斑，很快形成丘诊，少数形成脓疱，然后结痂，痂皮逐渐增厚、干燥、呈疣状，最后痂皮脱落而痊愈。	防治：定期给羊注射口蹄疫疫苗；引进种羊时应严格检疫，隔离观察；病羊无特效药治疗，应就地捕杀。

病名	病因病原	主要特点	防治
羊传染性脓疱	羊传染性脓疱病毒	唇型先在口角和上唇发生散在的小红斑点，很快形成高粱粒大小的小结节，继而形成水疱和脓疱，破溃后形成黑褐色硬痂。严重病例，丘疹、脓疱、痂垢互相融合，波及整个口唇周围及面部，形成具有龟裂、易出血的污秽痂垢；蹄型是在蹄叉、蹄冠或系部皮肤形成水疱和脓疱，破裂后形成由脓覆盖的溃疡，病羊跛行；外阴型是在阴唇附近皮肤、乳房、阴囊脐部等处见脓疱、溃疡、烂斑和痂垢。	预防：流行区进行疫苗接种；严格检疫。 治疗：先用0.1%高锰酸钾液或5%硼酸液洗患部，然后用5%碘甘油或硫酸新霉素软膏涂抹患部，1～2次/天。
口炎	外伤、营养不良	口腔黏膜表层或深层发炎，表现口腔黏膜充血、肿胀、出血和溃疡（主要在齿龈和舌根），甚至糜烂，口腔温度增高，有腐败臭味，病羊疼痛、流涎，采食障碍，日渐消瘦。	治疗：3%硼酸水、0.1%高锰酸钾水冲洗口腔；用碘甘油或龙胆紫涂抹患部，3～4次/天。
坏死杆菌病	坏死杆菌	常侵害蹄部，引起腐蹄病，初呈跛行，多为一肢患病，蹄间隙、踵和蹄冠开始红、肿、热、痛，而后溃烂挤压肿烂部有发臭的脓样液体流出，严重时可波及到腱、韧带和关节，有时蹄匣脱落；绵羊羔可发生唇疮，在鼻、唇、眼部，甚至口腔发生结节和水疱，随后结成棕色痂块。	治疗：首先清除羊腐蹄坏死组织，用食醋或1%高锰酸钾液冲洗，然后用硫酸新霉素软膏涂抹患部，用绷带包扎；可用磺胺嘧啶、土霉素进行全身治疗。

病名	病因病原	主要特点	防治
羊痘	痘病毒	病羊初期体温升高至40～42℃，精神沉郁，食欲减退或废绝，眼结膜潮红、流泪，1～4天后，在皮肤无毛或少毛处，如眼周围、唇、鼻翼、颊、四肢和尾的内侧、阴唇、乳房、阴囊及包皮上出现圆形红色斑疹，几天后，形成褐色痂皮。	预防：每年春、秋季节定期注射羊痘疫苗，5毫升/只，皮下注射。 治疗：用碘酒或紫药水涂抹皮肤上的痘疹；用0.1%高锰酸钾水冲洗黏膜上的病灶后，再涂碘甘油或紫药水。

附录 相关标准

辽宁夏洛莱羊

目 次

前 言

本文件按照 GB/T 1.1—2020《标准化工作导则 第 1 部分：标准化文件的结构和起草规则》的规定起草。

本文件代替 DB21/1273－2003《辽宁夏洛莱羊》，与 DB21/1273－2003《辽宁夏洛莱羊》相比，主要技术差异如下：

a) 修改了范围（见 1，2021 年版的范围）、品种特征（见 5，2021 年版的品种特性）、公母羊评级级别（见 8，2021 年版的等级评定）。

b) 增加了规范性引用文件（见 2，2021 年版的规范性引用文件）、辽宁夏洛莱羊背腰特征（见 5，2021 年版的外貌特征）、经产母羊产羔率可达 172％

~206％（见7.2.2，2021年版的母羊）、辽宁夏洛莱羊体重和体尺评级原则（见8.3中表3，2021年版的辽宁夏洛莱羊体重和体尺评级标准）、测定方法（见9，2021年版的测定方法）、附录A和附录B。

c）删除了术语和定义内容（见3，2021年版术语和定义）和种羊特征。

请注意本文件的某些内容可能涉及专利。本文件的发布机构不承担识别专利的责任。

本文件由辽宁省农业农村厅提出并归口。

本文件起草单位：朝阳市朝牧种畜场有限公司、辽宁省现代农业生产基地建设工程中心、阜新市清河门区农业农村发展服务中心、彰武县昊丰养羊专业合作社。

本文件起草人：王国春、张贺春、丁海滨、卢继华、庞久龙、夏德翠、王成、王洗清、卞大伟、王丽娜、邹德清、戴成杰、吴冬雷、侯志英、李雪娜、魏天娟。

本文件发布实施后，任何单位和个人如有问题和意见建议，均可以通过来电和来函等方式进行反馈，我们将及时答复并认真处理，根据实际情况依法进行评估及复审。

归口管理部门通讯地址：辽宁省农业农村厅（沈阳市和平区太原北街2号），联系电话：024－23447862；

文件起草单位通讯地址：朝阳市朝牧种畜场有限公司（辽宁省朝阳县柳城镇腰而营子村北200米），联系电话：0421－8735817。

本文件的历次版本发布情况为：

DB21/1273－2003；

本次为第一次修订。

辽宁夏洛莱羊

1 范围

本文件规定了辽宁夏洛莱羊的品种特性、外貌特征、体尺体重、生产性能、等级评定及测定方法等技术内容。

本文件适用于辽宁夏洛莱羊品种鉴定和等级评定。

2 规范性引用文件

下列文件中的内容通过文中的规范性引用而构成本文件必不可少的条款。其中，注日期的引用文

件、仅该日期对应的版本适用于本文件：不注日期的引用文件，其最新版

本（包括所有的修改单）适用于本文件。

NY/T 1236 绵、山羊生产性能测定技术规范

3 术语和定义

本文件没有需要界定的术语和定义。

4 品种特性

属大型肉用引进绵羊品种，放牧与舍饲均可，具有耐粗饲、生长发育快、产肉性能高的特性；采食能力极强，性成熟早，泌乳能力强，双羔、三羔一般无需寄养。

5 外貌特征

公、母羊均无角，头部无毛或少毛，略呈粉红色或灰色，少数个体带有灰黑色斑点。额宽，两眼间距大，耳朵细长竖立，灵活能动且与头部颜色相同。颈较短，胸宽而深，背腰平直呈双脊，后臀丰满，肌肉发达，躯干长呈长方型。肢势端正，两后肢距离大，呈倒"U"型，四肢较短无长毛，蹄质坚实。被毛呈白色，细、短、密。

6 体重和体尺

辽宁夏洛莱羊初生、6 月龄、12 月龄、24 月龄的体重和体尺如表 1 所示。

表 1　　　　　　　　　　辽宁夏洛莱羊体重和体尺

月龄	性别	体重 kg	体高 cm	体长 cm	胸围 cm
初生	公	5.0～7.0	—	—	—
	母	4.0～6.5	—	—	—
6 月龄	公	50.5～63.8	56～63	79～85	89～96
	母	44.6～53.1	53～63	76～83	85～95
12 月龄	公	85.0～101.5	70～77	90～103	100～120
	母	63.0～82.4	61～67	80～97	83～108
24 月龄	公	100.0～130.0	71～78	92～105	103～122
	母	65.2～95.4	63～68	82～98	85～110

7　生产性能

7.1　产肉性能

产肉性能如表2所示。

表2　　　　　　　　　　辽宁夏洛莱羊产肉性能

月龄	屠宰率%	胴体重 kg
6月龄公羊	53～55	26.8～35.1
6月龄母羊	50～53	22.3～28.1
12月龄公羊	55～56	46.8～56.8
12月龄母羊	52～55	36.5～45.3

7.2　繁殖性能

7.2.1　公羊

9月龄性成熟，12月龄后可采精或配种，射精量0.6 mL～1.5 mL（指公羊一次性向体外排出的精液量），公羊可常年配种。

7.2.2　母羊

7月龄性成熟，8月龄可配种。母羊季节性发情，在9月份、10月份相对集中，发情周期14d～20d，妊娠期147d～152d；初产母羊产羔率130％～140％，经产母羊产羔率172％～206％；母性好，带羔能力强。

7.3　产毛性能

被毛为同质毛。成年公羊剪毛量2.0kg～2.5kg，成年母羊剪毛量1.8kg～2.5kg，毛长度3cm～5cm，毛细度29μm～30.5μm，油汗中等，无干毛、死毛。

8　等级评定

8.1　评定时间

在12月龄、24月龄时，剪毛期评定。

8.2　评定等级

公、母羊均分为特级、一级、二级和等外4个等级。

8.3　评级标准

体重和体尺评级标准如表3所示。

表 3　　　　　　　　　辽宁夏洛莱羊体重和体尺评级标准

年龄	等级	公　羊				母　羊			
		体重 kg	体高 cm	体长 cm	胸围 cm	体重 kg	体高 cm	体长 cm	胸围 cm
12 月龄	特级	≥100	≥73	≥103	≥120	≥82	≥66	≥97	≥108
	一级	≥90	≥71	≥95	≥112	≥75	≥64	≥85	≥100
	二级	≥85	≥68	≥90	≥100	≥63	≥61	≥77	≥83
	等外	低于二级标准							
24 月龄	特级	≥130	≥74	≥105	≥122	≥95	≥67	≥98	≥110
	一级	≥110	≥72	≥97	≥118	≥80	≥65	≥88	≥105
	二级	≥100	≥69	≥92	≥103	≥65	≥61	≥80	≥85
	等外	低于二级标准							

8.4　等级说明

8.4.1　特级、一级、二级羊的体重、体高、体长、胸围指标均应达到表3中对应指标，而且要符合辽宁夏洛莱羊外貌特征和生产性能要求。

8.4.2　等外的羊，低于表3中二级羊的标准。

9　测定方法

生产性能测定方法按照 NY/T 1236 的规定执行，测定记录见附录B。

附录 A
（资料性）
辽宁夏洛莱羊外貌特征

A.1　辽宁夏洛莱羊公羊

辽宁夏洛莱羊公羊见图 A.1。

a）侧面　　　　　　b）正面　　　　　　c）后躯

图 A.1　辽宁夏洛莱羊公羊

A.2　辽宁夏洛莱羊母羊

辽宁夏洛莱羊母羊见图 A.2。

a）侧面　　　　　　b）正面　　　　　　c）后躯

图 A.2　辽宁夏洛莱羊母羊

附录 B

（资料性）

辽宁夏洛莱羊评定记录

辽宁夏洛莱羊测定记录见下表 B.1。

表 B.1 辽宁夏洛莱羊测定记录

年 月 日

羊别	羊号	性别	年龄	体重 kg	体高 cm	体长 cm	胸围 cm	产毛量 kg	等级

市＿＿＿县＿＿＿乡（镇）＿＿＿村＿＿＿场（户）鉴定人：　　　记录人：

辽宁夏洛来羊

前　言

本标准由辽宁省畜牧局提出并归口。

本标准起草单位：朝阳市种畜场。

本标准主要起草人：李延春、马占峰、庞久龙、王国春、卢少达、王芝红。

1　范围

本标准规定了辽宁夏洛来羊的品种特征，鉴定评级及测试方法。

本标准适用于辽宁夏洛来羊品种鉴定和评级及引种、生产、交易、质量监督中的质量鉴定。

2　术语

本标准采用下列术语。

2.1　产羔率：

指母羊正常分娩的羔羊数与母羊数的百分比。

2.2　屠宰率：

指胴体重（包括肾脏及肾脂）加内脏脂肪（包括大网膜及肠系膜脂肪）与屠宰前（空腹 24 小时）活重之比。

2.3　胴体重：

指屠宰放血后的屠体去皮、头（由环椎处分割）、管骨及管骨以下部分和内脏后的重量。

3　品种特征

种羊适于全放牧、舍饲和半舍饲、耐粗饲、采食能力很强、性成熟早、沁乳能力强，母羊七月龄性成熟，8 月龄即可配种，公羊 9～12 月龄即可采精配种。双羔、三羔一般无须寄养。

3.1 外貌特征

无角，头部无毛或少毛，略呈粉红色或灰色，少数个体带有黑色斑点。两眼之间距离大，耳朵细长坚立，灵活能动且与头部颜色相同。额宽、颈较短、胸宽而深，背腰平直、体长、后臀丰满，肌肉发达，躯干呈圆桶型。肢势端正，两后肢距离大，呈倒"U"型，四肢较短无长毛。被毛短密。

3.2 品种特征图示

3.2.1 头部无毛，略带粉红色或灰色，有时带有黑色斑点。（见图 1）

3.2.2 额宽，眼眶距离大，耳朵细长，会动，与头部颜色相同。（见图2）

3.2.3 躯干长，背腰肌肉丰满，胸宽而深，肩宽而厚。（见图 3）

3.2.4 臀部宽大，肌肉发达。（见图 4）

3.2.5 四肢无毛或毛较短、色浅，肢势端正。（见图 5）

3.2.6 毛细而短（29 微米）。（见图 6）

图 1　　　　　　　图 2　　　　　　　图 3

图 4　　　　　　　图 5　　　　　　　图 6

3.3 生产性能

3.3.1 个体重：成年公羊 110～140 千克，母羊 70～100 千克；周岁公羊 70～90 千克，母羊 50～70 千克。

3.3.2 体尺：成年公羊体长 97～105 厘米，体高 70～74 厘米，胸围

119～126 厘米。成年母羊体长 77～97 厘米，体高 61～67 厘米，胸围 79～110 厘米。3 月龄公羊体长达 64 厘米，体高 52 厘米，胸围 65 厘米，母羊体长 62 厘米，体高 52 厘米，胸围 64 厘米。6 月龄：公羊体长 82 厘米，体高 59 厘米，胸围 90 厘米。母羊体长 80 厘米，体高 57 厘米，胸围 89 厘米。

3.3.3　产肉：育肥羊屠宰率在 55% 以上，七月龄羔羊胴体可达 25 千克。

3.3.4　增重：3 月龄羔羊体重可达 30 千克以上，一月龄内羔羊平均日增重可达 480 克以上。

3.3.5　肉质：肉色鲜嫩、味美、精肉多，大理石样花纹明显，膻味轻，易消化。肉质优良。

3.3.6　繁殖力：初产母羊产羔率为 130%～140%，经产母羊可达167%～189%。

3.3.7　产毛性能：成年公羊产毛量为 2～2.5 千克，母羊 1.8～2.2 千克，毛长 4～5 厘米；毛细（60～64）支纱；油汗中等，无干死毛。

3.4　评级标准：见表 1。

表 1　　　　　　　　　辽宁夏洛来羊体重、体尺评级标准

年龄	等级	公 羊				母 羊			
		体重（kg）	体长（cm）	体高（cm）	胸围（cm）	体重（kg）	体长（cm）	体高（cm）	胸围（cm）
3月龄	标准	30	64	52	65	30	62	52	64
6月龄	标准	55	82	59	90	52	80	57	89
成年	特级	135	105	74	126	94	97	67	110
	一	114	97	70	119	74	88	65	105
	二					66	82	63	86
	三					61	77	61	79

注：成年羊指三岁以上羊只。

4　鉴定评级

4.1　分级

公羊分特级、一级，母羊分特级、一、二、三级，不合格者列入等外。

4.2　评级原则

一岁初评，成年定等级。

4.3　特级。属辽宁夏洛来羊中最优秀的个体，体型外貌符合品种特性，生产性能优于一级羊，其中成年公羊体重应达到 135 千克以上，母羊应达到

94 千克以上。

4.4 一级。来源于特一级纯种羊后代，辽宁夏洛来羊代表型，体型外貌、生产性能符合品种特性的要求，生产性能达到一级标准下限。

4.5 二级。体型外貌符合一级要求，母羊体重为 66 千克以上者评为二级。

4.6 三级。基本符合品种特性要求，母羊体重为 61 千克以上者评为三级。

5 测试方法

5.1 体重：羊只空腹剪毛后立即称重，以千克表示，最小单位为 0.5 千克。

5.2 体长：即体斜长，自然站立情况下，用测丈实测从肩端到臀端的最大长度。

5.3 体高：自然站立的情况下，从鬐甲顶点到地平面的垂直高度。

5.4 胸围：肩甲后角量取的垂直横断面周径。

5.5 产毛量：指单只原毛产量。六月中旬晴天剪毛后称量原毛重量，精确到 1g。

5.6 测试记录。见表 2。

表 2　　　　　　　　　　　　测试记录　　　　　　　　　年　月　日

羊别	羊号	性别	年龄	体重（千克）	体长（厘米）	体高（厘米）	胸围（厘米）	产毛量（克）	等级

市县乡（镇）村场（户）鉴定人：记录人：

围产期母羊饲养管理技术规程

前 言

本文件按照 GB/T 1.1—2020《标准化工作导则 第 1 部分：标准化文件的结构和起草规则》给出的规则起草。

请注意本文件的某些内容可能涉及专利。本文件的发布机构不承担识别专利的责任。

本文件由辽宁省农业农村厅单位提出并归口。

本文件起草单位：辽宁省现代农业生产基地建设工程中心、朝阳市朝牧种畜场有限公司、阜新市清河门区农业农村发展服务中心、彰武县昊丰养羊专业合作社。

本文件主要起草人：王国春、张贺春、夏德翠、王成、谢景志、卢继华、庞久龙、许莹、蹇东东、王丽娜、李兴国、张立斌、张艳平、于凤晶、岳彬、岳永成、杜军、韩放、徐宁、唐虹、豆兴堂。

本文件发布实施后，任何单位和个人如有问题和意见建议，均可以通过来电和来函等方式进行反馈，我们将及时答复并认真处理，根据实际情况依法进行评估及复审。

归口管理部门通讯地址：辽宁省农业农村厅（沈阳市和平区太原北街 2 号），联系电话：024－23447862。

文件起草单位通讯地址：辽宁省现代农业生产基地建设工程中心（沈阳市皇姑区陵园街 7－1 号），联系电话：024－67999010。

1 范围

本文件规定了围产期母羊的圈舍准备、饲养管理和注意事项等技术要求。

本文件适用于围产期母羊的饲养管理。

2 规范性引用文件

下列文件中的内容通过文中的规范性引用而构成本文件必不可少的条款。其中，注日期的引用文件，仅该日期对应的版本适用于本文件。不注日期的引用文件，其最新版本（包括所有的修改单）适用于本文件。

NY/T 1167 畜禽场环境质量及卫生控制规范

NY/T 816 肉羊营养需要量

NY 5149 无公害食品 肉羊饲养兽医防疫准则

3 术语和定义

下列术语和定义适用于本文件。

围产期 perinatal period

围产期指母羊产前四周到产后四周，包括围产前期、产中、围产后期三个阶段。

4 圈舍准备

4.1 消毒

待产圈舍环境卫生应符合 NY/T 1167 畜禽场环境质量及卫生控制规范。母羊产前 15 天将待产圈舍消毒，采用 80℃以上的 5％～10％火碱消毒液对地面、生产工具喷洒消毒，待产圈舍门口铺设火碱消毒垫；舍内空间用 3％来苏尔消毒液喷雾消毒；舍内 1.4 米以下墙面、地面、饲槽、生产工具等再用火焰消毒。

4.2 垫草

宜选用干净稻草，铡成 3～5 厘米厚作为垫草，垫草厚度不低于 25 厘米，寒冷季节垫草厚度不低于 35 厘米。

4.3 隔栏产圈

按照待产母羊数量 25％以上的比例准备单个隔栏产圈，隔栏采用长 1.5 米、宽 1.2 米、高 1 米的牢固丝网，宜采用密网格型材料，单个网格面积小于 1 厘米²。隔栏一侧为门，门有活栓，门底部设 45 厘米高铁皮或者木板防护，隔栏产圈内清除铁丝、铁钉等易致伤的尖锐物品。

5　饲养管理

5.1　围产前期饲养管理

5.1.1　防疫

5.1.1.1　疫病的预防、监测和控制应符合 NY 5149 的规定，在母羊产前 15～30 天内注射羊四联苗（羊快疫、羊猝狙、羊黑疫和羊肠毒血病）或三联四防苗（包括羔羊痢疾、羊猝狙、羊快疫、羊肠毒血症），同时注射亚硒酸钠 VE 和右旋糖酐铁注射液，隔日两次口服地克珠利预防球虫，剂量参照说明书。

5.1.1.2　免疫注射时用围栏抓捕母羊，小心操作。

5.1.2　饲喂

5.1.2.1　饲喂应符合 NY/T 816 规定的营养需求量。

5.1.2.2　根据母羊膘情，按照基础日粮采食量的 7%～10% 增加精料量；宜补饲全混合日粮，增加 100 克豆科草；全混合日粮中每只羊每天添加 3 克～5 克小苏打；可补饲促进产乳的专用颗粒料。

5.1.2.3　保证饮水清洁充足，添加多种电解质和维生素，添加剂量按照说明书要求。

5.1.3　分群

提前 1 周将待产母羊分群，根据产羔记录和现场预估，产 2 羔以上的母羊 10 只～15 只一群，产单羔的 30～45 只一群。

5.2　产中饲养管理

5.2.1　接产准备

5.2.1.1　母羊临产前 3～7 天转入待产圈。

5.2.1.2　准备戊二醛或碘酊等消毒液、母仔保健药品、接产器械、护目镜、长臂胶皮手套、一次性医用口罩、称重电子秤等器械。

5.2.1.3　安排技术人员做好接产准备。

5.2.1.4　助产人员将指甲剪短磨光，手用肥皂水洗净后用 75% 浓度酒精消毒，穿好防护服、佩戴口罩、护目镜和长臂手套。

5.2.2　接产

5.2.2.1　待产羊采取右侧卧、头高尾低的体位。

5.2.2.2　产前使用新洁尔灭溶液对母羊外阴部和乳房进行消毒。

5.2.2.3　母羊一般自然娩出羔羊。对难产胎位不正的将羔羊转位为正生位，调整为两前肢抱头、前肢腕关节抵后下颚的姿势，顺着母羊努责用力，向斜后方顺势轻轻拉出，待羔羊头和胸前部露出后即刻停止。产出羔羊使用洁净、消毒过的软棉布依次擦净羔羊口腔内、鼻孔周边、耳朵内和眼部周围的粘液。

5.2.2.4 出现吸入羊水或假死现象的羔羊，要迅速倒提后腿，拍打后背和两肋排净呼吸道内的胎液，待羔羊大声咩叫后擦净胎液。羔羊产出后，用手在羊乳房前 5 厘米处向产道方向轻轻抵摸，感觉到有硬且光滑的羔体时即刻准备再次接产。同时将胎液或麸皮洒在羔羊身上诱使母羊舔舐。

5.2.2.5 母羊分娩结束后一般 0.5h～1h 胎衣排出。若超过 3h 胎衣仍未排出，立即采取人工剥离。

5.2.3 助产方法

5.2.3.1 超出预产期 2 天以上的母羊，需注射催产药或手术。

5.2.3.2 母羊出现阵缩与努责反应超过 0.5 天仍未产出羔羊的，需要助产人员立即助产，拉出胎羔。

5.2.3.3 羊水少的母羊，助产人员要在产道涂消毒后的石蜡油；羊水不破的母羊，助产人员要小心地用食指和中指在产道内做环状扩张逐渐深入到子宫颈口，将堵在子宫颈口的羊水膜撕破胎液溢出，约 0.5 分钟后子宫颈口即可完全开张，产道扩张，稍助力即可产出。

5.2.3.4 羔羊胎位异常的，助产人员应先将胎羔送回子宫，调整羔羊胎位，直至羔羊顺利产出。

5.2.3.4 胎羔过大的，助产人员可将胎羔两前肢或后肢拉出后再送回产道，反复 3～4 次；或者将母羊外阴部侧切，帮助母羊完成分娩。羔羊体积过大而母羊产道扩张不充分时，应手术取出羔羊。

5.3 围产后期饲养管理

5.3.1 产后清洁

及时清理污物、消毒圈舍、隔离病羊，按照 NY 5149 无公害食品 肉羊饲养兽医防疫准则执行。

5.3.2 初乳储备

羔羊出生后 7 天内食量较小，应及时将健康母羊多余初乳收集、储藏备用。

5.3.3 产后喂饲

5.3.3.1 按照 NY/T 816 规定进行饲喂。

5.3.3.2 母羊产羔后及时饮用适量温水，水温控制在 15℃～30℃，水中加入适量食盐、红糖、麸皮和益生菌。大群母羊饮水中，按照说明书剂量要求加入电解质和多种维生素。

5.3.3.3 母羊产后 28 天泌乳能力快速下降，可逐渐减少精料，增加优质粗饲料，至羔羊断乳。断乳时母羊奶水好的可停水停草料1天；断乳后母羊瘦弱的个体，每日保持供应100克～150克全价精料，尽快恢复体况为下一个生产周期做准备。

6 注意事项

6.1 日常管理

围产期母羊要进行带有坡度的主动运动，每日运动量2～4千米；对于多胎和泌乳能力强的母羊，饲养员分别在晚上和清晨将母羊各撵起一次促使母羊排泄；日粮中蛋白饲料以豆粕为主。

6.2 观察和记录

6.2.1 在母羊采食时和母羊反刍时注意观察。

6.2.2 观察到母羊有表1情形时，及时采取措施处理。

表1 围产后期母羊饲养管理观察内容及处理措施

母羊异常行为表现	异常行为可能导致的后果	处理措施
外阴外流白色粘液过多	易提前3天～7天早产	及早做好接产准备
反刍休息时经常右侧卧	采食量较大，易难产	减料100克
反刍休息时经常左侧卧	怀羔多，或者羊水较多	增料100克
反刍休息时偶见胎动剧烈、不安	胎位不正，易难产	增加运动1h
刨地很久才趴卧或者起卧不安	胎位不正，易难产	增加运动1h

哺乳期绵羊羔羊饲养管理技术规程

前　言

本文件按照 GB/T 1.1—2020《标准化工作导则　第 1 部分：标准化文件的结构和起草规则》的规定起草。

请注意本文件的某些内容可能涉及专利。本文件的发布机构不承担识别专利的责任。

本文件由辽宁省农业农村厅提出并归口。

本文件起草单位：阜新市清河门区农业农村发展服务中心、辽宁省现代农业生产基地建设工程中心、阜新市清河门区剑新家庭农场、阜新森明生态开发有限公司。

本文件主要起草人：夏德翠、王国春、张贺春、王成、岳彬、林彦栋、吉晓伟、马青超、杨福利、孟庆刚、王秀红、谢景志、李秀梅、吴景田、吴冬雷、张艳平、于凤晶、李淑云、于丹、张伟男、豆兴堂、吴彤、杜军。

本文件发布实施后，任何单位和个人如有问题和意见建议，均可以通过来电和来函等方式进行反馈，我们将及时答复并认真处理，根据实际情况依法进行评估及复审。

归口管理部门通讯地址：辽宁省农业农村厅（沈阳市和平区太原北街 2 号），联系电话：024－23447862。

文件起草单位通讯地址：辽宁省阜新市清河门区农业农村发展服务中心（阜新市清河门区清河大街 1 号），联系电话：0418－6011353。

1　范围

本文件规定了 0～60 天绵羊羔羊圈舍条件、饲养管理和防疫等技术要求。

本文件适用于 0～60 天绵羊羔羊的饲养管理。

2　规范性引用文件

下列文件中的内容诵讨文中的规范性引用而构成本文件必不可少的条款。其中，注日期的引用文件，仅该日期对应的版本适用于本文件；不注日期的引用文件，其最新版本（包括所有的修改单）适用于本文件。

NY 5149 无公害食品 肉羊饲养兽医防疫准则

NY/T 1167 畜禽场环境质量及卫生控制规范

NY/T 1168 畜禽粪便无害化处理技术规范

NY/T 5151 无公害食品 肉羊饲养管理准则

3　术语和定义

本文件没有需要界定的术语和定义。

4　圈舍条件

圈舍布局与环境要求按照 NY/T 1167 规定执行。

5　饲养管理

5.1　饲喂管理

5.1.1　0～6 天饲喂管理

5.1.1.1　消毒

羔羊初次食乳前，使用温水配制浓度 1% 高锰酸钾溶液清洗母羊乳房与外阴。

5.1.1.2　称重服药

待羔羊体毛干后称重，同时每只羔羊灌服 20% 长效土霉素 0.5～1 毫升。

5.1.1.3　诱导舔羔

将羔羊放在母羊乳房前侧，挤出几滴初乳涂抹在羔羊头部、后背和母羊乳头周围，诱导母羊舔舐羔羊。

5.1.1.4　食足初乳

初生羔羊应在 0.5h 内食足初乳。体弱羔羊与多羔羊中的母羔羊宜优先食足初乳。

5.1.1.5　储备初乳

将健康母羊多余初乳收集、储存备用。

5.1.2　7～10 天饲喂管理

5.1.2.1　补饲时间

羔羊 7 天开始进行补饲。

5.1.2.2 补饲间设置

使用隔栏将母羊圈舍与补饲间分隔，补饲间可直接连通外运动场。隔栏下端焊制为高 50 厘米、宽 10 厘米的竖栏，方便羔羊自由出入。

5.1.2.3 补饲槽设置

补饲间内设置补饲槽，每只羔羊槽位长度不少于 15 厘米。

5.1.2.4 补饲料选择

选择糖蜜舔砖和可食干树叶等优质纤维饲料放置在补饲槽内。

5.1.2.5 诱食方式

使用母羊乳汁诱引羔羊到补饲槽前。

5.1.3 11～20 天饲喂管理

5.1.3.1 预饲期

11 天开始投喂开口料和细胡萝卜丝，开口料初始日添加量为 20 克，与可食干树叶交替饲喂，可在饲喂料上撒少许羔羊代乳粉诱导羔羊采食。

5.1.3.2 正式补料期

16 天开始饲喂开口料，每日不少于 4 次，每次不少于 1h，初始日添加量为 50 克，日添加量逐渐增至 150 克。每日饲喂后将料槽清扫干净。舍内设置盐槽，备足干净的炒盐，羔羊自由采食；设置饮水槽，水温保持在 15℃～25℃，羔羊自由饮水。

5.1.4 21～30 天饲喂管理

5.1.4.1 添加青贮

21 天开始可增喂优质青贮，初始日添加量为 100 克，以后每日增加 50 克，最终日添加量至 600 克。

5.1.4.2 添加饲料添加剂

增喂优质青贮的同时，可添加使用微生态制剂和小苏打。微生态制剂按说明书添加，小苏打每日添加量 3～5 克。

5.1.4.3 添加精饲料

添加青贮饲料的同时饲喂精料补充料，宜选择颗粒料，初始日添加量为 150～180 克，日添加量逐渐增至 200～250 克，可与母羊饲草混合饲喂。

5.1.5 31～60 天饲喂管理

5.1.5.1 断奶准备

5.1.5.1.1 减料换料

母羊精料量由每日 600 克减少至每日 400 克，增喂粗纤维饲草，降低母羊泌乳量。

5.1.5.1.2　缩短共栏时间

31～42 天每日吃奶 2 次，43～60 天每日吃奶 1 次，每次母子共栏时间缩短至 1h，可按照说明书添加使用补饲代乳粉。

5.1.5.1.3　添加剂使用

57 天开始在饮水中添加黄芪多糖、电解质和多种维生素，羔羊精料中添加 1％健脾胃中兽药制剂。

5.1.5.2　断奶方式

60 天开始断奶，采取一次性断奶，羔羊留在原舍，母羊远离。

5.2　断尾

5.2.1　尾型

长瘦尾型绵羊羔羊及与其杂交羊进行断尾，其他短脂尾羊不宜断尾。

5.2.2　天气

选择晴天早晨进行。

5.2.3　时间

7～10 天进行断尾，初生体重超过 5 千克的单产公羔 4～7 天断尾，体弱羔羊宜推迟至 15 天进行断尾。

5.2.4　部位

长瘦尾型绵羊公羔羊在第 2～3 尾椎处断尾，长瘦尾型绵羊母羔羊在第3～4 尾椎处断尾，其杂交羔羊在第 4～5 尾椎处断尾。

5.2.5　方法

保持羔羊空腹状态，将羔羊尾部外表皮肤向尾根部撸起，使用断尾专用胶圈套牢断尾关节处。断尾后羔羊要保证食足奶，羔羊体弱、母羊保姆性不强的，可母子单圈饲养 7 天。

5.2.6　消毒

断尾前使用常规消毒液喷洒带羊消毒，使用苯扎溴铵溶液将断尾专用胶圈浸泡消毒。断尾时使用浓度 5％的碘酊消毒断尾处，使用浓度 75％酒精脱碘后进行操作。羔羊断尾 7～10 天后断端自然脱落，伤口未愈合处使用双氧水消毒处理。

5.3　戴耳标

5.3.1　挂耳标

初生羔羊挂临时耳标，将耳标牌系于羔羊脖子上，松紧度适中。

5.3.2　打耳标

5.3.2.1　时间

羔羊 7～10 天进行打耳标，可与断尾同时进行。

5.3.2.1 方法

采用条形耳标，一羔一标，使用前用 3% 苯扎溴铵溶液浸泡消毒 0.5h。耳标编码可由场号、羔羊出生年份和个体编号组成，字符数不宜超过 8 位，编码具有唯一性。耳标位置选择在左耳部靠近头一侧五分之二处，避开耳部大血管，耳标标号面向上。

5.4 日常管理

5.4.1 日常消毒

定期对羊舍、器具及其周围环境进行消毒，消毒方法和消毒药物的使用等按 NY/T 5151 规定执行。

5.4.2 废弃物处理

粪便收集、贮存、处理按照 NY/T 1168 规定执行。病死羊按照农业农村部《病死畜禽和病害畜禽产品无害化处理管理办法》规定执行。

5.4.3 档案记录

按照农业部《畜禽标识和养殖档案管理办法》规定的记录要求，建立养殖档案。养殖档案包括：畜禽品种、数量、繁殖记录、标识情况、来源、进出场日期、免疫记录、饲料及饲料添加剂等投入品和兽药采购使用记录、消毒记录、废弃物处理记录。

6 防疫

防疫与免疫接种符合 NY 5149 规定要求，同时结合当地疫病流行情况和本场实际情况，有选择地进行疫病预防与免疫接种。选择适宜的疫苗、免疫程序和免疫方法进行免疫接种（详见附录 A）。

附录 A（资料性）
推荐羔羊免疫程序

表 A.1 所示了推荐羔羊免疫程序。

表 A. 1 推荐羔羊免疫程序

日龄（d）	疫苗名称	备注
30	羊痘疫苗	皮内注射，1头份/只
60（含）以上	羊三联四防疫苗	肌肉或皮下注射，1头份/只
	小反刍兽疫疫苗	肌肉或皮下注射，1头份/只
	羊口蹄疫疫苗	肌肉或皮下注射，1头份/只
注：羊三联四防苗用于预防羊快疫、羊猝狙、羔羊痢疾和羊肠毒血症。		

参考文献

［1］吴克选. 青海省引入夏洛来羊适应性评价［J］. 草食家畜，2005（4）：20－22.

［2］冯宇哲. 夏洛来羊引种适应性和种质特性［J］. 黑龙江动物繁殖，2004（3）：21－24.

［3］李青旺. 动物细胞工程与实践［M］. 北京：化学工业出版社，2005.

［4］桑润滋. 动物繁殖生物技术［M］. 北京：中国农业出版社，2004.

［5］张英杰. 养羊学［M］. 北京：中国农业大学出版社，2000.

［6］吴伟伟，徐新明，张廷虎，等. 影响新疆细毛羊羔羊超排及体外受精效果的研究［J］. 中国畜牧兽医，2011，38（4）：144－147.

［7］木乃尔什，安晓荣，侯建，等. 凉山半细毛羊羔羊超数排卵体外受精胚胎移植试验［C］. 第十二届（2015）中国羊业发展大会论文汇编，临清：中国畜牧业协会，2015：204－213.

［8］陈晓勇，敦伟涛，田树军，等. 幼羔超早期繁殖技术研究［J］. 中国农学通报，2010，26（2）：21－25.

［9］杨叶梅，张雅杰，曾兵，等. 牛羊幼畜体外胚胎生产技术的研究进展［J］. 草学，2017（2）：16－20.

［10］豆兴堂. 绒山羊母羔体外胚胎生产技术操作细则［J］. 中国草食动物科学，2017，37（1）：19－23.

［11］豆兴堂. 羊体外受精技术研究概况［J］. 黑龙江动物繁殖，2017，25（1）：7－13.

［12］张世伟，等. 辽宁绒山羊生产实用技术［M］. 北京：中国农业出版社，2002：2.

［13］李晶. 小尾寒羊胎儿的B－超影像学研究［D］. 哈尔滨：东北农业大学，2002.

［14］刁显辉，孟详人，何海娟，等. 羊超声波早期妊娠诊断技术的研究

[J]. 黑龙江农业科学，2011（5）：55—56.

[15] 张忠诚，朱世恩. 牛繁殖实用技术 [M]. 北京：中国农业出版社，2002.

[16] 孙颖士. 牛羊病防治 [M]. 北京：高等教育出版社，2002.

[17] 王成章，王恬. 饲料学 [M]. 北京：中国农业出版社，2003.

[18] 董宽虎. 饲草生产学 [M]. 北京：中国农业出版社，2003.

[19] D. G. Pugh. 绵羊和山羊疾病学 [M]. 北京：中国农业大学出版社，2004.

[20] 冯建忠. 羊繁殖实用技术 [M]. 北京：中国农业出版社，2004.

[21] 王宗仪，胡万川著，田树军. 养羊与羊病防治（第2版）[M]. 北京：中国农业大学出版社，2004.

[22] 尹长安. 舍饲肉羊 [M]. 北京：中国农业大学出版社，2005.

[23] 张玉，时丽华. 肉羊高效配套生产技术 [M]. 北京：中国农业大学出版社，2005.

[24] 岳文斌，等. 生态养羊技术大全 [M]. 北京：中国农业出版社，2006.

[25] 陈怀涛. 羊病诊疗原色图谱 [M]. 北京：中国农业出版社，2008.

[26] 岳炳辉，闫红军. 养羊与羊病防治 [M]. 北京：中国农业大学出版社，2011.

[27] 崔恒敏. 动物营养代谢疾病诊断病理学 [M]. 北京：中国农业出版社，2011.

[28] 曲强. 动物营养与饲料 [M]. 江苏：江苏教育出版社，2013.

[29] 赵有璋. 中国养羊学 [M]. 北京：中国农业出版社，2013.

[30] 郭志明，杨孝列. 养羊生产技术 [M]. 北京：中国农业大学出版，2014.

[31] 王璐菊，张延贵. 养牛生产技术 [M]. 北京：中国农业大学出版，2014.

[32] 金东航，马玉忠. 牛羊常见病诊治彩色图谱 [M]. 北京：化学工业出版社，2014.

[33] 冯瑞林. 羊繁殖与双羔免疫技术 [M]. 甘肃科学技术出版社，2015.

[34] 旭日干. 中国肉用型羊主导品种及其应用展望 [M]. 北京：中国农业科学技术出版，2016.

[35] 范颖. 羊生产 [M]. 北京：中国农业大学出版，2016.

[36] 孙亚波，孙淑琴. 东北农牧交错带肉牛肉羊生产实用技术 [M]. 北京：化学工业出版社，2022.

[37] 刁其玉. 农作物秸秆养牛 [M]. 北京：化学工业出版社，2018.

[38] 刁其玉. 农作物秸秆养羊 [M]. 北京：化学工业出版社，2019.

[39] 李拥军，薛慧文，张浩. 肉羊健康高效养殖. [M]. 北京：金盾出版社，2009.

[40] 张忠诚. 家畜繁殖学（第四版） [M]. 北京：中国农业出版社，2007.

[41] 曲强. 动物营养与饲料 [M]. 北京：中国农业大学出版社，2010.

[42] 张力，杨孝列. 动物营养与饲料 [M]. 北京：中国农业出版社，2007.

[43] 张晓萍. 动物营养学 [M]. 成都：西南交通大学出版社，2005.

[44] 赵有璋. 羊生产学（第二版）[M]. 北京：中国农业出版社，2002.

[45] 赵有璋. 羊生产学（第三版）[M]. 北京：中国农业出版社，2011.

[46] 中华人民共和国农业部，NY//T816－2004 肉羊饲养标准

[47] 中国饲料成分及营养价值表（第 30 版）. 中国饲料数据库，2019.

[48] 熊志凡，袁卫贤. 槐树叶是畜禽的优质饲料 [J]. 湖南饲料，2002（1）：32.

[49] 吴启发. 畜牧业生物安全体系的综述 [J]. 中国动物保健，2009，24（12）：32－36.

[50] 王巍杰，尹丹，王丽萍. 树叶饲料的研究进展 [J]. 农业机械，2011（23）：117－119.

[51] 吴学荣，何生虎，郭磊. 育肥羊黄脂病研究进展 [J]. 农业科学研究，2012，33（3）：94－96.

[52] 孙亚波，边革，孙宝成，等. 辽宁绒山羊 TMR 颗粒饲料饲养效果研究 [J]. 现代畜牧兽医，2012（12）：43－45.

[53] 尹凤琴. 一起育肥羊黄脂病的诊治 [J]. 草食动物，2013（11）：39.

[54] 幸奠权. 13 种植物饲料的营养价值介绍 [J]. 中国畜牧业，2013（10）：61－62.

[55] 刘会娟. 柞树叶、构树叶和柳树叶的营养成分分析及比较研究 [J]. 辽宁农业职业技术学院学报，2013，15（4）：1－2.

[56] 李兴泰. 荆条的饲用价值及栽培 [J]. 四川畜牧兽医，2013，40（9）：42.

［57］孙亚波，于明，朱延旭，等. 新型稗谷牧草营养价值的系统评定
［J］. 饲料研究，2021，12（23）：114－117.

［58］孙亚波，部卫平，贾富勃，等. 新型稗谷牧草引种适应性及测产研
究［J］. 饲料研究，2021，44（22）：84－87.

［59］马敏，赵微，李成云. 长白山地区5种可利用饲草营养成分及单宁
含量动态分析［J］. 饲料工业，2015，36（21）：13－19.

［60］吴宝华，薛淑媛. 干谷草营养成分及对肉羊营养价值评价研究［J］.
现代农业，2015（12）：64－65.

［61］张宗军，郝飞. 规模化舍饲肉羊场的生物安全体系［J］. 中国畜牧
业 2015，（1）：74－75.

［62］赵恩全. 育肥羊黄脂病防治与探讨［J］. 山东畜牧兽医，2015，36
（4）：28－29.

［63］张智鹏，熊伟曼，赵玥，田和平. 汉中市水稻秸秆资源在反刍动物
生产中的应用研究［J］. 畜牧与兽医，2017，49（6）：196－199.

［64］韩昱，孙全文，靳玲品，赵月平，孙茂红，赵治海，范光宇，郭鹏.
"张杂谷"谷草替代部分玉米秸秆对育肥羊生长性能及血液生化指标的影响
［J］. 黑龙江畜牧兽医，2017（21）：152－154.

［65］张海迪，吴志明，班付国，等. 规模羊场生物安全体系的建设［J］.
黑龙江畜牧兽医，2017（11下）：76－79.

［66］王梅，许栋. 规模羊场疫病防控安全体系的建立［J］. 新疆畜牧业，
2017（5）：13－15.

［67］于磊，孙亚波，丛玉艳，等. 饲粮阴阳离子平衡值对辽宁绒山羊生
长性能、血清和尿液生化指标及尿结石发病情况的影响［J］. 动物营养学报，
2018，30（1）：107－114.

［68］张建忠. 育肥羊黄脂病的发生及预防［J］. 疫病防控，2018，34
（3）：135－136.

［69］张海朝，林学仕. 规模羊场生物安全体系建立的措施与对策［J］.
畜牧兽医杂志，2018，37（2）：76－78，80.

［70］欧顺，杨文翠，刘兴雯，等. 砚山县常见饲用植物营养与青贮品质
研究［J］. 草学，2020（2）：46－53.

［71］范美超，格根图，贾玉山，等. 高粱等9个品种饲草生产力及其青
贮品质的对比分析［J］. 中国草地学报，2020，42（2）：175－180.

［72］任伟忠，李妍，曹玉凤，等. 不同比例全株玉米青贮、谷草和羊草
组合饲粮对干奶前期奶牛体况、瘤胃发酵和血液生化指标的影响［J］. 中国兽

医学报，2020（5）：1009－1015.

[73]白家桦，关宏，苟克勉，等.幼畜繁殖（JIVET）技术在性成熟前奶牛上的应用[J].农业生物技术学报，2010，18（1）：187－191.